刮板输送机智能化设计与动态性能分析

江守波　黄　拴　苏金鹏　著

华中科技大学出版社

中国·武汉

内 容 简 介

刮板输送机广泛应用于煤矿、金属矿山、冶金等行业的散料输送场合，具有运距长、运量大等优点。由于长期处于变载、冲击工作状态，刮板输送机极易发生卡链、断链、跳链等故障，从而降低物料的运输效率。为了提高刮板输送机的可靠性，本书针对刮板输送机故障诊断及寿命预测研发与应用研究中所涉及的基础理论及技术难点，在动态性能理论分析、参数化设计、动态性能仿真研究、动态性能试验研究与测试手段、智能化设计与分析系统开发等方面，综合运用多体动力学、离散单元法、耦合技术等多种智能化设计分析方法，系统分析了典型工况和异常工况下刮板输送机链传动系统的啮合特性、冲击特性、疲劳特性等动态性能及其影响因素，为刮板输送机优化设计、状态监测和故障诊断提供理论依据。

本书可为从事刮板输送机行业的高校、研究院所、企业等科研人员提供设计和分析依据。

图书在版编目(CIP)数据

刮板输送机智能化设计与动态性能分析 / 江守波，黄拴，苏金鹏著. -- 武汉 ：华中科技大学出版社，2025. 2. -- ISBN 978-7-5772-1652-2

Ⅰ. TH227

中国国家版本馆 CIP 数据核字第 2025ZP8171 号

刮板输送机智能化设计与动态性能分析
Guaban Shusongji Zhinenghua Sheji yu Dongtai Xingneng Fenxi

江守波　黄　拴　苏金鹏　著

策划编辑：王　勇
责任编辑：周　麟
封面设计：廖亚萍
责任监印：朱　玢
出版发行：华中科技大学出版社(中国·武汉)　　电话：(027)81321913
武汉市东湖新技术开发区华工科技园　　邮编：430223
录　　排：武汉三月禾文化传播有限公司
印　　刷：武汉市洪林印务有限公司
开　　本：710mm×1000mm　1/16
印　　张：17.5
字　　数：278 千字
版　　次：2025 年 2 月第 1 版第 1 次印刷
定　　价：89.00 元

刮板输送机广泛应用于煤矿、金属矿山、冶金等行业的散料输送场合，具有运距长、运量大等优点。由于工作环境恶劣，长期处于变载、冲击工作状态，以及链传动多边形效应的固有振动特性，刮板输送机极易发生卡链、断链、跳链等故障，影响其工作稳定性。随着输送装备技术水平的提高，超长(500 米以上)运距、超大运量刮板输送机已开始服役，这也对刮板输送机智能化设计和动态性能分析提出了更高的要求。

本书作者及团队成员密切跟踪了近 10 年国内外学者在刮板输送机及链传动系统智能化设计和动态性能分析等方面的研究成果，基于多体动力学、离散单元法、耦合技术，研究了刮板输送机链传动系统的参数化建模方法，开展了复杂输送条件下刮板输送机散体颗粒动态分布特性和运动特征研究，实现了基于振动信号、转速等多源数据的刮板输送机性能监测，开发了刮板输送机智能化设计与分析系统，提高了刮板输送机的运行可靠性和状态监测水平。本书内容是对现有刮板输送机链传动系统动态性能分析、状态监测理论及方法的有力补充，对丰富和扩展刮板输送机状态监测具有重要的工程和科学意义。

本书研究成果得到了国家自然科学基金项目(52204143、52234005、52374158)、中国博士后科学基金资助项目(2023M742140)、青岛市博士后资助项目(QDBSH20230102027)和山东科技大学机械工程“山东省优势特色学科”建设经费的支持。

山东科技大学曾庆良教授、张强教授、万丽荣教授、张鑫教授、李学艺教授、王成龙教授、高魁东教授、李贺副教授为本书的撰写提供了专业指导和技术支持。已毕业硕士研究生王刚、于鹏飞、胡延清、吕瑞波、任伟健、吕金旺参与了本书相关课题的研究工作，本书包含了他们的部分研究成果。在读硕士研究生张玉琪、曲威、张宏伟参与了部分章节的整理工作。本书在撰写过程中还参考了国内外专家、学者的相关论著，作者在此一并表示最诚挚的感谢。

限于作者水平，书中难免存在不妥之处，恳请读者批评指正。

作者

2024 年 12 月

目
CONTENTS
录

第 1 章 概述

本章首先对刮板输送机需要进行智能化设计与动态性能分析的原因进行了说明，然后分别从理论建模、动态性能仿真手段以及实验和测试手段三个角度出发，阐述了国内外学者对刮板输送机智能化设计和动态性能分析的研究现状，本章最后对刮板输送机智能化设计和动态性能分析的应用前景进行了分析。书中涉及相关彩图可扫描二维码获取。

全书彩图

1.1 引言

刮板输送机广泛应用于矿山、非煤矿山、港口等散料输送场合，受限于输送对象的散料特性和自身的多边形效应，刮板输送机易出现卡链、断链、跳链等问题，严重影响输送效率。

当前，随着计算机技术的进步，以数字孪生为代表的智能化设计方法已得到广泛应用，在三维设计、动态仿真、实验测试、状态监测等方面已有多种成熟的手段，综合借助上述手段提升刮板输送机的运行稳定性就成了必由之路。

因此，本书从理论模型、智能化设计与动态性能仿真分析、动态性能实验分析与测试手段、分析软件开发等角度出发，针对刮板输送机介绍了其理论模型的推导方法，以及构建参数化模型的思路，并借助单一软件或者多软件耦合仿真的方式对参数化的仿真模型进行多模型、多工况下的研究，同时进一步搭建了刮板输送机动态性能测试试验台，进行试验研究。本书在最后介绍了开发的智能化刮板输送机动态性能分析系统，提高了刮板输送机研发及仿真分析的效率。

1.2 刮板输送机智能化设计与动态性能分析的研究现状

刮板输送机是一个非线性、强耦合的系统，各个系统间存在着复杂的关系。国内外学者对不同系统的多体动力学进行了较为深入的研究。刮板输送机就是一个典型的多体动力学系统，广泛应用于采矿、冶金、化工等行业。其不同系统之间的相互影响所表现出来的动力学特性引起了国内外学者的广泛关注。其中，链传动系统在工作过程中直接与物料接触，对该系统的动力学研究至关重要，下面将从理论建模、动态性能仿真手段、实验和测试手段三方面来分别介绍。

1.2.1 理论建模

辽宁工程技术大学 Mao Jun 教授在其博士论文里建立了刮板输送机的动力学有限元模型，如图 1-1 所示，对链传动系统的动力学及其控制理论进行了深入的研究。

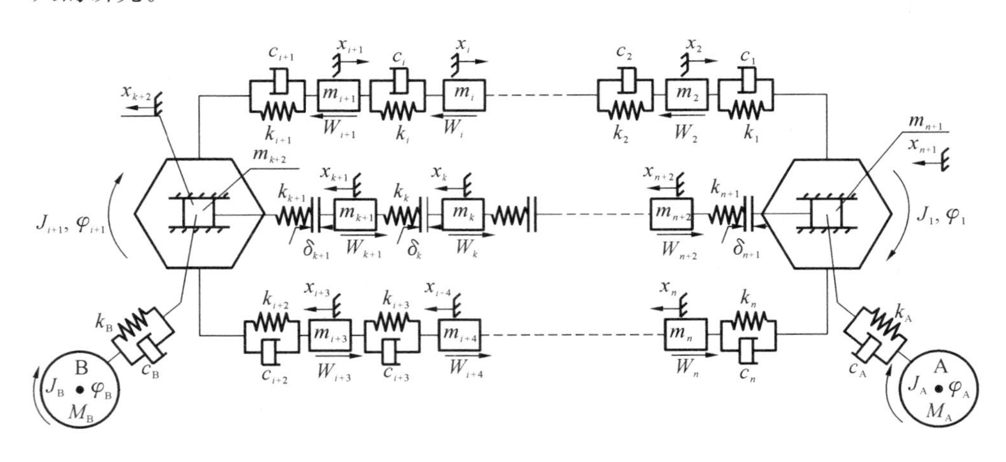

图 1-1 刮板输送机动力学有限元模型

太原理工大学的 Liu Jinwen 等人提出了一种链轮的设计方法，采用 Web graphics library（Web 图形库）对其进行参数化设计，用户可以根据需求生成所需要的链轮。Zhang Xing 等人建立了链传动系统的多体动力学模型，通过定点应变测量试验验证了该模型的系统性能，提出了一种新的张力分布估计方法，实现了刮板链张力的动态监测和故障诊断。程相文等人基于 Creo 2.0 的 Toolkit 开发工具包,利用 VC++设计了 GUI(图形用户接口)界面,用户只需要输入设计参数即可完成刮板输送机的整机开发,大大缩短了开发周期。Yue Wutao 等人基于ADAMS(机械系统动力学自动分析,后简称多体动力学软件)的二次开发功能,建立了刮板输送机的参数化 CAE(计算机辅助工程)系统,简化了处理三维模型的约束问题,提高了设计仿真模型的效率。Mao Jun 教授利用 MATLAB 的计算功能,采用 VB(可视化编程语言)开发了 GUI 界面。用户只需要输入相关参数即可进行链传动系统的参数化分析。

1.2.2 动态性能仿真手段

国内研究方面,西安科技大学的 Zhang Wei 采用 Pro/E 软件对单链刮板输送机的链轮和链环(圆环链)进行参数化设计,然后将模型导入 ADAMS 中进行仿真研究,同时对接触的参数进行了标定,发现圆环链传动系统在启动瞬间,紧边链条受到的交变振动载荷大约为正常载荷的 275%。太原理工大学的 Guo Yuzhe 在其硕士论文中考虑到中部槽铲煤板的槽帮易发生开裂的问题,基于响应面优化法对中部槽的结构进行了参数化优化,达到降低应力值、延长使用寿命的目的。Ma Jipan 考虑到刮板输送机在调直时会受到联动效应的影响而无法保证调直精度,通过建立模型对该效应进行了参数化仿真,确定了发生该效应时中部槽的联动弯曲角度,为调直的精度提供了数据支撑。

中北大学的 Chen Dongdong 对链轮和链环进行了参数化建模与优化,基于有限元法对啮合时的应力、应变进行了研究,采用不同的优化变量得出啮合时的最佳方案,对链环和链轮的结构进行了改进。Sun Yanbo 针对不同的刮板输送机在推溜时推移的溜槽数目没有明确的参数,建立了参数化模型,对不同机型的溜槽数目进行了研究分析,为刮板输送机的实际应用提供了理论基础。中国矿业大学的 Lv Hongbo 考虑到刮板输送机受大块煤岩等因素的影响,常常处于过载工况,对链轮造成极大的损坏,故提出了一种代理模型的参数化方法,对链轮的结果进行了优化设计。结果表明,优化后链轮的最大变形量下降了 6.95%。

Dai Kaiyu 等人建立了一种能够反映链传动系统张力的模型,提出了一种结合神经指令滤波反步算法和在线识别的自适应张力控制方案。其通过试验对比表明该模型能够有效反映链条的传递特性。Zhang Qiang 等人研究了不同工况下温度对耗能特性的影响，发现温度对最小稳态应力的影响不大，而在负载突变时，塑性耗能和内能会随着负载稳定下来而增加。Yao Yanping 等人为了减少煤块冲击对中部槽的破坏，采用离散单元法和正交矩阵分析，得到了对中部槽造成最小冲击破坏时的工作条件组合方式，且发现链条采用中双链布置方式效果最佳。Wang Dagang 等人采用时变动力学分析的方法，研究了刮板链的裂纹萌生特性，得到了刮板链的动张力，并采用多轴疲劳理论预测了链环的裂纹萌生寿命。Liu Zhixiang 等人对链传动系统的扭摆振动和刮板的受力进行了分析，如图 1-2 所示。

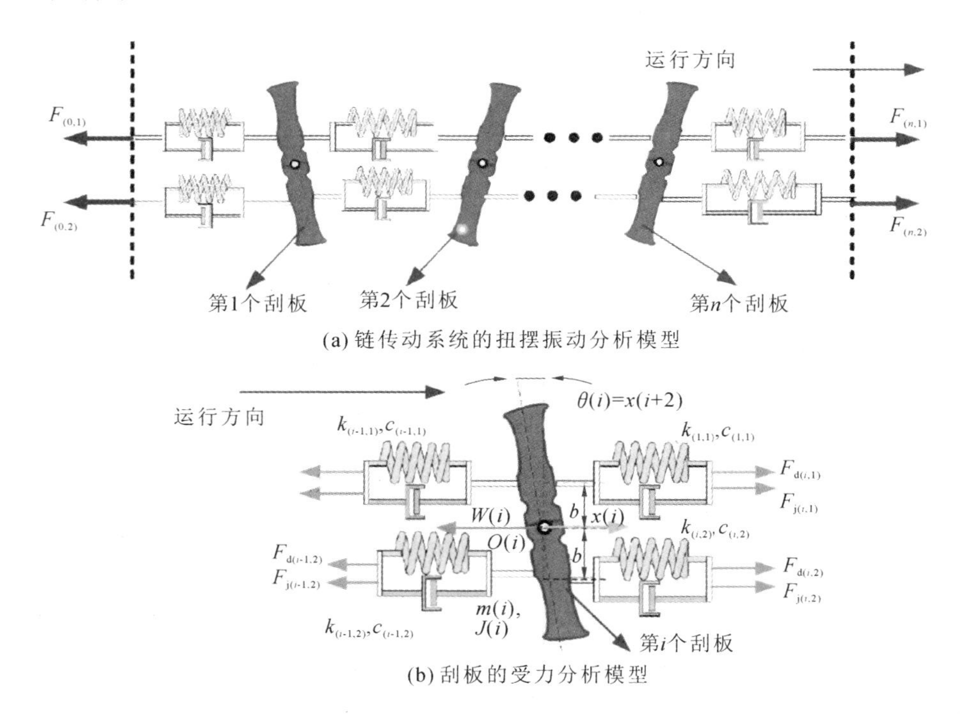

(a) 链传动系统的扭摆振动分析模型

(b) 刮板的受力分析模型

图 1-2　链传动系统的扭摆振动分析模型和刮板的受力分析模型

Ren Weijian 等人采用 ADAMS-EDEM 联合仿真的方式研究了刮板输送机在偏载和变载工况下的动态性能，结果表明刮板链的横向振动与输煤量成正相关关系，纵向振动与输煤量成负相关关系。同样，Zhang Peilin 等人也建立了链传动系统的刚-散耦合模型，研究了散煤与刚体部件的相互作用以及刮板的卡滞现象等动态性能。其发现卡在刮板、立环之间的煤粒与刚体部件产生了剧烈的相互作用，此处煤粒的平均压缩力是其他位置煤粒的59倍。Li Shuren等人采用刚-柔耦合的方法，得出了链传动系统的应力应变云图，确定了应力应变产生的最大位置。Yuan Pengfei等人提出了一种更加精确的建模方式来获取圆环链传动系统的动态性能，基于有限段法将链条划分为多个离散段，通过Kelvin模型连接，该模型可以实现链轮与链环啮合时不规则的多边形效应，以及中部槽弯曲情况下动力学特性的分析。Wang Zisheng等人采用MBD-DEM-FEM联合仿真的方式研究了链传动系统在卡链工况时刮板、物料的运动情况以及链环的受力情况，如图1-3、图1-4所示。

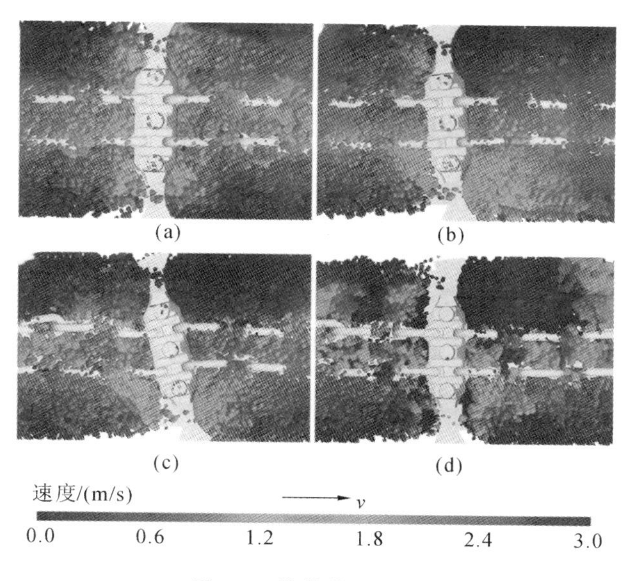

图1-3 散煤的速度云图

Mao Jun等人研究了不同工况下弯曲段链传动系统的扭摆振动情况，为链传动系统的寿命预测提供了参考依据。Xie Miao等人建立了链条纵向波动的普遍方程，利用MATLAB软件研究了刮板输送机在故障工况下的动态性能，揭示了瞬态张力变化规律。Jiang Shoubo等人采用试验和仿真相结合的方式，对刮板输送机异常工况下的动力学特性进行研究，发现当发生断链时，刮板链的加速度会发生剧烈突变。

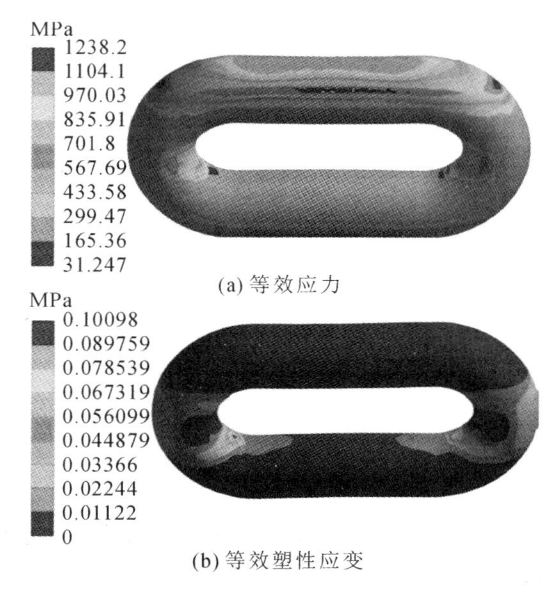

(a) 等效应力

(b) 等效塑性应变

图 1-4　链环静力学分析结果

Zhang Qiang 等人为了提高刮板的可靠性，采用 ANSYS 和 SolidWorks 建立刮板的三维模型并进行优化设计，发现所设计的井型加强筋可以有效改善刮板的力学性能，提高使用寿命。Wang Cunfei 从模态分析的角度出发，得出了链轮最大变形与链轮齿厚之间的关系，为链传动系统的优化设计提供了依据。Jing Wanli 针对双机驱动时电动机功率分配不平衡的问题，采用以机尾电动机为主电动机的思想设计了主从控制方式，仿真后发现该方式可有效改善双机驱动时的动力学特性。2018 年，山东科技大学的 Wang Gang 为了解决链传动系统建模困难的问题，运用 ANSYS 的参数化功能建立了链传动系统的仿真模型。通过仿真模型，其发现链轮和链环在啮合过程中存在接触滑移，链轮齿数越多，运行越平稳，不同齿数的仿真模型如图 1-5 所示。

国外研究方面，Swider 等人建立了基于 ADAMS-SIMULINK 的刮板输送机链传动系统仿真模型，该模型可以确定张力最大和最小的位置，并且发现负载的变化会导致扭矩的变化，扭矩与电动机的电流成正比。Szewerda 等人建立链传动系统仿真模型，对上行和下行带倾角运输时的动态性能展开了研究。研究发现，下行带倾角运输时，上链的运行阻力减小，下链的运行阻力增大。

图 1-5 不同齿数的仿真模型

Shprekher 等人利用多质量系统建立了涉及电动机、减速器、驱动链轮的链传动系统通用计算模型，对多机驱动形式进行了满载和空载启动过程的仿真，结果表明，其所提出的多质量体模型相比单质量体模型，在仿真速度方面提高了 2 倍，而链条运行速度误差仅为 5%。此外，他们还通过 MATLAB/SIMULINK 仿真分析了多机驱动刮板输送机的非均匀载荷，结果表明机头单机驱动和双机驱动的刮板输送机不可避免地会出现负载不均现象。为了改善这一缺陷，他们提出了自动负载均衡系统并进行了试验验证。

1.2.3 实验和测试手段

国内研究方面，Wang Yangyang 等人创建了刮板输送机的永磁直驱系统的机-电耦合模型，发现在启动及变载工况时，电动机能够实现快速响应。Zhao Shuanfeng 等人提出了一种基于时变负载条件的双谱分析局部齿轮故障诊断方法，用于对刮板输送机减速器进行状态监测，从能量的角度对时变负载下的故障强度进行了定量分析。Zhang Xing 等人对刮板输送机的中部槽进行了振动特性分析，通过监测中部槽上不同位置的振动情况来对刮板链进行故障诊断。Li Long 等人为了提高刮板输送机在不同工况下的启动特性，对电动机的启动方式进行了优化，建立了可控制软启动时间的双参数控制模型，大大改善了电动机的启动特性。

He Haitao 等人考虑到刮板输送机的工作空间狭窄，不便安装振动传感器，选择通过融合三相电流得到时频图像，获取相位差信息，进而确定电动机转矩的波动状态，对刮板输送机的运行状态进行监测。Qiao Hongbing 为了改进刮板输送机在启动时的动态性能，设计了软启动监控系统，提高了启动时的稳定性。Zhuang Min 等人在链传动系统研究中发现，通过监测头尾链轮的速度差和刮板的悬伸量，可以有效地监测刮板链的张紧程度。Jiang Shoubo 等人搭建链传动系统试验台，采用频谱分析法研究了变链速、变地形、变载荷工况下影响刮板输送机动力学特性的因素。同时，他们还采用联合仿真的方式，对不同冲击载荷下链传动系统的动力学特性进行了仿真分析，得到了受到载荷冲击时链环和刮板的振动情况，为刮板输送机的结构优化及故障诊断提供了参考依据。Zhang Xing 等人还提出了一种基于多传感器信息融合结合改进 D-S 证据理论（IDST）的刮板链张力预测策略，对刮板链张力的状态监测具有实际指导意义。

国外研究方面，Wojnar 等人通过试验研究了刮板输送机减速器的动力学特性，在减速器外壳上确定了 5 个位置，用来描述减速器齿轮的振动情况。Kuczaj 等人为刮板输送机设计了一款高抗扭柔性金属离合器，并搭建试验台研究其在多种工况下的运行状态，试验发现该离合器可有效降低齿轮传动时的振动。

1.3 刮板输送机智能化设计与动态性能分析的应用前景

刮板输送机的主要设计流程：首先由用户提出刮板输送机的输送长度、运量、使用条件等要求，然后设计人员根据用户要求确定刮板输送机的设计功率、槽宽，选择合适的刮板链和链轮，之后绘制工程图，而对于刮板输送机的基本结构没有改动。其中，驱动链轮是整个刮板输送机的关键零部件，与圆环链配套使用。现阶段链轮中的链窝主要采用铣削加工，钳工修磨，链窝用量规进行检测，对工人的技术水平依赖程度高，制造误差较大，经常会出现链条进入链窝困难，甚至无法啮合的现象。采用数控加工中心加工可以加工出高精度的链轮，但需要建立链轮的三维模型。而因链轮规格众多，三维建模会耗费较长时间，所以对关键零部件进行智能化设计具有重要意义。

刮板输送机在实际使用中的运行工况十分复杂，具有较大的动负荷，动负荷的大小和形式与其自身结构和使用环境有关。传统的刮板输送机设计方法采用静态设计，为保证产品的安全性，常采用较大的安全系数，这样往往会造成材料的浪费，从而使得刮板输送机的制造成本提高，因此有必要对刮板输送机进行动态设计，研究刮板输送机的动态性能，尤其是链传动系统，得到相对准确的圆环链传动系统的运动学和动力学数据，为刮板输送机的设计提供依据。

将研究结果应用于重型刮板输送机的设计过程，为其设计、仿真与试验提供参考，可在一定程度上提高大功率重型刮板输送机运行的可靠性。刮板输送机链传动系统的动力学特性具有明显的时变性、耦合性以及非线性动力学特征。研究不同种类刮板输送机在多工况下链传动系统的动力学特性变化规律，可以为设计大功率刮板输送机提供相应的理论基础，也为链传动系统向智能化方向发展提供数据基础和参考。

第 2 章 刮板输送机动态性能理论分析

本章首先对刮板输送机进行了动力学理论建模，并对链传动系统在工作时的动力学特性进行理论研究，然后分析了链传动系统关键零部件之间的关联性，进而推导出了采用参数化方式建立其三维模型的主要公式，为第 3 章的参数化建模奠定了基础。另外，对链传动系统在工作时的动力学特性进行理论分析并推导出相关理论公式，也为第 6 章中开发软件理论分析页面奠定了基础。

2.1 基于 Vogit 理论的刮板输送机动力学建模

首先将刮板输送机看成一个黏弹性体，理论分析和实验证明用 Vogit 模型描述刮板输送机链条的特征较为合适。链条的 Vogit 模型如图 2-1 所示。

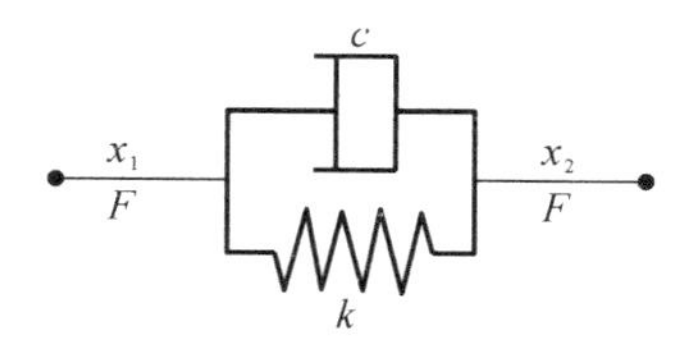

图 2-1 链条的 Vogit 模型

对应的数学表达式为

$$F = k(x_2 - x_1) + c(\dot{x}_2 - \dot{x}_1) \tag{2-1}$$

式中：k 为链条刚度系数，与链条的结构参数及材料属性相关；c 为链条的黏性阻尼系数，该参数可以通过实验测得；x_1 为 Vogit 模型左侧的位移，x_1 为对应的左侧速度；x_2 为 Vogit 模型右侧的位移，x_2 为对应的右侧速度。

物体接触刚度的理论值可根据 Hertz 理论计算，其表达式为

$$\begin{cases} k = \dfrac{4}{3} R^{*\frac{1}{2}} E^{*} \\ \dfrac{1}{R^{*}} = \dfrac{1}{R_1} + \dfrac{1}{R_2} \\ \dfrac{1}{E^{*}} = \dfrac{1-\nu_1^2}{E_1} + \dfrac{1-\nu_2^2}{E_2} \end{cases} \tag{2-2}$$

式中：R_1、R_2为两接触体在接触点处的曲率半径；E_1、E_2为两接触体的弹性模量；ν_1、ν_2为两接触体的泊松比。

将刮板链整体分作 n 个链环，则其可近似为由 n 个集中质量为 m 的质量块和 Vogit 模型相连接而形成的闭环模型，如图 2-2 所示。

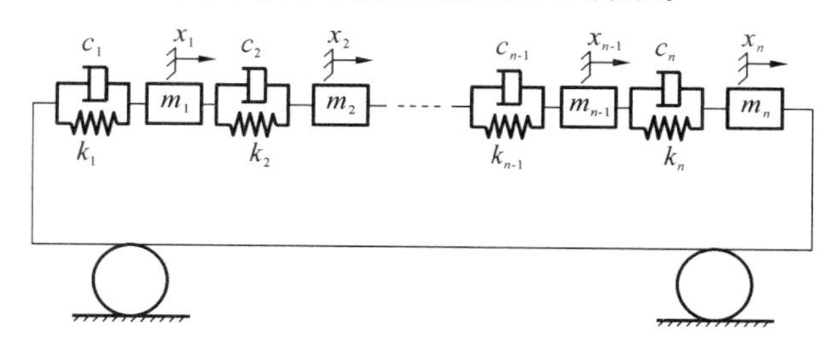

图 2-2　刮板输送机链条模型

其中，第 i 个圆环链的动力学微分方程为

$$\begin{cases} m_1 \ddot{x}_1 + c_1(\dot{x}_1 - \dot{x}_n) + c_2(\dot{x}_1 - \dot{x}_2) + k_1(x_1 - x_n) + k_2(x_1 - x_2) = f_1(t) \\ \vdots \\ m_i \ddot{x}_i + c_i(\dot{x}_i - \dot{x}_{i-1}) + c_{i+1}(\dot{x}_i - \dot{x}_{i+1}) + k_i(x_i - x_{i-1}) + k_{i+1}(x_i - x_{i+1}) = f_i(t) \\ \vdots \\ m_n \ddot{x}_n + c_n(\dot{x}_n - \dot{x}_{n-1}) + c_1(\dot{x}_n - \dot{x}_1) + k_n(x_n - x_{n-1}) + k_1(x_n - x_1) = f_n(t) \end{cases} \tag{2-3}$$

式中：x_i表示编号为 i 的圆环链的位移，$i=1,2,\cdots,n$。

则式(2-3)可以表示为

$$\boldsymbol{M}\ddot{\boldsymbol{X}} + \boldsymbol{C}\dot{\boldsymbol{X}} + \boldsymbol{K}\boldsymbol{X} + \boldsymbol{F}_{\mathrm{f}}(t) = 0 \tag{2-4}$$

式中：

$$\boldsymbol{M} = \mathrm{diag}[m_1 \quad m_2 \quad m_3 \quad \cdots \quad m_i \quad \cdots \quad m_{n-1} \quad m_n]$$

$$\boldsymbol{X} = [x_1 \quad x_2 \quad x_3 \quad \cdots \quad x_i \quad \cdots \quad x_{n-1} \quad x_n]^{\mathrm{T}}$$

$$
\boldsymbol{C}=\begin{bmatrix}
c_1+c_2 & -c_2 & & & & & & & -c_1\\
-c_2 & c_2+c_3 & -c_3 & & & & & & \\
 & -c_3 & c_3+c_4 & -c_4 & & & & & \\
 & & \ddots & \ddots & \ddots & & & & \\
 & & & -c_i & c_i+c_{i+1} & -c_{i+1} & & & \\
 & & & & \ddots & \ddots & \ddots & & \\
 & & & & & -c_{n-1} & c_{n-1}+c_n & -c_n & \\
-c_1 & & & & & & -c_n & c_n+c_1 &
\end{bmatrix}
$$

$$
\boldsymbol{K}=\begin{bmatrix}
k_1+k_2 & -k_2 & & & & & & & -k_1\\
-k_2 & k_2+k_3 & -k_3 & & & & & & \\
 & -k_3 & k_3+k_4 & -k_4 & & & & & \\
 & & \ddots & \ddots & \ddots & & & & \\
 & & & -k_i & k_i+k_{i+1} & -k_{i+1} & & & \\
 & & & & \ddots & \ddots & \ddots & & \\
 & & & & & -k_{n-1} & k_{n-1}+k_n & -k_n & \\
-k_1 & & & & & & -k_n & k_n+k_1 &
\end{bmatrix}
$$

$$
\boldsymbol{F}_f(t)=[-f_1(t)\quad -f_2(t)\quad -f_3(t)\quad \cdots\quad -f_i(t)\quad \cdots\quad -f_{n-1}(t)\quad -f_n(t)]^{\mathrm{T}}
$$

上述分析中，仅将链条传动系统的链条摘出作为分析对象，其模型中并未考虑驱动布置以及链轮转动所需的转矩等情况。在不考虑中部槽弹性与刮板输送机弯曲布置情况的前提下，为上述链条模型添加驱动装置、弹性联轴器及减速器，则可构造出以下单侧驱动刮板输送机动力学有限元模型，如图 2-3 所示。

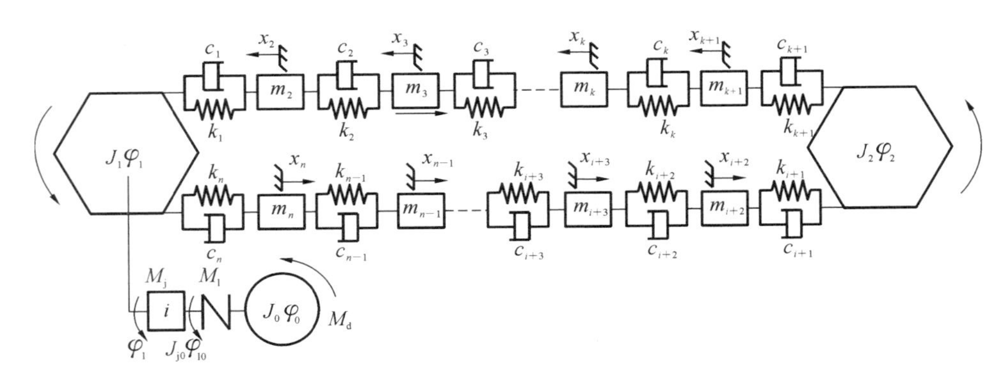

图 2-3　单侧驱动刮板输送机动力学有限元模型

其动力学有限元模型相关表述式如下：

$$
\begin{cases}
M_1 + J_0\ddot{\varphi}_0 - M_d = 0 \\
J_{j0}\ddot{\varphi}_{10} - M_1 + M_j \dfrac{1}{i\eta} = 0 \\
J_1\ddot{\varphi}_1 + (F_1 - F_n)R_1 - M_j = 0 \\
m_2\ddot{x}_2 = F_1 - F_2 - W_2 \\
\vdots \\
m_j\ddot{x}_j = F_{j-1} - F_j - W_j \\
\vdots \\
m_{k+1}\ddot{x}_{k+1} = F_k - F_{k+1} - W_{k+1} \\
J_2\ddot{\varphi}_2 + (F_{i+1} - F_{k+1})R_2 = 0 \\
m_{i+2}\ddot{x}_{i+2} = F_{i+1} - F_{i+2} - W_{i+2} \\
m_{i+3}\ddot{x}_{i+3} = F_{i+2} - F_{i+3} - W_{i+3} \\
\vdots \\
m_n\ddot{x}_n = F_{n-1} - F_n - W_n
\end{cases}
\tag{2-5}
$$

式中：M_d、M_l、M_j 分别表示机头驱动装置的电动机输出转矩、弹性联轴器输出转矩和减速器输出转矩，其单位为 N·m；J_0、J_{j0} 分别表示电动机转动惯量与减速器转动惯量；J_1、J_2 分别表示主动链轮、从动链轮的转动惯量；i、η 分别表示减速器传动比及传动效率；φ_0、φ_{10}、φ_1、φ_2、R_1、R_2 分别表示电动机转动角位移，弹性联轴器转动角位移，机头、机尾装置的转动角位移以及链轮节圆半径；W_j 表示刮板输送机运行过程中质量块 j 的运行阻力，$j \in (2,3,4,\cdots,k,i+2,i+3,\cdots,n-1)$。

具体地，弹性联轴器输出转矩及各质量块受力 F 表达式如式(2-6)所示。

$$
\begin{cases}
M_1 = a\varphi + b\varphi^3 + \tau_{sp}(a\varphi + 3b\varphi^2)\dot{\varphi} \\
\varphi = \varphi_0 - \varphi_{10} \\
\varphi_{10} = i\varphi_1 \\
F_j = k_j(x_j - x_{j+1}) + c_j(\dot{x}_j - \dot{x}_{j+1}) \\
F_{i+1} = k_{i+1}(\varphi_2 R_2 - x_{i+2}) + c_{i+1}(\dot{\varphi}_2 R_2 - \dot{x}_{i+2}) \\
F_n = k_n(x_n - \varphi_1 R_1) + c_n(\dot{x}_n - \dot{\varphi}_1 R_1) \\
F_1 = k_1(\varphi_1 R_1 - x_2) + c_1(\dot{\varphi}_1 R_1 - \dot{x}_2) \\
F_{k+1} = k_{k+1}(x_{k+1} - \varphi_2 R_2) + c_{k+1}(\dot{x}_{k+1} - \dot{\varphi}_2 R_2)
\end{cases}
\tag{2-6}
$$

式中：a，b 为常数；τ_{sp} 为反映弹性联轴器阻尼特性的滞后时间常数。

由于弹性联轴器输出转矩与转动角位移之间不存在线性关系，因此此处不再用动力学微分方程表示。

2.2 链传动系统结构分析及公式推导

2.2.1 链轮及链环分析

链传动系统主要由链轮、链环（圆环链）、刮板和中部槽组成。链轮与链环啮合进而传递动力。在若干链环中，只要有一个链环产生断裂或者一个轮齿发生折断，其输煤效率将会严重降低，甚至发生事故，因此链轮和链环是十分重要的零部件。图 2-4 所示为六齿链轮和链环示意图。根据国家标准，矿用圆环链和链轮尺寸计算公式如表 2-1 所示。

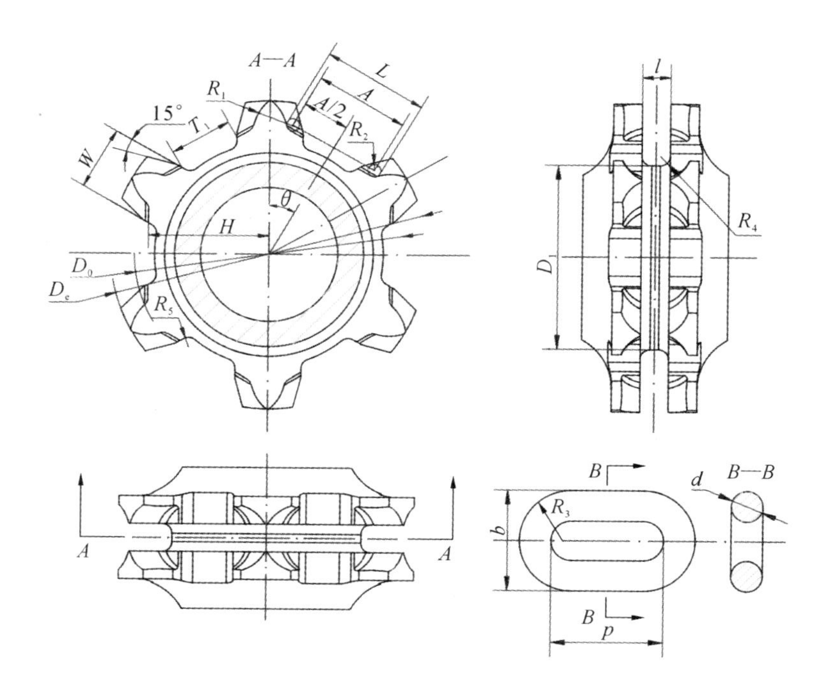

图 2-4　六齿链轮和链环示意图

表 2-1　矿用圆环链和链轮尺寸计算公式

名称	符号	计算公式
圆环链公称直径/mm	d	按照 GB/T 12718—2009 规定选取
圆环链公称齿距/mm	p	
圆环链最大外宽/mm	b	
链轮齿数	N	按照 GB/T 24503—2009 规定选取，齿数一般为 5～10
链轮齿距角/(°)	θ	$\theta=360°/(2N)$
链轮节圆直径/mm	D_0	$D_0=\sqrt{\left(\frac{p}{\sin(90°/N)}\right)^2+\left(\frac{d}{\cos(90°/N)}\right)^2}$
链轮大径(参考值)/mm	D_e	$D_e=D_0+2d$
链轮立环立槽直径(参考值)/mm	D_1	$D_1=\frac{p}{\tan(90°/N)}+d\cdot\tan\frac{90°}{N}-B-\Delta$ 式中：对于标准圆环链，B 按圆环链最大外宽 b 选取，对为扁平链，B 按扁平环圆环外宽选取；Δ 按照 GB/T 24503—2009 规定选取
链轮立环立槽宽度/mm	l	$l=d'+\delta$ 式中：对于标准圆环链，d' 按圆环链公称直径 d 选取，对为扁平链，d' 按扁平环厚度选取；δ 按照 GB/T 24503—2009 规定选取
链窝长度/mm	L	$L=1.075p+2d$
链轮中心至链窝底平面的距离/mm	H	$H=0.5\left(\frac{p}{\tan(90°/N)}-d\cdot\tan\frac{90°}{N}-d\right)$
短齿厚度(尺寸仅供参考)/mm	W	$W=(2H+d)\sin\frac{180°}{N}-A\cos\frac{180°}{N}+d$
链窝中心距离/mm	A	$A=1.075p+d$
齿形圆弧半径/mm	R_1	$R_1=p-1.5d$ 圆弧半径的中心与链轮中心的距离为 $H+0.5d$
齿根圆弧半径/mm	R_2	$R_2=0.5d$

续表

名称	符号	计算公式
链窝平面圆弧半径/mm	R_3	R_3值等于扁平接链环圆弧部分的最大外圆半径;圆心在扁平接链环中心线上,此中心线平行于链窝平面
立环槽圆弧半径/mm	R_4	$R_4=0.5d$
短齿根部圆弧半径/mm	R_5	$R_5=0.5d$
链窝间隙/mm	T	限制 W 的最大值,T 值由用户和厂方商定

表 2-1 中列举了链轮和(标准)圆环链所有的尺寸计算公式,考虑到倒角在实际加工链轮以及仿真中作用不大,且会增加仿真的工作量,因此忽略 R_4 和 R_5 等圆弧半径。笔者在对公式进行推导时发现,表中存在三个主动参数(圆环链公称直径 d、圆环链公称齿距 p、链轮齿数 N),其他均为从动参数。生成单链链轮或者圆环链链轮只需修改三个主动参数即可,其他参数会发生相应的改变。将用到的主要公式进行推导,如式(2-7)所示,其中的公式相互关联,为后续参数化建模提供公式基础。

$$
\begin{cases}
D_1=\dfrac{p}{\tan(90^\circ/N)}+d\cdot\tan\dfrac{90^\circ}{N}-B-\Delta \\
H=0.5\left(\dfrac{p}{\tan(90^\circ/N)}-d\cdot\tan\dfrac{90^\circ}{N}-d\right) \\
\theta=360^\circ/(2N) \\
W=(2H+d)\sin\dfrac{180^\circ}{N}-(1.075p+d)\cos\dfrac{180^\circ}{N}+d \\
D_e=\sqrt{\left(\dfrac{p}{\sin(90^\circ/N)}\right)^2+\left(\dfrac{d}{\cos(90^\circ/N)}\right)^2}+2d \\
l=d+\delta \\
b,\Delta,\delta\ \text{均按照 GB/T 24503—2009 规定选取}
\end{cases}
\tag{2-7}
$$

2.2.2 刮板及中部槽分析

1. 刮板

链轮的动力由链环传递给刮板,刮板起到推动煤块运输的作用。而中部槽起到导轨的作用，使输煤朝着正确的方向进行。

刮板的种类较多，根据链传动系统的类型可分为三类，即中单链（中心单链）、中双链、边双，如图 2-5、图 2-6 和图 2-7 所示。刮板的种类繁多，选择何种刮板可以根据开采的需求以及链传动系统的类型来判断。本节在建立链传动系统模型时对刮板的三维模型进行简化，其三维模型参数主要由中部槽宽度 b 和链环公称齿距 p 决定。

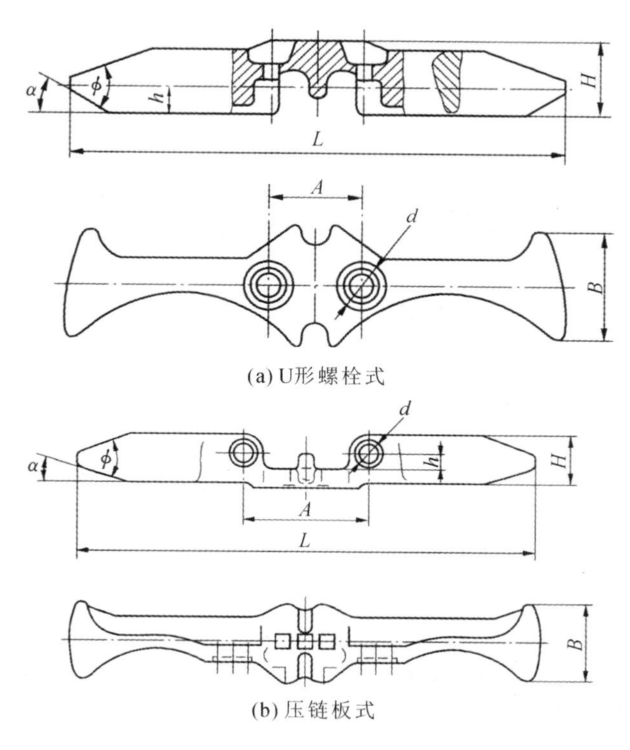

图 2-5 中单链刮板输送机刮板类型

2. 中部槽

中部槽的型号共分为三种，图 2-8 所示为中部槽的截面图，分别为Ⅰ型、Ⅱ型、Ⅲ型中部槽。中部槽的种类较多且结构较为复杂，在对中部槽进行建模及仿真时可将其简化为一个平面，用到的主要参数为中部槽的宽度、中部槽的长度（建模时暂同链轮中心距 L）。

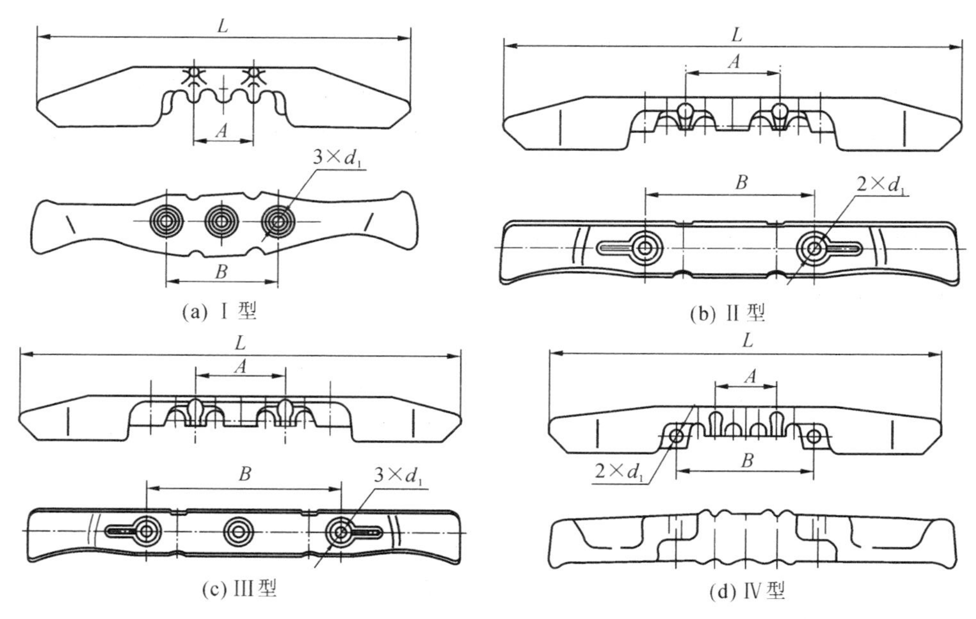

(a) Ⅰ型　(b) Ⅱ型　(c) Ⅲ型　(d) Ⅳ型

图 2-6　中双链刮板输送机刮板类型

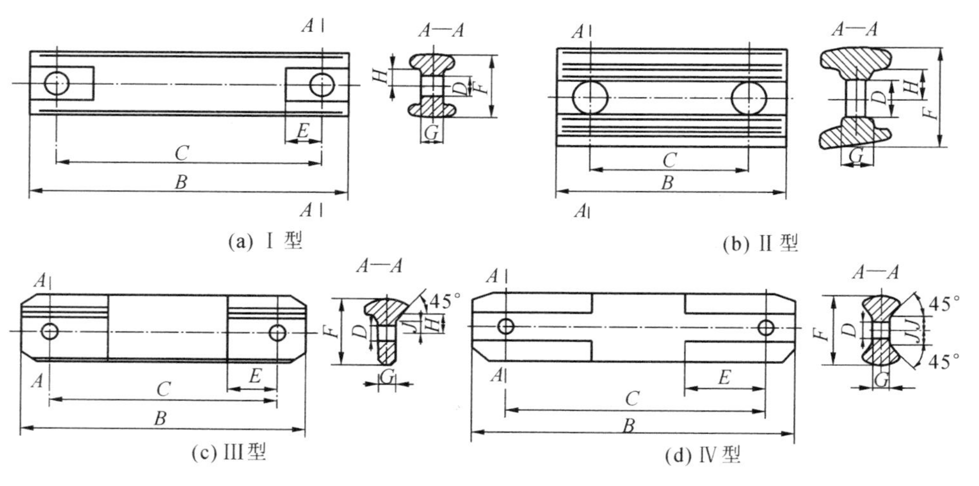

(a) Ⅰ型　(b) Ⅱ型　(c) Ⅲ型　(d) Ⅳ型

图 2-7　边双链刮板输送机刮板类型

3. 主、从动参数

通过上述对链传动系统零部件的分析可知，在对其进行参数化建模时，用到的参数可分为主动参数和从动参数。修改主动参数的值，从动参数的值也随之发生改变，进而改变整个模型。

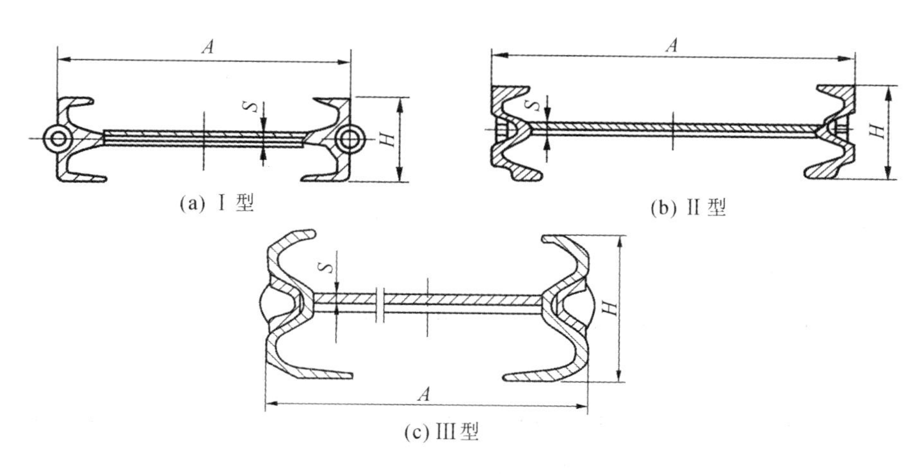

图 2-8 中部槽的截面图

表 2-2 所示为用到的所有主动参数。根据上述对单个链环、链轮的建模公式推导可知，主动参数有：链环公称直径 d、链环公称齿距 p、链轮齿数 N。刮板和中部槽的主动参数有：中部槽宽度 b。此外，在装配模型时仍需要三个主动参数：链轮中心距 L、刮板间距 i、双链间距 m（中双链链传动系统中才用到）。因此，通过表中的主动参数即可建立一个完整的链传动系统模型，为链轮的研发制造及链传动系统的仿真提供基础。

表 2-2 主动参数

名称	参数化建模				参数化装配		
	链环公称直径	链环公称齿距	链轮齿数	中部槽宽度	链轮中心距	刮板间距	双链间距
代号	d	p	N	b	L	i	m

2.3 链传动系统工作性能研究

2.3.1 运行阻力分析

刮板输送机为连续运输的机械，可按照式(2-8)来计算其运输能力。

$$Q = 3.6qv \tag{2-8}$$

式中：Q 为运输能力，t/h；q 为单位长度上所装物料的质量，kg/m；v 为物料的运行速度，可近似认为是链环在输煤方向上的运行速度，m/s。

链传动系统在输煤过程中主要承受两种阻力，一种是直线段阻力，另一种是弯曲段阻力。其中，直线段阻力包括中部槽上部的重载阻力和中部槽下部的空载阻力，弯曲段阻力主要包括链环经过机头和机尾链轮时的啮合弯曲阻力、输煤工作面地表起伏所造成的垂直弯曲阻力、液压支架向前推移刮板输送机所造成的S弯区域的水平弯曲阻力。

因此，本节采用以刮板输送机输送量为主的方式进行链传动系统运行阻力的分析。图 2-9 为链传动系统的运行阻力计算示意图。直线段阻力分为重载阻力 F_{zh} 和空载阻力 F_k，如式(2-9)和式(2-10)所示。

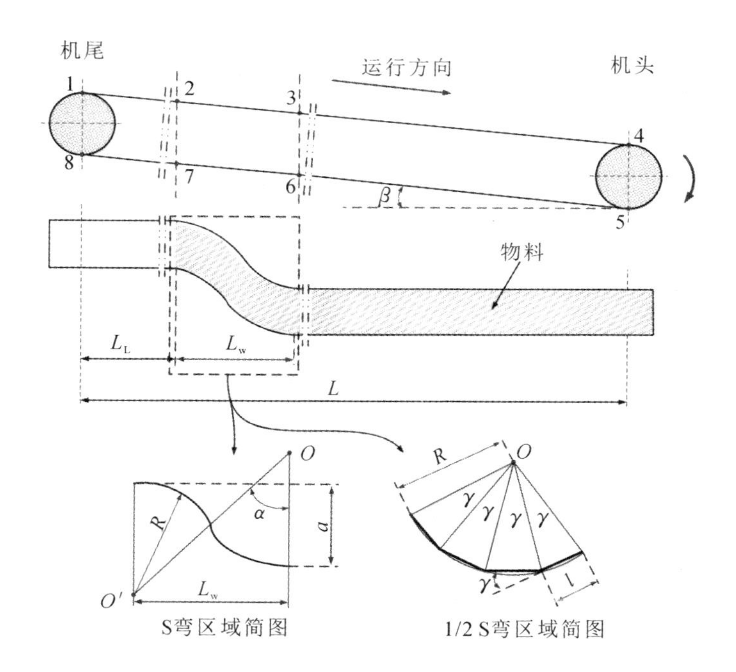

图 2-9　链传动系统的运行阻力计算示意图

$$F_{zh} = Lg[(q\omega_1 + q_0\omega_0)\cos\beta \pm (q + q_0)\sin\beta] \tag{2-9}$$

$$F_k = q_0 Lg[\omega_0 \cos\beta \mp \sin\beta] \tag{2-10}$$

式中：L 为刮板输送机的总铺设长度，m；g 为重力加速度，m/s^2；q 为单位长度上刮板输送机运输的物料质量，$q=Q/(3.6v)$，kg/m；Q 为单位时间内的输送量，t/h；v 为刮板输送机的链条输煤速度，m/s；ω_1 为物料受到的阻力系数；q_0 为单位长度上链条的质量，kg/m；ω_0 为刮板链受到的阻力系数；β 为刮板输送机的铺设角度，刮板输送机上行倾角一般不超 25°，下行倾角一般不超 20°，若同时兼做采煤机的运行轨道，倾角一般不超 10°。

在重载阻力公式的正负号选取上，当刮板输送机上行时，计算公式中 F_{zh} 取“+”，F_k 取“−”；当刮板输送机下行时正好相反。图 2-9 所示为下行时的状态。阻力系数 ω_0 和 ω_1 的取值如表 2-3 所示。

表 2-3 阻力系数取值

链传动系统类型	ω_0	ω_1
单链	0.3～0.4	0.3～0.4
双链	0.4～0.6	0.6～0.8

对于弯曲段阻力的计算，主要考虑链环经过机头和机尾链轮时的啮合弯曲阻力、液压支架向前推移刮板输送机所造成的 S 弯区域的水平弯曲阻力。链传动系统的工作长度超过 300 m，甚至可达 500 m，弯曲段所占的长度比例较小。因此，在计算总运行阻力 F_{zong} 时，可以采用简化的方式。啮合弯曲阻力和水平弯曲阻力可以按重载阻力和空载阻力之和的 10%进行计算。链传动系统的总运行阻力 F_{zong} 为重载阻力、空载阻力、啮合弯曲阻力和水平弯曲阻力之和，因此可推导出式(2-11)，该方式可以对总运行阻力 F_{zong} 进行粗略计算。

$$F_{zong}=1.2(F_{zh}+F_k) \tag{2-11}$$

根据链传动系统的总运行阻力 F_{zong}，对刮板输送机的电动机驱动力进行推导及分配。当为单端驱动时，机头驱动力 $F_{qu\text{-}jt}$ 等于总运行阻力 F_{zong}，如式(2-12)所示；当为机头、机尾双端驱动时，机头驱动力 $F_{qu\text{-}jt}$ 和机尾驱动力 $F_{qu\text{-}jw}$ 如式(2-13)所示。其中，K 为机头与机尾驱动力之比，也为功率比。

$$F_{qu\text{-}jt}=F_{zong} \tag{2-12}$$

$$\begin{cases} F_{qu\text{-}jt}=F_{zong}\dfrac{K}{K+1} \\ F_{qu\text{-}jw}=F_{zong}\dfrac{1}{K+1} \end{cases} \tag{2-13}$$

2.3.2 S弯区域分析

上述对总运行阻力进行计算时，对S弯区域的阻力采用了简化的计算方式，而本节将对S弯区域的几何结构进行分析。结合图2-9中S弯区域的简图推导相关参数，如式(2-14)、(2-15)、(2-16)、(2-17)所示。

$$R = \frac{l}{2\sin(\gamma/2)} \tag{2-14}$$

$$N_1 = 2\frac{R\alpha}{l} \tag{2-15}$$

$$L_w = \sqrt{\frac{2al}{\sin(\gamma/2)} - a^2} \tag{2-16}$$

$$\alpha = 2\arcsin\frac{\sin(\gamma/2)}{2l} \tag{2-17}$$

式中：N_1为S弯区域的中部槽数目；R为曲率半径，m；α为中心角；L_w为S弯区域在工作长度上的距离，m；a为采煤机截深，m；l为中部槽长度，m；γ为相邻两节中部槽之间的弯曲角。

2.3.3 链传动系统张紧力分析

预张紧力T可以保证在最小张力点处链条不发生堆积和松弛，保证链传动系统的平稳正常运行。而预张紧力主要由主、从动链轮在啮合开始点及啮合分离点四处的张紧力决定。图2-10所示为链传动系统张力变化图。如式(2-18)所示，S_1、S_4、S_5、S_8四者的平均值即为链传动系统的预张紧力T。

$$T = \frac{1}{4}(S_1 + S_4 + S_5 + S_8) \tag{2-18}$$

对各点张力进行求解时可采用逐点张力法，推导演化公式如式(2-19)所示。

$$\begin{cases} F_i = F_{i-1} + F_{zu} - F_{qu} & i-1\text{与}i\text{之间存在驱动电机} \\ F_i = F_{i-1} + F_{zu} & i-1\text{与}i\text{之间不存在驱动电机} \end{cases} \tag{2-19}$$

式中：F_i为i点处的张力值，N；F_{i-1}为$i-1$点处的张力值，即前一处点的张力，N；F_{zu}为i与$i-1$之间的运行阻力，N；F_{qu}为机头、机尾电动机提供的驱动力，N。

对关键点张力进行求解时，首先需要找到张力最小点的位置，进而以该点

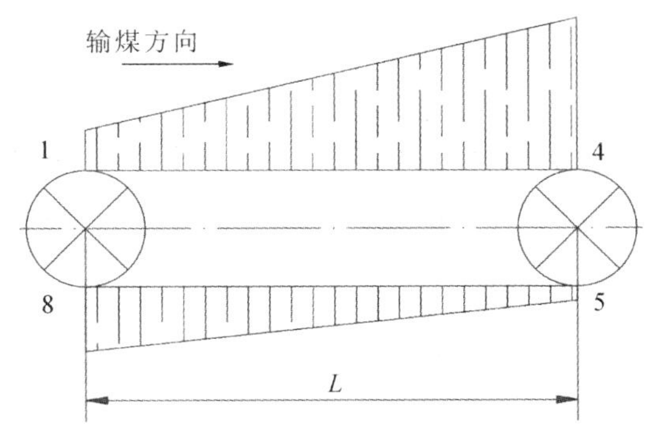

图 2-10 链传动系统张力变化图

为基准求取其他关键点的张力值。但最小张力点的位置受到输煤方向、驱动链轮的布置、输煤倾角等因素影响，位置是不固定的。在实际采煤过程中，输煤倾角不会设置太大，因此本小节仅推导倾角不大时的情况。对于机头单端驱动的链传动系统，重载阻力 $W_{zh}>0$，此时由逐点张力法计算可知 $S_4>S_1>S_8>S_5$，即 S_5 处张力最小。

机头机尾双端驱动时需要分情况讨论，由图 2-10 可知，链传动系统的最小张力点位于链轮与链环的啮合分离点处，即 S_1 或 S_5，而 S_1 或 S_5 的比较亦可采用逐点张力法。现将电动机驱动力公式和运行阻力公式代入式(2-19)中进行推导，可得出式(2-20)。

$$S_5=S_1+W_{zh}+W_{w\text{-}jt}+W_{w\text{-}s}-F_{qu\text{-}jt}$$

$$S_5=S_1+W_{zh}+5\%\times(W_{zh}+W_k)+10\%\times W_{zh}-\frac{1.2\times K\times(W_{zh}+W)}{K+1}$$

$$S_5=S_1+\frac{(2.3-0.1K)W_{zh}-(2.3K-0.1)W_k}{2\times(k+1)}$$

$$S_5-S_1=\frac{(2.3-0.1K)W_{zh}-(2.3K-0.1)W_k}{2\times(k+1)}$$

$$S_5-S_1\Leftrightarrow(2.3-0.1K)W_{zh}-(2.3K-0.1)W_k \tag{2-20}$$

因此，由式(2-20)可知，双端驱动的最小张力点由重载阻力 W_{zh}、空载阻力 W_k、机头和机尾的驱动力之比 K 决定。由上述三个值即可确定机头机尾双端驱动时的最小张力点。重载阻力 F_{zh} 和空载阻力 F_k 可根据式(2-9)和式(2-10)求出。此外，一般来说单链链传动系统的最小张力为 2～3 kN，双链链传动系统的最小张力为 4～6 kN。

在确定了最小张力点的位置后，以该点为起点，采用逐点张力法计算其余各点的张力值。在经过 S 弯区域时，会出现附加弯曲阻力，本节采用欧拉柔索公式对其进行精确计算，附加弯曲阻力计算公式如式(2-21)所示。

$$W_{(i-1\sim i)\text{wan}}=S_i-S_{i-1}=S_{i-1}(e^{2f\alpha}-1) \tag{2-21}$$

式中：$W_{(i-1\sim i)\text{wan}}$ 为 S 弯区域的附加阻力，N；f 为刮板链与槽帮间的摩擦系数，可取为 0.4；α 为 S 弯区域的中心角。

因此，采用逐点张力法及欧拉柔索公式对图 2-9 中关键点的张力进行推导，如式(2-22)所示。各点张力确定以后即可求出预张紧力 T。

$$\begin{cases} S_1=S_8+0.05(W_{\text{zh}}+W_{\text{k}})-F_{\text{qu-jw}} \\ S_2=S_1+W_{1\sim 2} \\ S_3=S_2 e^{2f\alpha}+W_{2\sim 3} \\ S_4=S_3+W_{3\sim 4} \\ S_5=S_4+0.05(W_{\text{zh}}+W_{\text{k}})-F_{\text{qu-jt}} \\ S_6=S_5+W_{5\sim 6} \\ S_7=S_6 e^{2f\alpha}+W_{6\sim 7} \\ S_8=S_7+W_{7\sim 8} \end{cases} \tag{2-22}$$

式中：S_i 为各关键点的张力，N；$W_{(i-1)\sim i}$ 为 $i-1$ 与 i 两点之间的运行阻力，其值可由式(2-23)计算。

$$W_{(i-1)\sim i}=\frac{L_{(i-1)\sim i}}{L_{\text{zong}}}W_1 \tag{2-23}$$

式中：$L_{(i-1)\sim i}$ 为 $i-1$ 与 i 两点间距离，m；L_{zong} 为总工作长度，m；W_1 可取 W_{zh} 或者 W_{k}，根据所计算的张力点位置确定。

2.3.4 电动机功率及链环安全系数分析

本节在对电动机功率进行计算时，假设刮板输送机处于满载工况。计算公式如式(2-24)所示。

$$P=\frac{\lambda F v}{1000\eta} \tag{2-24}$$

式中：P 为电动机功率，kW；F 为牵引力，N；η 为传动系统的效率，$\eta<1$；λ 为双链负荷不均匀系数，考虑到输煤环境较为复杂，存在一些难以计算的额外运行阻力，因此引入该系数，取值范围为[1.15，1.2]。

根据主、从动链轮在啮合开始点及啮合分离点四处的张紧力，根据式(2-22)可以推导出机头电动机功率 P_{jt}、机尾电动机功率 P_{jw}，如式(2-25)所示。

$$\begin{cases} P_{jt}=\dfrac{\lambda v}{1000\eta}[S_4-S_5+0.05(W_{zh}+W_k)] \\ P_{jw}=\dfrac{\lambda v}{1000\eta}[S_8-S_1+0.05(W_{zh}+W_k)] \end{cases} \tag{2-25}$$

式(2-26)为链环的安全系数 n 的计算公式，单链和双链略有不同。

$$\begin{cases} n=\dfrac{S_d}{1.2S_{max}} & 单链 \\ n=\dfrac{2S_d\lambda}{1.2S_{max}} & 双链 \end{cases} \tag{2-26}$$

式中：n 为链条的安全系数，$n\geqslant 3.5$ 则视为安全；S_d 为链条的最大破断拉力，N；S_{max} 为链条受到的最大静拉力，由式(2-22)推导可知为 S_4 或 S_8，N；λ 为双链负荷不均匀系数，边双链为 0.85，中双链稍大些。

2.3.5 链轮-链环啮合传动分析

一根链条由许多链环首尾相连组成，通过与链轮在链窝处啮合来传递动力，啮合传动速度分析图如图 2-11 所示。而链轮的齿数是有限的，所以链条与链轮做间歇性的运动。

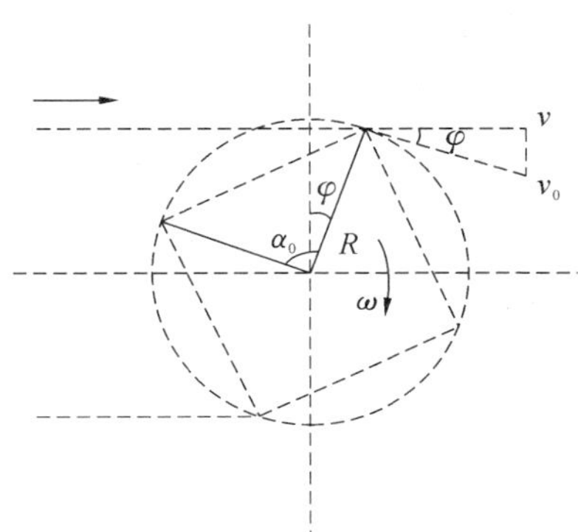

图 2-11 啮合传动速度分析图

把链条视为刚体，链轮的节圆半径设为 R，旋转的角速度为 ω，分析图 2-11，链条的速度 v 和加速度 a_1 分别如式(2-27)和式(2-28)所示。

$$v = v_0 \cos\varphi = R\omega\cos\varphi \tag{2-27}$$

$$a_1 = \frac{\mathrm{d}v}{\mathrm{d}t} = -R\omega^2\sin\varphi \tag{2-28}$$

式中：v_0 为链轮的圆周速度，m/s；φ 为 v_0 与 v 两个速度之间的夹角。

由式(2-28)可知，即使链轮的角速度是恒定不变的，链条的速度也还是会随着 φ 的变化而变化。由图 2-11 可知，φ 的变化范围为

$$-\frac{\alpha_0}{2} \leqslant \varphi \leqslant \frac{\alpha_0}{2} \tag{2-29}$$

式中：α_0 为链条一个链节的长度所对应的圆心角。

式(2-30)和式(2-31)所示为链条速度和加速度的变化范围。

$$R\omega\cos\frac{\alpha_0}{2} \leqslant v \leqslant R\omega \tag{2-30}$$

$$-R\omega^2\sin\frac{\alpha_0}{2} \leqslant a \leqslant R\omega^2\sin\frac{\alpha_0}{2} \tag{2-31}$$

由式(2-31)和图 2-11 中的几何关系可推出链条的最大加速度，如式(2-32)所示。

$$|a_{\max}| = \frac{\omega^2 p}{2} \tag{2-32}$$

式中：p 为一个链节的齿距，mm。

由链条的最大加速度 $|a_{\max}|$ 可知，当链轮的角速度一定时，链节的齿距越小、链轮的齿数越多，则链条的最大加速度越小，链轮和链环之间的啮合传动越稳定。该结论也为验证仿真模型提供理论支撑。

本章首先基于 Vogit 理论建立了刮板输送机的动力学模型，然后分析了链传动系统关键零部件的结构参数，为参数化建模提供理论依据，最后对链传动系统在工作过程中的运行阻力、张紧力、安全系数等进行了推导，为智能化设计奠定了基础。

第3章 刮板输送机参数化设计

参数化设计又称为尺寸驱动，是以现有产品为基础，将产品的结构、内部约束等关系提取出来，再通过变量和关系函数的方式来定义，通过修改少量的变量来实现产品的重建。矿山机械、新能源、车辆设计等众多领域均用到了参数化设计的思路。一些模型在建立时流程很烦琐，而对于不同的模型，通常要再次建模。采用命令流的方式，即参数化建模，可以有效地提高建模的效率。

做仿真分析的时候，可以利用多种不同的软件：ADAMS、ANSYS 等。本章以 ADAMS 为例，介绍参数化建模的实现流程。根据 2.2 节中对链传动系统结构的分析以及公式的推导，我们对链传动系统主动参数和从动参数之间的关系有了较深的了解。本章将以 2.2 节中的内容为基础，借助 ADAMS 的参数化设计理念，对链传动系统进行参数化建模、参数化装配、参数化仿真，最终参数化输出仿真结果，以求为链轮的加工制造提供三维模型，在动力学仿真研究时，避免冗余的建模操作，提高仿真的效率。

3.1 ADAMS 参数化设计理念

参数化设计的理念是将模型中主动参数的值用设计变量来替代，通过修改设计变量的值来达到修改模型从动参数的值的目的，主动参数和从动参数之间通过公式(即在 2.2 节中推导的公式)及逻辑关系建立关联，最终实现修改三维模型或者批量进行仿真设置等操作。

如图 3-1 所示，点击“设计探索”中的“设计变量”即可弹出创建设计变量对话框，修改“名称”和“标准值”后就可创建一个变量。创建变量的命令语言程序如下，其功能与点击“设计变量”的操作完全一致，“!”代表其后的内容为注释。

创建的设计变量的值可以为数字，也可以是其他的设计变量，这极大地提高了ADAMS的参数化功能。但当创建复杂的仿真模型时，通过点击的方式创建设计变量会比较烦琐也不易操作，且在后续对部件的ID进行编辑时也较为困难，同时也不利于开发GUI界面来增加参数化功能的实用性。因此本章在进行参数化设计时全部采用编写命令文件的方式，包括创建设计变量、建立链传动系统模型以及设置模型参数等。

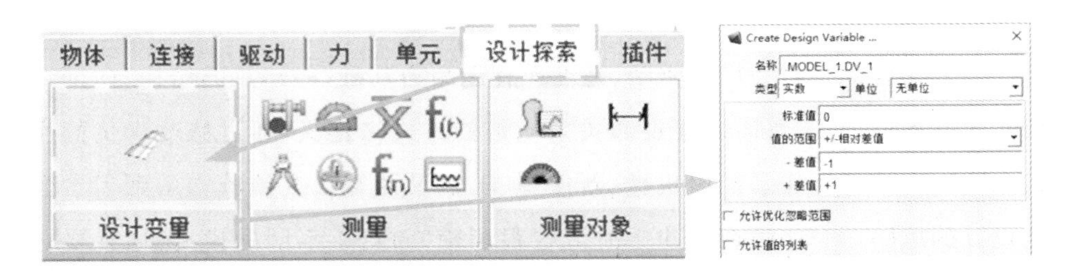

图 3-1　ADAMS 创建设计变量

```
void thread (void)
    {
variable create  &
variable_name=.MODEL_1. ka_lian  &        ! 定义设计变量的名字
units="no_units"  &
range=-1.0, 1.0  &
use_allowed_values=no  &
delta_type=relative  &
real_value=400 ! (2*(MODEL_1.p_p))     ! 设计变量的值可以为数字或其他设计变量
```

3.2　链传动系统各部件参数化建模

3.2.1　链轮的参数化

由2.3.5节的链轮-链环啮合传动分析可知，刮板输送机的链传动系统是通过链窝处的啮合传动来输送煤炭，并将链轮的扭矩转变为链环和刮板的直线牵引力的。链条由多个链环组成，链环在与链轮啮合时呈现出多边形效应。因此，链轮可被简化为一个具有 N 条边的正多边形，N 为链轮的齿数。六齿链轮参数化点示意图如图 3-2 所示，为建立链轮模型时用到的参数化点示意图。

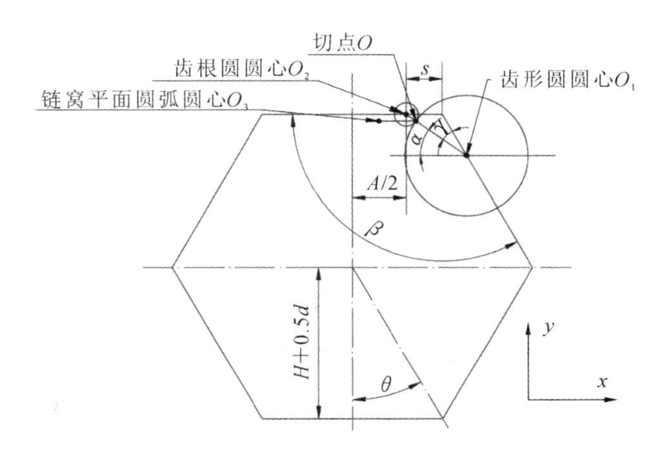

图 3-2 六齿链轮参数化点示意图

由图 3-2 可知，齿根圆圆心 O_2 位于多边形的边长上，其坐标(x_2, y_2)为$(A/2, H+0.5d)$。齿形圆圆心 O_1 同样也位于该多边形的一条边长上，齿根圆和齿形圆相切，由图 3-2 可推导出式(3-1)。

$$\begin{cases} \beta = \dfrac{N-2}{N} \cdot 180^\circ \\ s = (H+0.5d)\tan\theta - \dfrac{A}{2} \\ \alpha = 180^\circ - \left(\arcsin \dfrac{s\sin\beta}{R_1+R_2} + \beta\right) \end{cases} \tag{3-1}$$

因此，齿形圆圆心 O_1 的坐标(x_1, y_1)为$(x_2+(R_1+R_2)\cos\alpha, y_2-(R_1+R_2)\cdot\sin\alpha)$，切点 O 的坐标(x_4, y_4)为$(x_2+R_2\cos\alpha, y_2-R_2\sin\alpha)$。链窝平面圆弧圆心 O_3 的坐标(x_3, y_3)为$(x_3-R_3, y_2-R_2\sin\alpha)$，其纵坐标与切点 O 的纵坐标相同。至此，建立链轮模型的关键点坐标分析完成，进而可将其各点用设计变量代替进行参数化操作。

在对链轮的链窝进行参数化设计时，本节先生成一个链窝扫掠体，再生成一个齿坯模型，采用布尔减操作的方式在齿坯上生成链窝扫掠体的外部轮廓。

链窝扫掠体包含多个曲面，而 ADAMS 对于含有曲面的三维实体建模并不友好，无法像专业的三维建模软件如 SolidWorks、UG 等较为容易地实现三维曲面的建模。因此，笔者针对该弊端，提出了一种基于叠加法的三维曲面模型的生成方法，并且该方法同样可以应用到其他的三维建模软件中，解决了ADAMS 曲面建模能力差的问题。

图 3-3 所示为链窝扫掠体，主要包括两部分：上部分的齿形扫掠体、下部分的齿根扫掠体。齿形扫掠体的建模较为简单，齿根扫掠体则需要通过叠加法来实现建模。

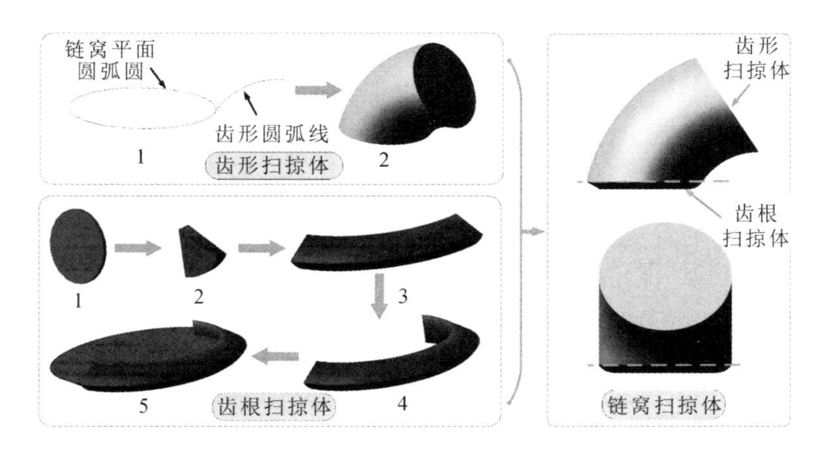

图 3-3　链窝扫掠体

如图 3-3 所示，在齿形扫掠体的建模过程中，链窝平面圆弧圆与齿形圆弧线的交点即为切点 O，链窝平面圆弧圆、齿形圆弧线的原点坐标和半径等参数可根据图 3-2 中的描述及 2.2 节中的推导进行确定，然后利用 ADAMS 的扫掠功能，使链窝平面圆弧圆绕齿形圆弧线扫掠，生成齿形扫掠体。

而在齿根扫掠体的建模上，Liu Jinwen 学者采用常规方法生成齿根扫掠体，如图 3-4 所示，其先建立一个封闭的平面 n-r-s-t，然后让该平面绕着 s-r 轴旋转 360°，即可生成齿根扫掠体。但 ADAMS 的建模能力有限，无法实现一个多边形的平面绕轴旋转出实体的操作。因此，笔者采用叠加法弥补了这一缺陷，叠加法原理图如图 3-5 所示。当 n 增大时，矩形所占的面积 S_n 会越来越接近曲面积分所占的真实面积 S，而矩形上侧组成的阶梯形边缘也会越来越接近函数的曲线形状，将其扩展到三维空间中，则为一个个小立方体组成的一个带曲面的实体。

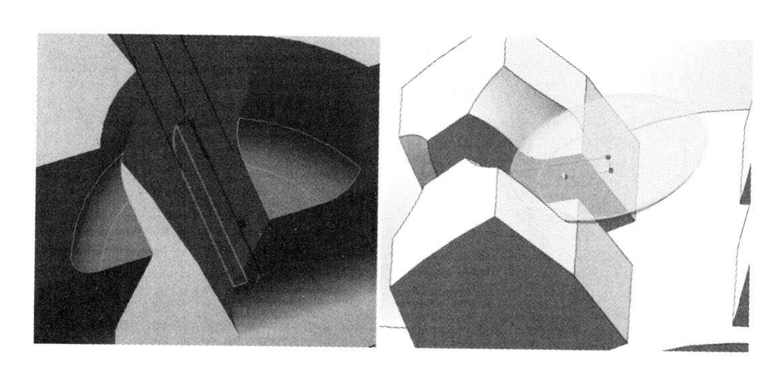

图 3-4 齿根扫掠体生成方法(常规方法)

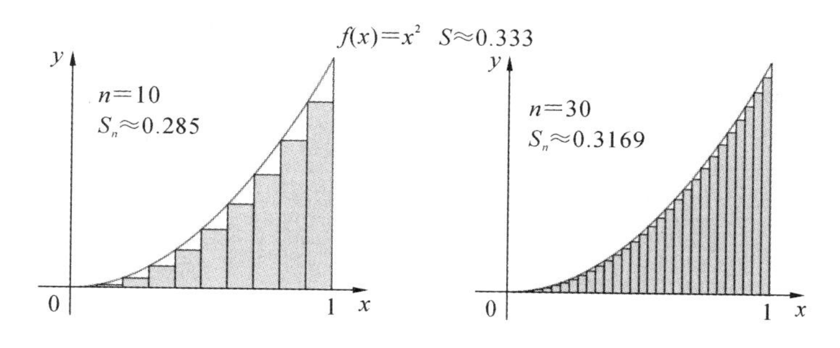

图 3-5 叠加法原理图

因此，利用该原理生成齿根扫掠体。如图 3-3 所示，首先根据一个圆盘选取出所需要的扇形，扇形的半径为齿根圆弧半径 R_2，厚度设置为 $0.3R_2$。然后以链窝平面圆弧圆心 O_3 为原点，每间隔 1°旋转复制一个扇形，生成 180 个扇形。图 3-3 中齿根扫掠体的步骤 4 所示为 180 个扇形组成的曲面体，此时扇形还是单独的个体。步骤 5 中采用锥台体对齿根扫掠体的内部进行填充，最后将 180 个扇形和锥台体合并成完整的齿根扫掠体。但笔者在进行布尔操作时发现，ADAMS无法合并太多的部件，其操作具有局限性。共生成 6 个重叠在一起的锥台体，每一个锥台体与 30 个扇形进行合并，为后续操作做准备，最终所有的零部件组合成链窝扫掠体。

接下来只需要生成齿坯模型，并与所生成的链窝扫掠体进行布尔操作即可生成链窝。链轮的结构具有极好的对称性，因此只需要生成一半的轮齿，再通过复制等操作即可生成一个完整的链轮。半齿齿坯模型如图 3-6 所示。

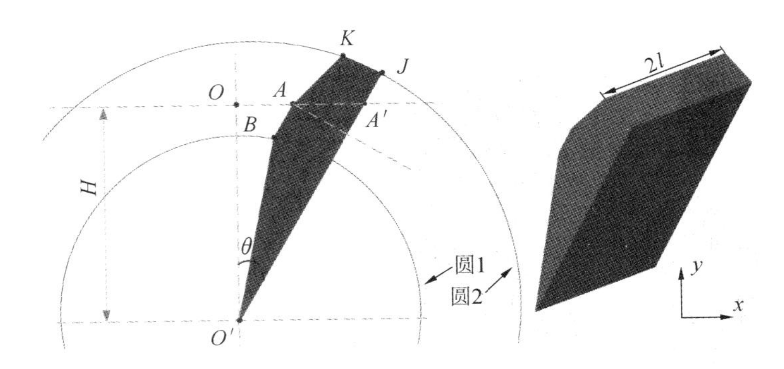

图 3-6　半齿齿坯模型

根据图 3-6 所示的几何关系可知，A 点坐标（x_A，y_A）为（$H\tan\theta - W/(2\cos\theta)$，$H$），$J$ 点坐标（x_J，y_J）为（$(D_e\sin\theta)/2$，$(D_e\cos\theta)/2$）。B 点坐标（x_B，y_B）可根据 l_{AB} 与圆 1 的交点进行计算求出，圆 1 的直径为 D_1，推导的计算公式如式(3-2)所示。K 点坐标（x_K，y_K）可根据 l_{AK} 与圆 2 的交点进行计算求出，圆 2 的直径为 D_e，推导的计算公式如式(3-3)所示。

$$\begin{cases} x_B = \dfrac{-b_B + \sqrt{|b_B^2 - 4a_Bc_B|}}{2a_B} \\ y_B = K_Bx_B + B_B \end{cases} \tag{3-2}$$

式中：

$$\begin{cases} K_B = \tan(90° - \theta) \\ B_B = \tan(90° - \theta)x_A + y_A \end{cases}$$

$$\begin{cases} a_B = 1 + K_B^2 \\ b_B = 2K_BB_B \\ c_B = B_B^2 - (D_1/2)^2 \end{cases}$$

$$\begin{cases} x_K = \dfrac{-b_K + \sqrt{|b_K^2 - 4a_Kc_K|}}{2a_K} \\ y_K = K_Kx_K + B_K \end{cases} \tag{3-3}$$

式中：

$$\begin{cases} K_K = \tan(75° - \theta) \\ B_K = -\tan(75° - \theta)x_A + y_A \end{cases}$$

$$\begin{cases} a_K = 1 + K_K^2 \\ b_K = 2K_K B_K \\ c_K = B_K^2 - (D_e/2)^2 \end{cases}$$

通过上述公式，半齿齿坯模型的关键点坐标即可确定下来，并将其设置为参数化点，便于后续生成不同规格的链轮模型。最后，根据这些参数化点采用拉伸命令建立半齿齿坯模型，拉伸的齿坯厚度设置为 $2l$，如图 3-6 中右侧所示。

如图 3-7 所示，通过生成的链窝扫掠体和半齿齿坯模型进行布尔减操作生成链轮的半齿模型，如步骤 2 所示。在由半齿模型生成单齿模型时，ADAMS 中并没有镜像的建模命令。但笔者发现，可以通过复制并旋转的组合命令近似地实现镜像的功能：首先将该半齿模型复制，然后绕轴旋转 180°，最后采用布尔和操作将两个半齿模型合成一个单齿模型，如步骤 3 所示。ADAMS 中同样没有旋转阵列的命令，因此首先根据主动参数链轮齿数 N 复制 N 个单齿，然后使复制的单齿绕原点旋转相应的角度，到正确的位置，如步骤 4 所示，实现旋转阵列的命令。最后用圆柱体对链轮进行填充及剪切，生成立环槽等。最终生成的链轮（六齿链轮）如步骤 7 中图形所示。

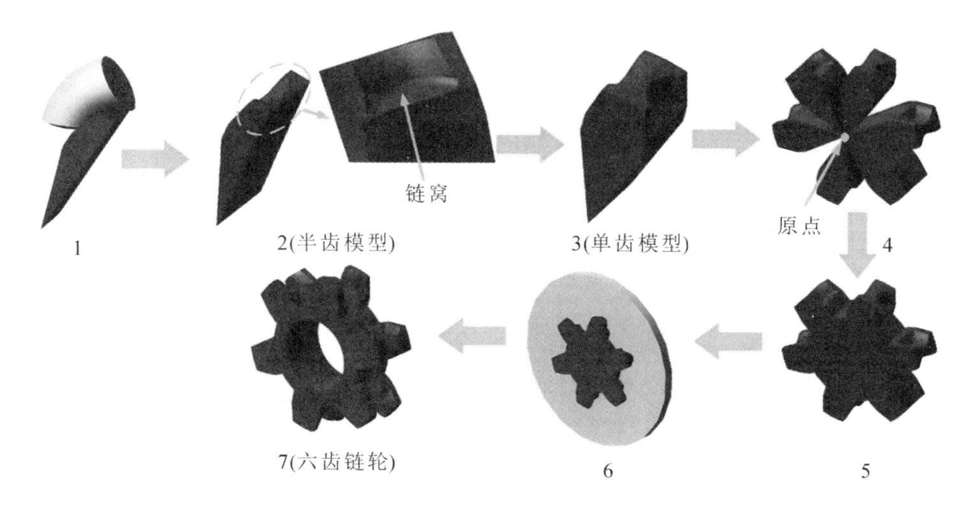

图 3-7　链轮生成过程

将生成的链轮采用 3D 打印技术制造出来，并与真实的链轮进行对比，如图 3-8所示。设计的链轮与真实的链轮差距较小，误差在允许范围之内。

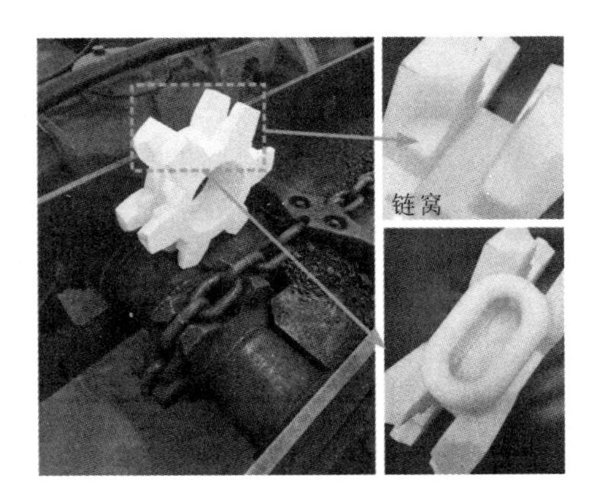

图 3-8　参数化链轮实体示意图

3.2.2　链环、刮板和中部槽的参数化

1. 链环的参数化建模

Zeng Qingliang 学者采用一种常用且常规的方法生成链环，如图 3-9 所示。首先建立一个圆(母线)，圆的直径为链环的公称直径，母线绕着引导线扫掠一周即可生成链环，如图 3-9(b)所示。

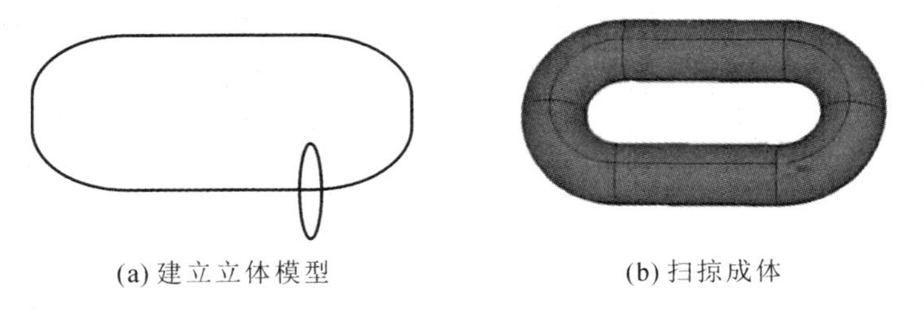

(a) 建立立体模型　　(b) 扫掠成体

图 3-9　链环生成过程(常规方法)

然而，ADAMS 只能实现单一路径的扫掠体，引导线对于 ADAMS 来说过于复杂，因此在 ADAMS 中无法通过常规方法生成链环。如图 3-10 所示，在对链环的结构进行分析后可知，它是由两个半圆环和两个圆柱组成的。

因此，笔者提出了一种分段式的链环建模方法：首先，用 ADAMS 建立四段实体模型，将各个实体模型的关键尺寸进行参数化；然后，根据参数化的尺寸将其组装成一个链环；最后，将四部分模型进行布尔和操作，组成一个真正的

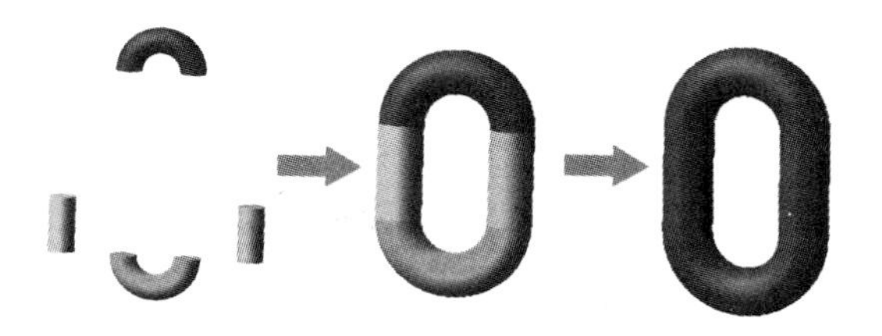

图 3-10　分段式链环生成过程

链环。

如图 3-11 所示，将一个规格为 14 mm×50 mm 的链环利用 3D 打印技术制造出来，并与真实的链环进行对比，用游标卡尺(卡尺精度为 0.02 mm)测量该链环的公称齿距和公称直径，分别为 50.1 mm 和 14 mm，与理论尺寸基本一致，即验证了分段式链环建模方法的有效性。

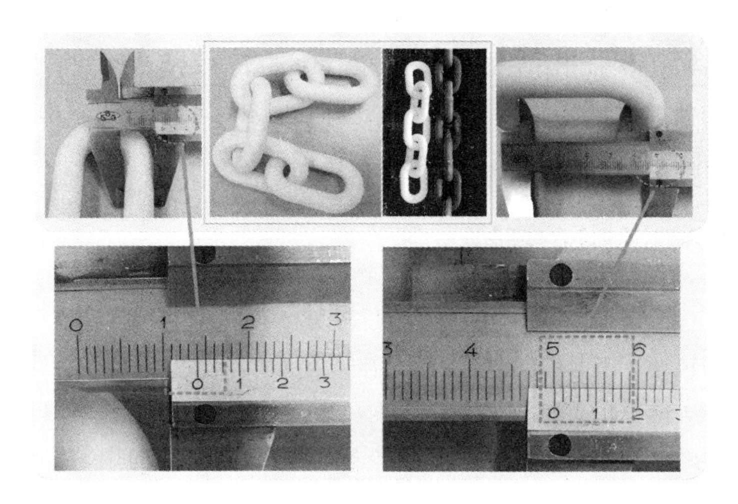

图 3-11　参数化链环实体示意图

2. 刮板和中部槽的参数化

由第 2 章中对刮板和中部槽的分析可知，其种类较多且结构较为复杂。刮板和中部槽也并非本章的研究重点，因此将其简化，如图 3-12 所示。通过 ADAMS创建刮板和中部槽的步骤较为相似：首先创建四个参数化点，确定其截面形状，然后使用创建多边形板的命令拉伸出刮板、中部槽，拉伸的距离即为主动参数(中部槽宽度 b)。中部槽的长度也为主动参数，由链轮中心距 L 所控制。

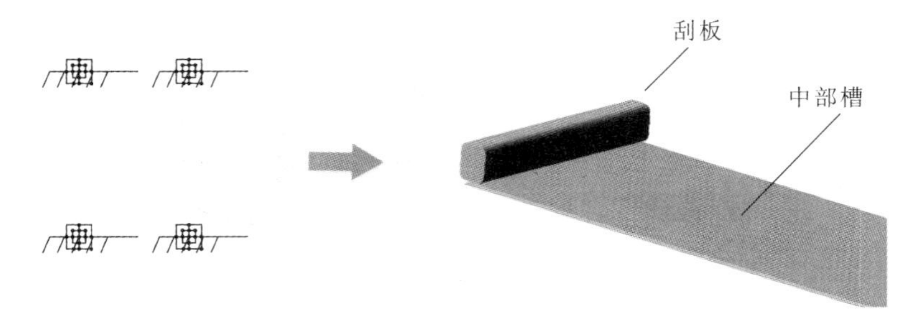

图 3-12　创建刮板和中部槽示意图

3.3　链传动系统各部件间参数化装配

参数化装配即将生成的链轮、链环、刮板和中部槽放置到正确的位置。链传动系统的参数化装配重点在于链环绕链轮的缠绕问题、刮板的布置问题，以及主、从动链轮间中心距的变化问题。笔者将链传动系统链轮中心距 L（即工作长度）、相邻刮板间间隔的平环数 i、双链间距 m（该参数仅用于中双链链传动系统）三者作为参数化装配模型的主动参数。

3.3.1　链轮和链环的装配

图 3-13 所示为（六齿链轮的）链轮-链环装配示意图，首先，利用在前述章节中生成的链轮 1 和链环 1，将链环 1 旋转为平环装配到链轮 1 的正上方，链环底面与链轮 1 原点的距离为 H，如步骤 2 所示。链轮若为偶数齿则复制 $N/2$ 个链环 1，若为奇数齿则复制 $(N-1)/2$ 个链环 1，绕链轮 1 的中心逆时针旋转相应的 θ 倍角度完成平环对链轮 1 的缠绕，如步骤 3 所示。将链环 1 旋转 90°变为立环，并旋转 θ 到立环 1 的位置，如步骤 4 所示。链轮若为偶数齿则复制 $N/2-1$ 个该立环，若为奇数齿则复制 $(N-1)/2$ 个该立环，最后绕链轮 1 的中心逆时针旋转相应的 θ 倍角度完成立环对链轮 1 的缠绕，如步骤 5 所示。

此外，本章所参数化的链传动系统模型可以改变链轮中心距 L，通过 rtoi(L/p)可以计算出整个工作长度上包含多少个链环，rtoi()是 ADAMS 提供的取整函数。根据该函数的结果，将链环 1 复制出相应的平环数，并向右移动相应的 $2p$ 倍距离，如步骤 6 所示。同理，将链环 1 再次旋转为立环并复制出相

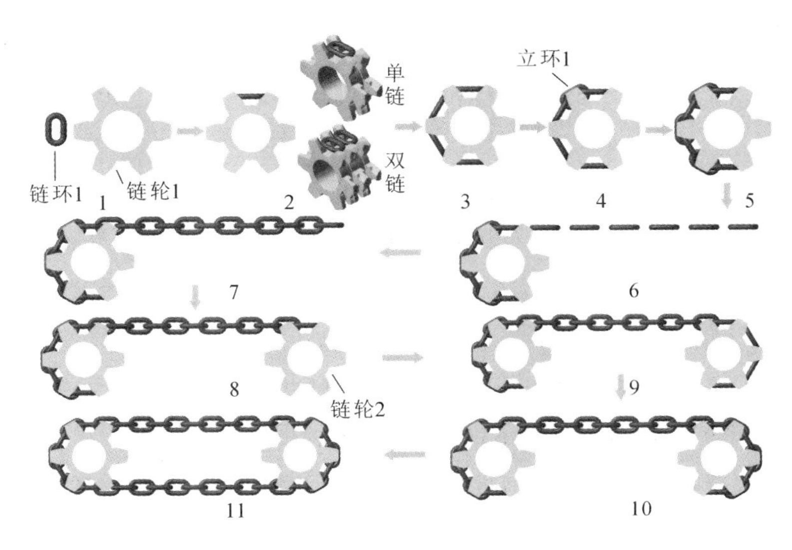

图 3-13　链轮-链环装配示意图

应的立环数向右展开，如步骤 7 所示，从而完成上侧链环的装配。紧接着，根据链轮中心距 L，由链轮 1 复制出链轮 2 并移动到相应的位置，如步骤 8 所示。

接下来进行平环和立环在链轮 2 上的缠绕操作，其方法与链环 1 缠绕在链轮 1 上的方法相同，在此不再赘述。但有一点需要注意，根据链轮是奇数齿还是偶数齿，其复制的链环数目需要分情况讨论。缠绕后的最终效果如步骤 10 所示。

最后，链传动系统下侧链环的装配采用从右向左的方式，先进行平环的装配再进行立环的装配。该方式与链传动系统上侧的平环装配基本相同，如步骤 11 所示。

这里进行举例说明的是单链链传动系统的装配，除此之外还包括双链链传动系统的装配，如图 3-13 的步骤 2 所示，仅步骤 2 略有不同，其他均相同。当生成双链链传动系统时，在步骤 2 中链环 1 和链轮 1 在链轮 1 的轴上向上复制出链轮 $1'$和链环 $1'$，而复制的距离由双链间距 m 控制，从而可以生成两股链条距离不同的中双链链传动系统，当 m 达到中部槽的临界值时则为边双链链传动系统。

3.3.2　刮板和中部槽的装配

接下来介绍刮板和中部槽的装配，如图 3-14 所示。仍以单链模型为例，中部槽的装配较为简单，其长度由链轮中心距 L 决定，宽度由中部槽宽度 b 决定，在装配时使中部槽的上表面与链传动系统上侧链环的底端接触，如步骤 1 所示。

而对于刮板的装配，首先，在链轮 1 的正上方装配刮板 1，如步骤 2 所示。然后通过链轮中心距 L 和相邻刮板间间隔的平环数 i 推导出中部槽上侧需要的刮板数量，由刮板 1 复制出相应数目的刮板并向右展开，展开的距离由间隔平环数 i 控制，如步骤 3 所示。

在布置完刮板后，计算中部槽上侧右端剩余的平环数，由图 3-14 中步骤 3 可知，此时上侧右端剩余的平环数为 0。剩余的平环数与链轮 2 缠绕的平环共同推导出缠绕在链轮 2 上的刮板数目，以刮板 1 为基础完成“移动—复制—旋转—装配”，如步骤 4 所示。

接着，计算链轮 2 在装配完刮板后还剩下多少个平环，如步骤 4 所示，链轮 2 在装配完刮板后还剩下 1 个平环。链轮 2 剩下的平环与链传动系统下侧的平环共同决定底端所需要的刮板数目，装配完成后如步骤 5 所示。

最后进行链轮 1 上刮板的缠绕，先根据链轮 1 上缠绕的平环数计算出所需要的刮板数目，由刮板 1 复制出所需要的刮板后逆时针旋转相应的角度，完成刮板的装配，如步骤 6 所示。

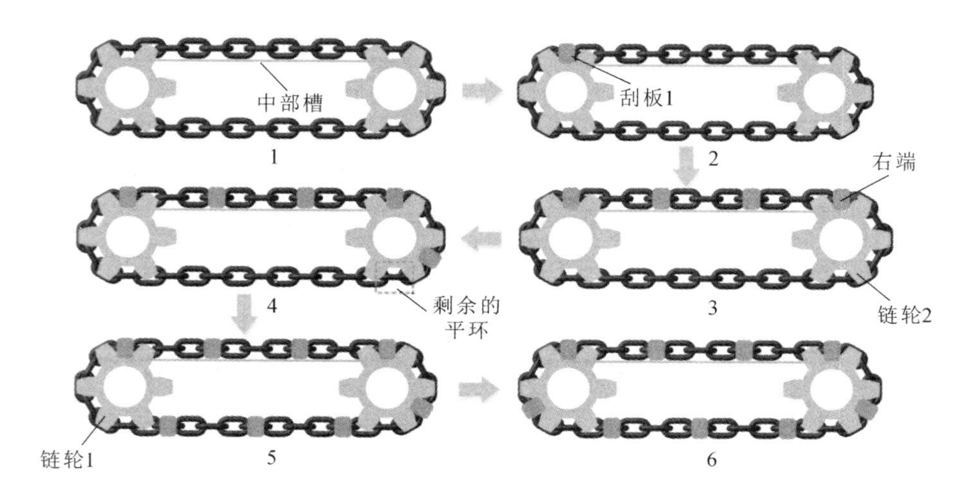

图 3-14　刮板和中部槽装配示意图

3.3.3 链传动系统模型展示

采用参数化设计方法生成的链传动系统仿真模型，如图 3-15 所示。其中包括中单链模型、中双链模型和边双链模型。改变相关参数能够实现不同规格的链传动系统建模，其中包括改变链轮齿数、链环公称齿距和链环公称直径、刮板间距、中部槽宽度、链轮中心距，链传动系统为中双链时还可以改变双链间距。采用参数化设计方法生成链传动系统仿真模型，为链传动系统关键零部件的研发制造和仿真研究奠定了坚实的前处理基础。

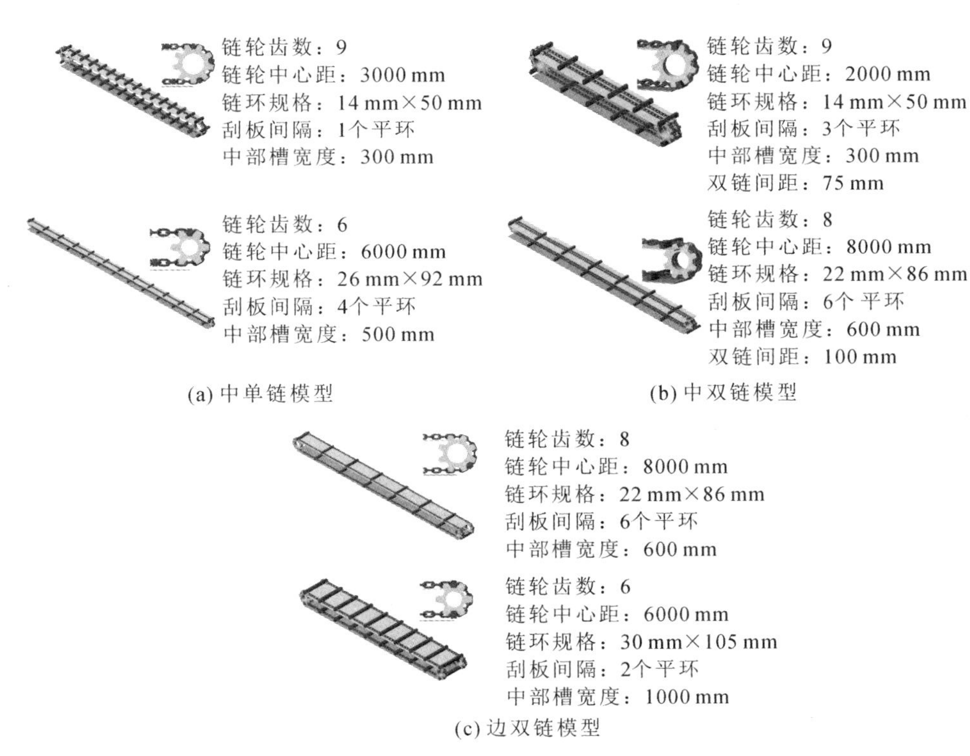

图 3-15 不同类型的链传动系统模型展示

3.4 仿真模型约束及边界条件的参数化添加

在 3.2 节和 3.3 节中仅对链传动系统的三维模型进行了构建，若想用该模型进行仿真，则还需要在各个零部件之间建立关联，添加约束及边界条件等。

本节旨在完成零部件之间的关联工作,使三维模型演化为仿真模型。

3.4.1 接触约束的添加

如图 3-16 所示,由链传动系统零部件之间的关系图可以看出存在着大量的接触:链环-链轮、链环-链环、链环-中部槽、刮板-中部槽、刮板-链轮。这些接触的添加方式基本相同,类型均是实体与实体之间的接触。现以链轮 1 与轮上缠绕的链环之间的接触为例,进行说明,添加接触约束的命令如下程序所示。

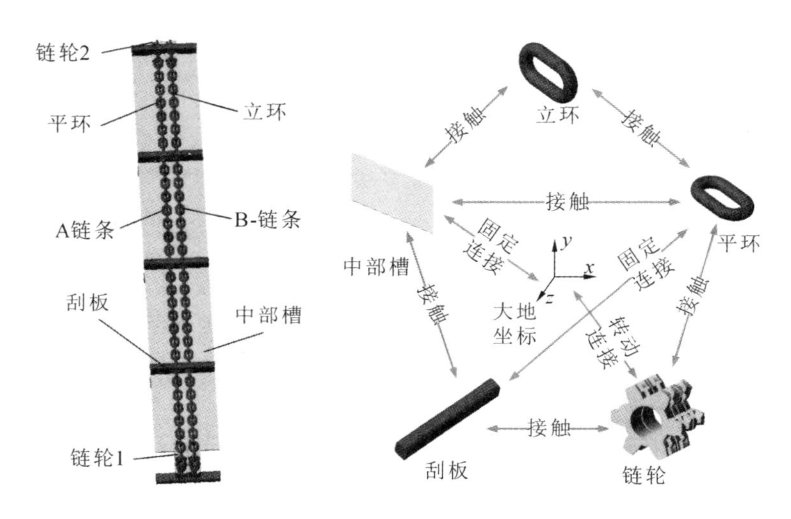

图 3-16 仿真模型各部件之间关系图

```
For variable_name=num start_value=1 increment_value=1 end_value=(.MODEL_1.N_N)
                                   ! 用 For 循环解决重复性的命令
contact create &                   ! 创建接触
contact_name=.MODEL_1.(eval("Lun1_Link_and_Link_Cont"//(rtoi(num)))) &
                                   ! 定义所有接触的名字,使名字自动增长
adams_id=(eval(rtoi(num)))   &     ! 接触的 id 从 1 开始自动增长
type=solid_to_solid &              ! 类型为实体与实体之间的接触
! 相邻的两个链环添加接触
i_geometry_name=.MODEL_1.(eval("lianhuan_"//rtoi(num))).CSG_159  &
   j_geometry_name=.MODEL_1.(eval("lianhuan_"//rtoi(num+ 1))).CSG_159  &
! 接触的参数
```

```
stiffness=(.MODEL_1.Var_stiffness)  &
damping=(.MODEL_1.Var_damping)  &
exponent=(.MODEL_1.Var_exponent)  &
dmax=(.MODEL_1.Var_dmax)  &
! 库仑摩擦力
coulomb_friction=on  &
mu_static=(.MODEL_1.Var_static)  &
mu_dynamic=(.MODEL_1.Var_dynamic)  &
    stiction_transition_velocity=(.MODEL_1.Var_s_t_velocity)
friction_transition_velocity=(.MODEL_1.Var_f_t_velocity)
end                                 ! 结束 For 循环
```

For 循环可以处理大量重复烦琐的工作，在添加接触约束时，各个接触参数并没有被赋予一个确定的值，而是被定义为一个设计变量，为后续调节仿真模型的接触参数提供极大的便利。其他接触的添加方式基本相同，不同之处在于 For 循环的结束值和添加接触的两个几何对象不同而已。此外，ADAMS 还支持 if 语句，以及>、<、= 等开发程序时常用的一些循环语句和运算符。

如表 3-1 所示，在 ADAMS 中建立链传动系统的仿真模型会使用大量的接触约束，而参数化后只需要改变设计变量的初始值即可对所有的接触约束参数进行修改，可以极大节省调节参数的时间。

表 3-1　接触约束参数

参数化前			参数化后		
名称	变量名	初始值	名称	变量名	初始值
Stiffness	Var_stiffness	100000	mu_static	Var_ static	0.3
Damping	Var_damping	10	mu_dynamic	Var_ dynamic	0.1
Exponent	Var_exponent	1.5	stiction_transition_velocity	Var_s_t_velocity	100
Dmax	Var_dmax	0.1	friction_transition_velocity	Var_f_t_velocity	1000

3.4.2　驱动和阻力矩的添加

链轮 1 和链轮 2 上施加的边界条件程序如下所示。链轮 1 程序的第 7 行

function="step(time,0,0,0.5,70.68d)"和链轮2程序的倒数第5行function="−1000"为添加的边界条件函数命令，其能够进行参数化修改，但该处的修改将在第4章中用VC++来实现。链轮1为主动链轮，链轮2为从动链轮，此处程序所示的为单侧链轮驱动的添加方式，链轮1提供驱动力，链轮2提供阻力矩，阻力矩用来模拟运行阻力，这是ADAMS在进行链传动系统仿真时的常用方法。若想仿真双侧链轮驱动，只需要给链轮2再添加一个和链轮1相似的驱动力边界条件即可。

在程序中可以发现，因为边界条件相对较少，所以定义的ID号为固定值。但在接触约束的ID设置上，存在着大量的ID，且ADAMS规定，同种类型的ID号不能重复，故将ID改为可变化的值。通过ID的编辑可以看出，采用命令程序的方式进行参数化十分便利。

```
! 链轮 1 边界条件
undo begin
constraint create motion motion_name=.MODEL_1.MOTION_1 &
    adams_id=1 &                              ! 定义该边界条件的 ID
    joint=.MODEL_1.JOINT_10004 &              ! 施加在链轮 1 上的旋转副
    type=rotational &
    time_derivative=velocity &                ! 代表下面的 function 是速度类型
    function="step(time,0,0,0.5,70.68d)"      ! 驱动方式
constraint attributes constraint_name=.MODEL_1.MOTION_1 name_vis=off
group modify group=SELECT_LIST object=.MODEL_1.MOTION_1
undo end

! 链轮 2边界条件
undo begin
! 定义阻力矩的作用 MARKER 点及其坐标
marker create marker=.MODEL_1.lian_lun2.MARKER_80000041 &
    adams_id=80000041 &
    location=(LOC_RELATIVE_TO({0,0,0}, lun2_center)) &
    orientation=0.0, 0.0, 0.0
```

```
marker create marker=.MODEL_1.ground.MARKER_80000042 &
    adams_id=80000042 &
    location=(LOC_RELATIVE_TO({0,0,0}, lun2_center)) &
    orientation=0.0, 0.0, 0.0
! 定义链轮 2 上的阻力矩
force create direct single_component_force &
    single_component_force_name=.MODEL_1.SFORCE_1 &
    adams_id=1 &
    type_of_freedom=rotational &
    action_only =on &
    i_marker_name=.MODEL_1.lian_lun2.MARKER_80000041 &
    j_marker_name=.MODEL_1.ground.MARKER_80000042 &
    function ="-1000" &
    comments=" "
mdigraphic_force object=.MODEL_1.SFORCE_1 type=1
group modify group=SELECT_LIST object=.MODEL_1.SFORCE_1
undo end
```

上述介绍了接触约束以及边界条件的参数化添加方式。除此之外，如图3-16中所示，仿真时存在重力，为了使链传动系统模型能够在仿真空间中固定下来，需要将中部槽与大地坐标之间添加固定约束。其次，在刮板与接触到的平环之间添加固定连接，可使刮板绕链传动系统运动。

3.4.3 卡链、断链和冲击工况的添加

接下来将对链传动系统在工作过程中最可能遇到的一些特殊工况的参数化进行研究，主要包括卡链工况、断链工况和冲击工况。

1. 卡链工况

如图 3-17 所示，卡链工况可分为单侧卡链和双侧卡链，其通过使卡链柱与刮板之间存在接触来阻止刮板的运动，并通过定义设计变量来实现卡链位置的变化。定义设计变量 ka_lian_xxx 和 ka_lian_zzz，两设计变量分别控制卡链位置与从动链轮的距离和卡链柱与中部槽中心的距离，如程序第 3 行所示。程序

中是通过 if 语句来实现单侧卡链或者双侧卡链的。下述程序演示的为单侧卡链工况,卡链柱的名称为 PART_ka_lian_2。

```
undo begin
marker modify marker=.MODEL_1.PART_ka_lian_2.MARKER_center_ka_lian_2 &
location=(LOC_RELATIVE_TO({ka_lian_xxx,d_d,ka_lian_zzz},.MODEL_1.ground.
guaban_zuoxia)) &                !用变量值来调节卡链的位置
relative_to=.MODEL_1.PART_ka_lian_2
undo end
```

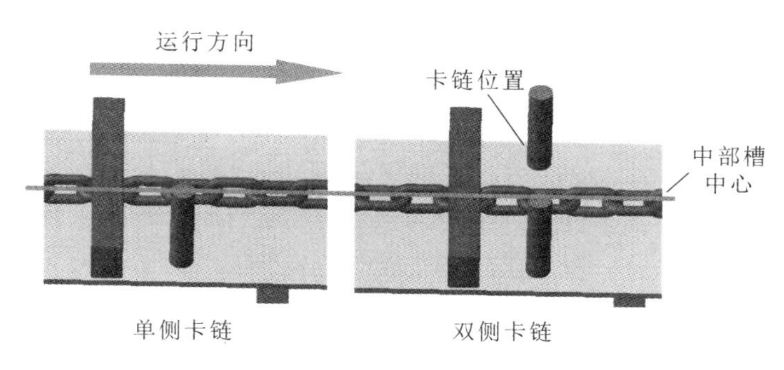

图 3-17　卡链工况示意图

2. 断链工况

图 3-18 所示为断链工况示意图,断链工况的实现方式是通过添加传感器来使链环与链环之间的接触失效。该工况下,笔者添加了一个设计变量(Ka_Lian_JuLi_JiWei)来设置断链位置与机尾链轮的距离。该工况是采用运行脚本的方式来实现的。

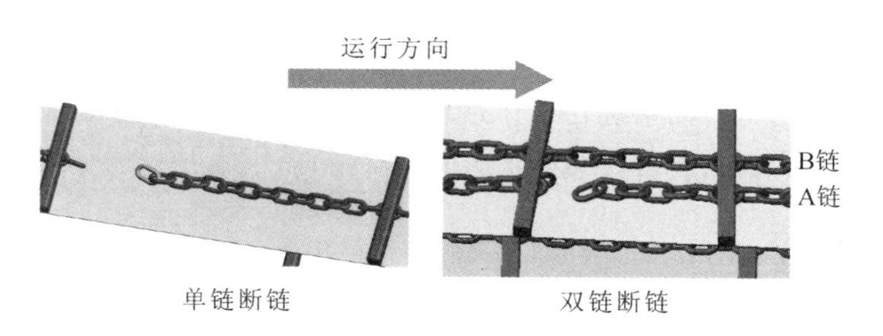

图 3-18　断链工况示意图

程序如下所示,在程序的第 3 行,采用 ADAMS 的 DX()函数来定义一个阈值——断链位置与机尾链轮的距离，达到设定值后发生断链。Part1 代表了链环 1 处发生断链。

程序“error＝1.0E-03”代表断链位置与机尾链轮之间的实际距离。在脚本仿真命令中，仿真 4 s，共仿真 400 步。当达到阈值后，接触力失效，发生断链，而仿真继续。

```
executive_control create sensor sensor_name=.MODEL_1.SENSOR_Duan_Lian &
       adams_id=1 &
       ! 断链发生的位置为链环 1
       function="DX(part1.cm, MARKER_1, MARKER_1)" &
       bisection =off &
       time_error =1.0e-06 &
        &
       compare="eq" &
       ! 用变量 Ka_Lian_JuLi_JiWei 来控制断链位置与机尾链轮的距离
       value=(.MODEL_1.Ka_Lian_JuLi_JiWei) &
       error=1.0E-03 &
        &
       return="on" &
       halt="off" &
       print=off &
       restart=off &
       codgen=off &
       yydump=off &
       comments=""
!!! 创建脚本仿真命令
simulation script create   &
! 仿真 4s,步数 400
solver_commands ="SIMULATE/DYNAMIC,END=4.0,STEPS=400", &
       "DEACTIVATE/CONTACT, ID=22", & ! 接触力失效
       "DEACTIVATE/SENSOR,  ID=1", & ! 传感器失效
```

```
        "SIMULATE/DYNAMIC, END=4.0, STEPS=400" &              ！继续仿真
    sim_script_name =.MODEL_1.SIM_SCRIPT_Duan_Lian &          ！仿真命令的名称
```

3. 冲击工况

图 3-19 所示为冲击工况示意图。编写程序即可实现冲击刮板的质心、刮板的端部、平环的质心、立环的质心。并且该四种情况可以任意组合形成新的冲击工况。在 ADAMS 中,对链传动系统设置冲击工况可以通过对部件添加一个重力方向的作用力来实现,如程序的倒数第 5 行,采用 step( )函数在极短的时间内给部件施加一个较大的力,该程序中 60 kN 的力从产生到消失仅用了0.1 s 的时间,以模拟冲击载荷。

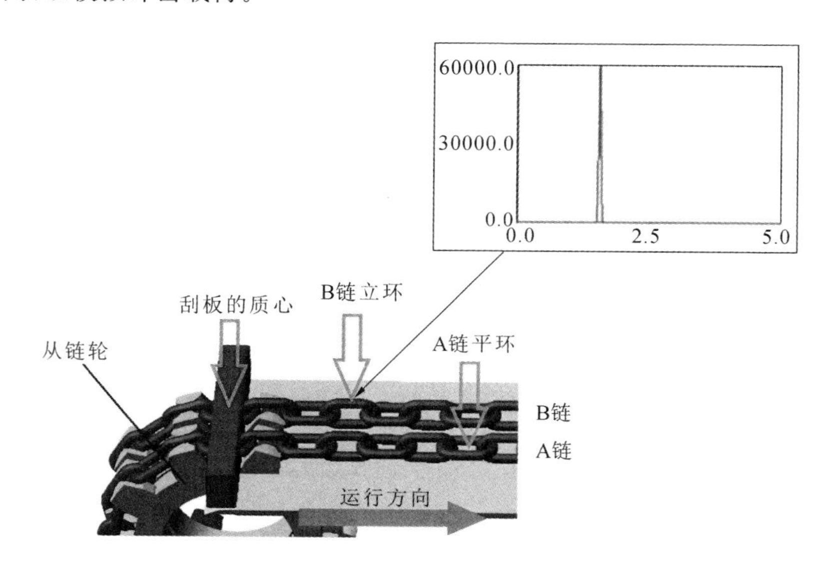

图 3-19　冲击工况示意图

```
undo begin
! 创建 MARKER 点
marker create marker=.MODEL_1.part9.MARKER_95900732 &
    adams_id=95900732 &
    location=500.0, 91.4256258422, 0.0 &
    orientation=0.3129436157, 84.151760118, 0.0
marker create marker=.MODEL_1.ground.MARKER_95900733 &
```

```
    adams_id=95900733 &
    location=500.0, 91.4256258422, 0.0 &
orientation=0.3129436157, 84.151760118, 0.0
! 创建单向力来模拟冲击载荷
force create direct single_component_force &
        ! 冲击力的名字为 Impact_LINK
        single_component_force_name=.MODEL_1.Impact_LINK &
        adams_id=2 &
        type_of_freedom=translational &
        action_only =on &
        i_marker_name=.MODEL_1.part9.MARKER_95900732 &
        j_marker_name=.MODEL_1.ground.MARKER_95900733 &
        ! 冲击力的作用方式用 step( )函数来实现
        function =" step (time, 1. 5, 0, 1. 55, 60000) +  step (time, 1. 55, 0, 1. 6,
-60000)" &
   comments=""
mdigraphic_force object=.MODEL_1.SFORCE_2 type=1
group modify group=SELECT_LIST object=.MODEL_1.SFORCE_2
undo end
```

3.4.4 仿真控制的参数化添加

笔者在建立完仿真模型后，进而对其进行仿真控制。如图 3-20 所示，仿真控制页面分为交互式仿真和运行脚本仿真。因为用到了传感器，所以断链工况的仿真只能用运行脚本的方式，而其他的工况均可采用交互式仿真的方式，其仿真控制页面对应的程序如下所示。

在交互式仿真中，定义的 Var_sim_end_time 和 Var_sim_number_of_steps 这两个参数化变量用来控制仿真的时间和仿真的总步数。在运行脚本仿真中，仿真的脚本名称为在断链工况中所编写的仿真命令的名称，如 3.4.3 节中断链工况程序最后一行所示。

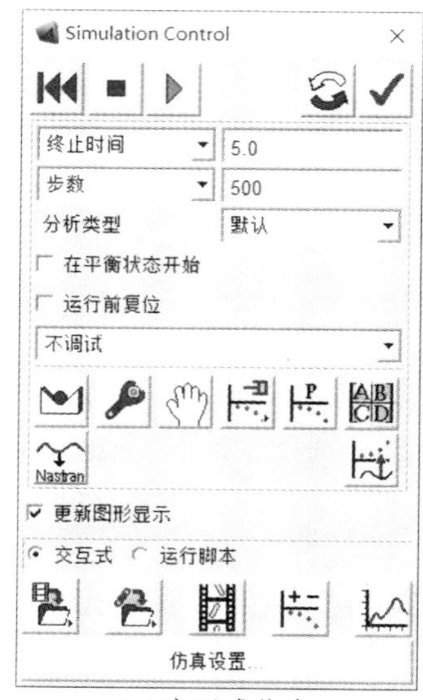

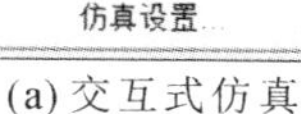

(a) 交互式仿真

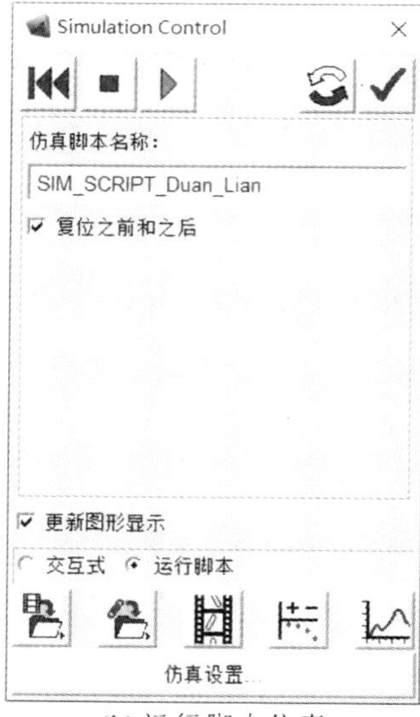

(b) 运行脚本仿真

图 3-20　仿真控制页面示意图

```
!! 交互式仿真
simulation single trans &
       type=auto_select   &
       initial_static=no     &
       ! 用变量来调节仿真的时间和总步数
       end_time=Var_sim_end_time    &
number_of_steps=Var_sim_number_of_steps

!! 运行脚本仿真
simulation single scripted &
       ! 运行的脚本名为 SIM_SCRIPT_ Duan _Lian
       sim_script_name=.MODEL_1.SIM_SCRIPT_ Duan _Lian &
       reset_before_and_after=yes
```

3.5　链传动系统仿真结果的参数化输出

我们在 3.2 节和 3.3 节中建立了链传动系统的仿真模型，又在 3.4 节中为模型添加了约束及边界条件，至此即可以进行链传动系统的动力学仿真。在仿真结束后，我们需要查看仿真结果，对链传动系统的动力学特性进行研究。本节旨在将所需要的仿真结果进行参数化输出。

3.5.1　仿真结果的参数化后处理

后处理界面为仿真结束后查看结果的地方，ADAMS设计的后处理界面功能非常强大，用户几乎可以调出所有想要查看的仿真结果。本节对链传动系统仿真中最常用到的结果进行参数化输出。输出结果不需要用鼠标点击调出，程序如下所示。

```
！查看链轮 1、链轮 2 的转速
undo begin suppress=yes
  ！创建 plot_1 用来存放结果
  xy_plot template modify plot=.plot_1 auto_title=yes auto_subtitle=no auto
   _date=yes auto_analysis_name=yes table=no
  ！将链轮 1 的转速添加到 plot_1 中
  xy_plot curve create curve=.plot_1.curve_1 create_page=no calculate_axis
   _limits=no dexpression="MEASURE(.MODEL_1.lian_lun1, 0, 0, CM_Angular_
   Velocity,Z_component)" legend=".lian_lun1.CM_Angular_Velocity.Z"d_u-
   nits ="angular_velocity" run=.MODEL_1.Last_Run auto_axis=UNITS
  xy_plots template auto_zoom plot_name=.plot_1
  ！将链轮 2 的转速也添加到 plot_1 中
  xy_plot curve create curve=.plot_1.curve_2 create_page=no calculate_axis
   _limits=no dexpression="MEASURE(.MODEL_1.lian_lun2, 0, 0, CM_Angular_
   Velocity,Z_component)" legend=".lian_lun2.CM_Angular_Velocity.Z"d_u-
   nits ="angular_velocity" run=.MODEL_1.Last_Run auto_axis=UNITS
  xy_plot template calculate_axis_limits plot_name=.plot_1
  interface plot window update_toolbar
undo end
```

```
! 查看链环 1 在 x 方向的加速度
interface plot window create_new_page default_layout=yes
undo begin suppress=yes
  ! 创建 plot_2 用来存放结果
  xy_plot template modify plot=.plot_2 auto_title=yes auto_subtitle=no auto
   _date=yes auto_analysis_name=yes table=no
  ! 将链环 1 在 x 方向的加速度添加到 plot_2 中
  xy_plot curve create curve=.plot_2.curve_1 create_page=no calculate_axis
   _limits=no dexpression="MEASURE(.MODEL_1.lianhuan_1, 0, 0, CM_Accelera-
   tion,X_component)" legend=".lianhuan_1.CM_Acceleration.X"d_units ="ac-
   celeration" run=.MODEL_1.Last_Run auto_axis=UNITS
  xy_plots template auto_zoom plot_name=.plot_2
  xy_plot template calculate_axis_limits plot_name=.plot_2
  interface plot window update_toolbar
undo end
```

如上述程序所示，在查看链轮 1 和链轮 2 的转速、链环 1 在 x 方向的加速度时，其程序基本相同，这说明了仿真结束后的结果图也同样适合参数化，仅需要修改少量程序即可。在进行参数化的后处理时，程序主要用到了 MEASURE() 函数来生成不同的仿真结果图表，当一张图里需要放置多条曲线时，则需要多次调用 MEASURE() 函数，例如，在查看链轮 1 和链轮 2 的转速图表时用到了两次该函数，如上述程序的第 5 行和第 10 行所示。

需要注意的是，在进行第 $n(n>1)$ 幅图的导出时，其第一句代码必须加上 interface plot window create_new_page default_layout＝yes，以创建一个新的 page，如在导出链环 1 在 x 方向的加速度图表时，该图表在 page_2 中显示。若不加该代码则无法正常生成图表。参数化输出结果图如图 3-21 所示。

3.5.2 仿真结果的参数化打印

3.5.1 节中，在链传动系统仿真结束后，一些所需要的结果图将在 ADAMS 的后处理页面中参数化生成。在本节中，生成的结果图将被打印到指定的文件夹中，生成一张张.bmp 格式的文件，为 6.4 节中设计链传动系统仿真软件的后

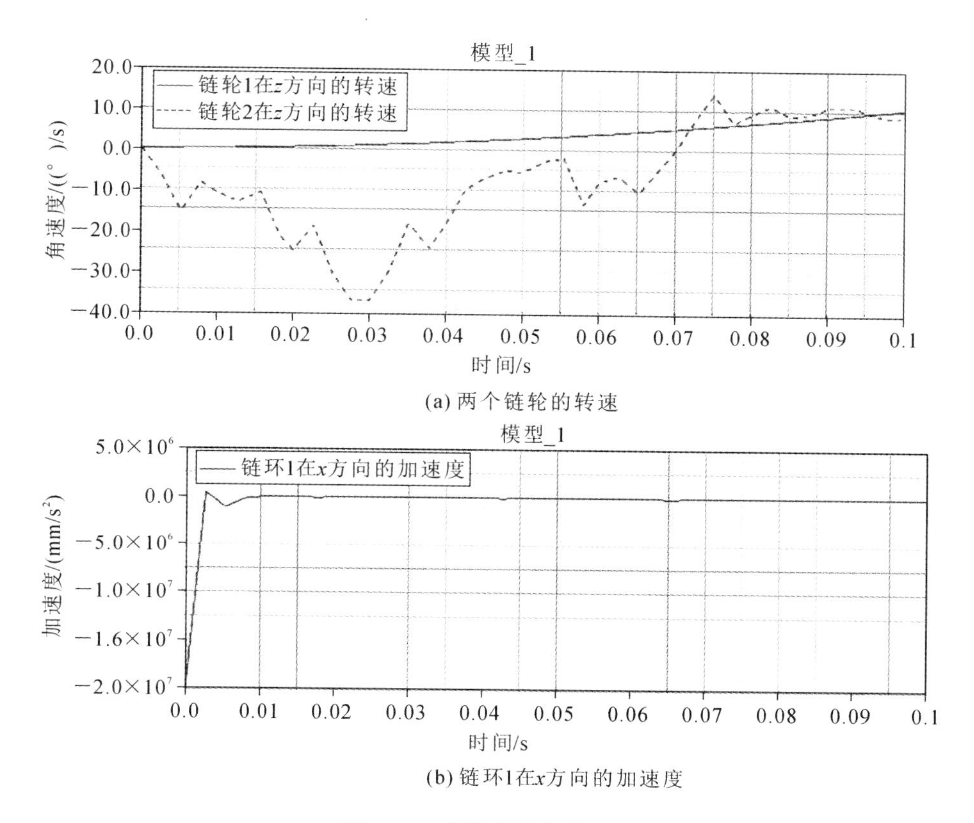

(a) 两个链轮的转速

(b) 链环1在x方向的加速度

图 3-21　参数化输出结果图

处理模块做准备。

打印结果图命令程序如下所示。由程序的第 4 行可知，打印的是 plot_1（page_1 中包含了 plot_1），结合 3.5.1 节中生成的结果图可知，程序所述求是两个链轮的转速。若要打印其他的图表，只需要修改打印仿真结果的前两行程序即可，参数化较为方便。由最后一行程序可知，当打印完成后，该文件的名称为 page_1_Lun_ZhuanSu，名称也可以根据需要进行参数化修改。

```
！打印仿真结果前处理
interface dialog undisplay dialog=.gui.sim_int_panel
interface plot window open
undo flush
```

```
！打印仿真结果
group modify group=SELECT_LIST objects=.gui.ppt_main.sash1.sash2.gfx.page
_1
interface plot window page_display page=.gui.ppt_main.sash1.sash2.gfx.page
_1
intdia disp dia=.gui.plot_print_panel
interface dialog execute dialog=.gui.plot_print_panel undisp=yes

！打印的仿真结果格式为.bmp
if condition=("bmp"=="native_windows")
   default hardcopy language="windows_native"
end
if cond=(("" ! ="") || ("bmp"=="native_windows"))
default hardcopy send_to_printer=yes
end
var create var=.gui.plot_print_panel.pages object_value=gfx.page_1
var set var=.gui.plot_print_panel.hcfalert int=0

！该文件的名称为 page_1_Lun_ZhuanSu
hardcopy  page=gfx.page_1 file="page_1_Lun_ZhuanSu"
```

第 4 章
刮板输送机动态性能仿真研究

本章将基于由参数化命令流生成的链传动系统仿真模型，开展动态性能仿真研究。本章分别采用了 ADAMS、ANSYS 软件对链传动系统进行仿真。考虑到实际工况下刮板输送机受到煤岩冲击、颗粒与颗粒间的作用及载荷的影响，本章采用多软件耦合分析的方式对其进行分析。本章在最后也对链传动系统动力学特性的影响因素及关键零部件的疲劳寿命进行了研究。

4.1 链传动系统仿真模型

4.1.1 中双链链传动系统双链间距优化

图 4-1 所示为中双链模型(中双链链传动系统)生成页面，为了与第 6 章中的试验对应，在页面中输入与试验台相同的参数(包括链环公称直径、链环公称节距、链轮齿数、刮板间距、中部槽宽度)，但考虑到仿真的效率，将模型的长度缩减一半，变成 6000 mm。中双链模型的双链间距应不大于中部槽宽度的 25%，本章中采用的中部槽宽度为 320 mm，因此，设置的双链间距分别为 56 mm、60 mm、64 mm、68 mm、72 mm、76 mm、80 mm，如图 4-2 所示。当双链间距低于 56 mm 时，两股链条在建模时会发生干涉。

本节将基于链环加速度、刮板加速度、链环间接触力、从动链轮转速四个评价指标，来研究分析中双链模型的最佳双链间距。

图 4-3 所示为链环和刮板加速度的变化图。由图 4-3(a)可知，双链间距为 56 mm 和 76 mm 时，链环均产生了一次剧烈的振动，振幅分别为 7841.39 m/s^2、7172.12 m/s^2。当双链间距为 60 mm 和 68 mm 时，链环也会产生一次较强的

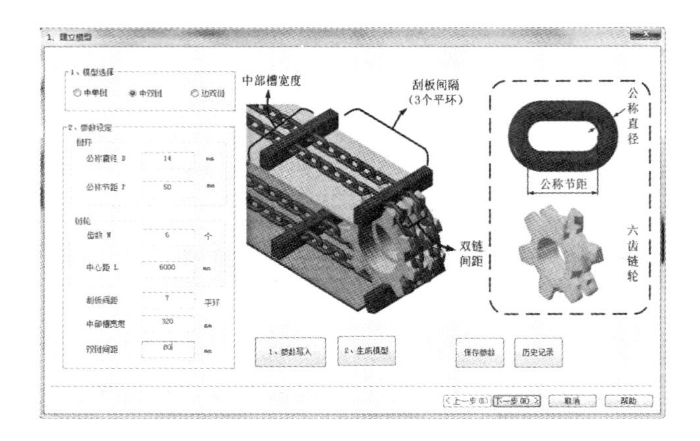

图 4-1　中双链模型生成页面

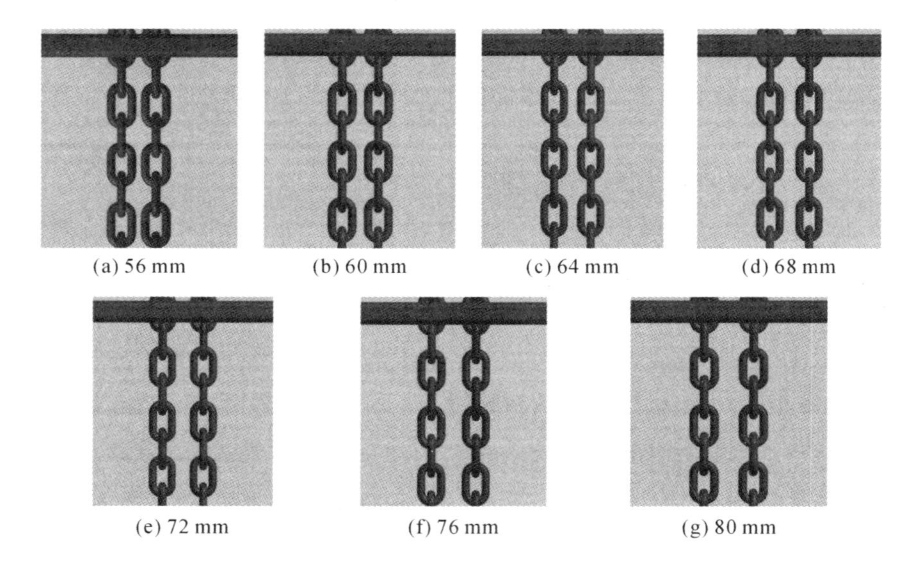
(a) 56 mm　(b) 60 mm　(c) 64 mm　(d) 68 mm
(e) 72 mm　(f) 76 mm　(g) 80 mm

图 4-2　不同双链间距的中双链模型

振动，振幅分别为 4741.741 m/s^2、5504.99 m/s^2。

由图 4-3(b)可知，双链间距为 60 mm 和 80 mm 时，刮板产生了剧烈的振动，振幅分别为 156.04 m/s^2 和 150.5 m/s^2。通过对链环和刮板加速度的分析可知，对于中双链模型，双链间距处于两端的临界值时加速度会产生突变，振幅较大。

图 4-4 所示为链环间接触力和从动链轮转速变化曲线。从图 4-4(a)中可以

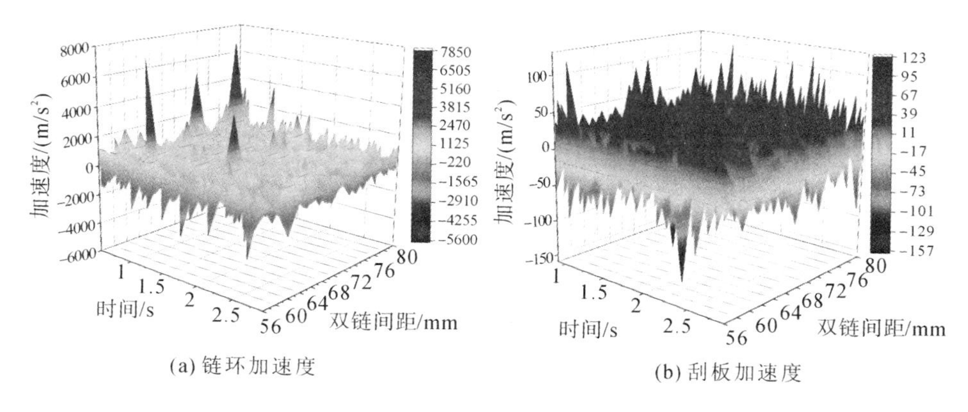

(a) 链环加速度　　(b) 刮板加速度

图 4-3　链环和刮板加速度的变化图

发现，双链间距为 56 mm 和 60 mm 时，链环间接触力会产生突变，最大值分别为 769.48 N 和 967.18 N。图 4-4(b)中从动链轮转速较为平稳，没有突变发生。

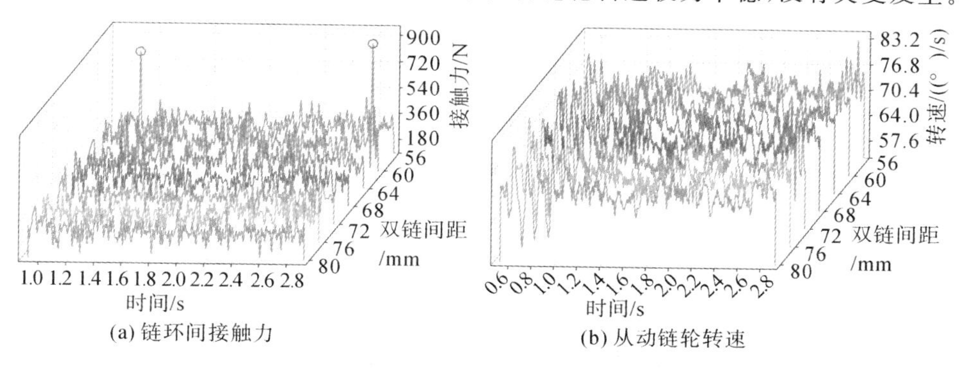

(a) 链环间接触力　　(b) 从动链轮转速

图 4-4　链环间接触力和从动链轮转速变化曲线

将链环和刮板加速度的标准差、从动链轮转速的均值、链环间接触力的均值进行统计，如图 4-5 所示。从图 4-5(a)中可以发现，当双链间距为 72 mm 时，链环和刮板加速度的标准差最小，此时运行最为平缓。将区间[68,72] mm 与区间[72,76] mm 的差值进行对比，链环加速度的标准差 $h_1 < h_2$，刮板加速度的标准差 $h_3 < h_4$，这说明在区间[68,72] mm 之间链传动系统运行更为平稳。

由图 4-5(b)中的从动链轮转速可知，双链间距为 68 mm 时从动链轮转速的均值最接近主动链轮的转速，且区间[64,68] mm 与区间[68,72] mm 的差值相比，$h_2 < h_3$，说明在区间[68,72]之间从动链轮运行更为平稳。此外，在链环间接触力的均值上，当双链间距为 68 mm 时，接触力最小，链环不易变形断裂。

综上可知，根据本节对中双链模型双链间距的仿真研究，当双链间距在区间[68,72] mm 之间时，链传动效果最平稳，结合本仿真模型用到的中部槽宽度为320 mm，双链间距与中部槽宽度之比的区间为[21.25%，22.5%]。因此，可推断出双链间距与中部槽宽度之比在 21.875%左右时传动效果最佳。

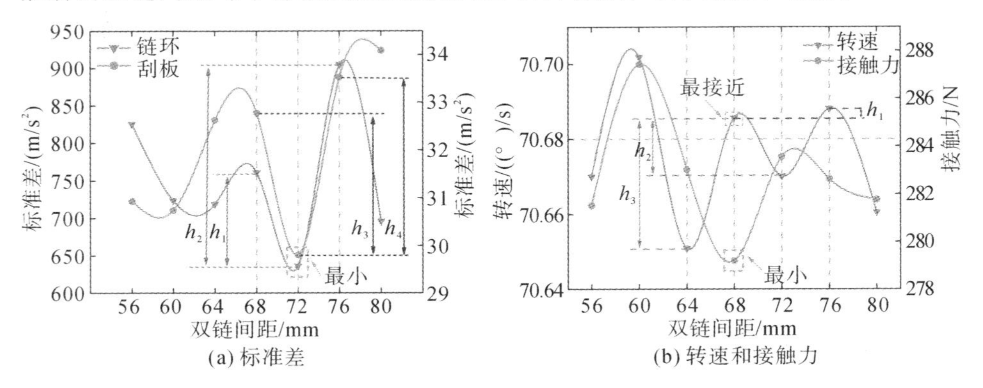

图 4-5　不同双链间距模型数据统计曲线

4.1.2　三种链传动系统仿真模型

表 4-1 所示为三种链传动系统仿真模型的参数，根据 4.1.1 节对中双链模型双链间距的研究，本节采用的双链间距为 70 mm。而边双链模型双链间距在用第 4 章编写的软件生成时是不需要输入的，这将在 4.2.2 节中说明。三种链传动系统仿真模型如图 4-6 所示，对三种不同类型的链传动系统进行仿真研究，研究其动力学特性的异同点。

表 4-1　三种链传动系统仿真模型的参数

链传动系统类型	中单链	中双链	边双链
链环公称直径/mm	14	14	14
链环公称节距/mm	50	50	50
链轮齿数	6	6	6
链轮中心距/mm	6000	6000	6000
刮板间距(平环数)	7	7	7
中部槽宽度/mm	320	320	320
双链间距/mm	—	70	—

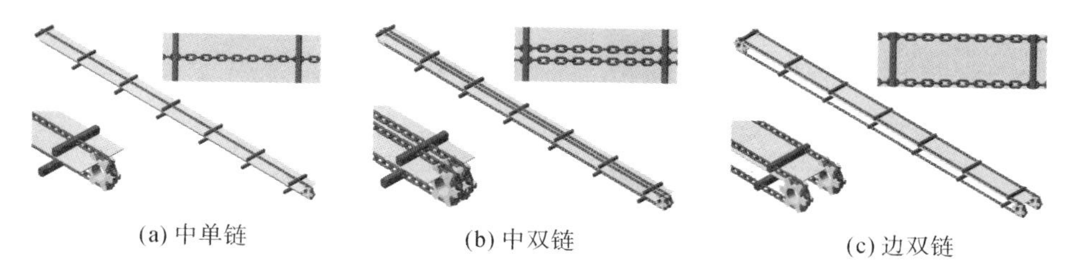

图 4-6 三种链传动系统仿真模型

将表 4-1 中的数据输入图 4-1 所示的生成页面中，点击按钮即可自动生成。其中部分参数与第 6 章中试验研究所用到的试验台参数一致，并规定了仿真时的三个方向，如图 4-7 所示。

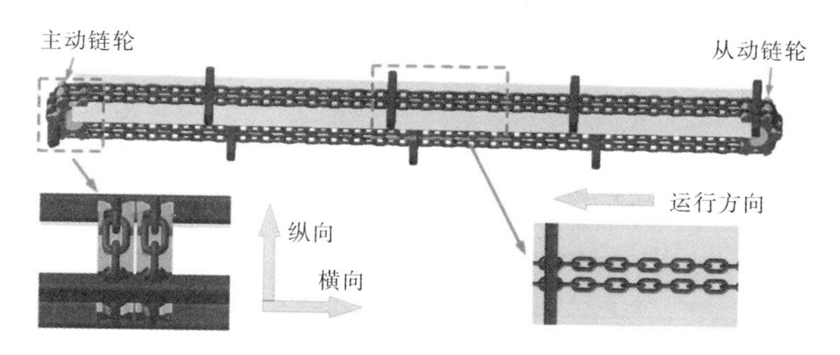

图 4-7 仿真方向示意图

4.2 正常工况下链传动系统动力学特性对比研究

图 4-8 所示为正常工况下的仿真页面示意图。如图 4-9 所示，在正常的输煤工况下，模拟“空载启动—加载煤块—稳定运行—卸载煤块—空载停机”的全过程，驱动的实现方式可以采用“step(time,0,0,0.5,70.68d)+step(time,5.5,0,6,−70.68d)”的组合(其中“d”表示角度)，添加到主动链轮上，运行阻力可以采用“step(time,0.5,0,1.5,−2000)+step(time,4.5,0,5.5,2000)”的组合来添加，将运行阻力以阻力矩的形式添加到从动链轮上，仿真时间为 6 s。驱动采用单链驱动的方式，便于在后续仿真研究及冲击工况和断链工况下对从动链轮转速进行研究，分析一链轮的驱动力对另一链轮的影响。

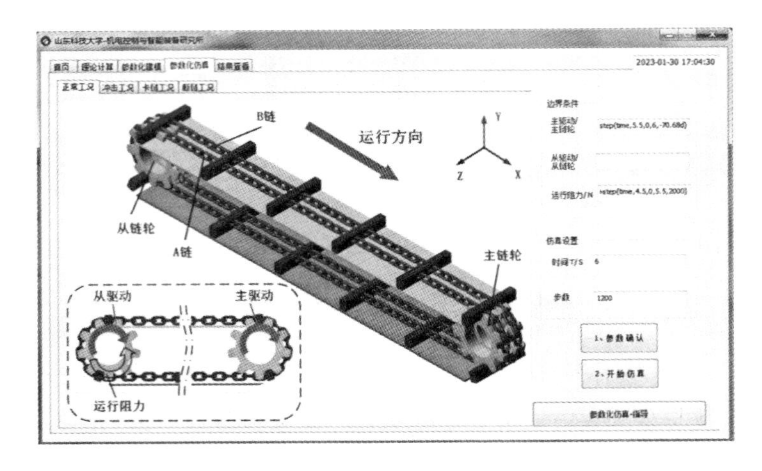

图 4-8　正常工况下的仿真页面示意图

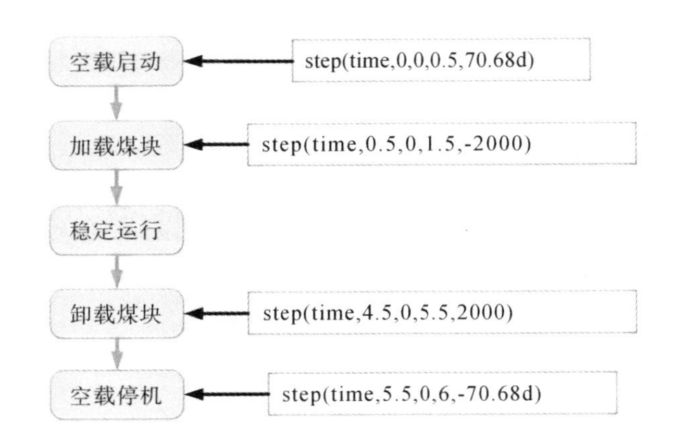

图 4-9　正常工况下的仿真流程图

如表 4-2 所示，不同阶段有对应施加在主动链轮和从动链轮上的边界条件：0～0.5 s 是空载启动阶段，将链轮转速从 0 一直加到 70.68(°)/s，阻力矩为 0；0.5～1.5 s 为加载煤块阶段，阻力矩从 0 一直加到 2000 N/mm，链轮转速为 70.68(°)/s；1.5～4.5 s 为稳定运行阶段，阻力矩为 2000 N/mm，链轮转速为 70.68(°)/s；4.5～5.5 s 为卸载煤块阶段，阻力矩从 2000 N/mm 减为 0，链轮转速为 70.68(°)/s；5.5～6 s 为空载停机阶段，链轮转速由 70.68(°)/s 减为 0，阻力矩为 0。

表 4-2 边界条件变化表

阶段	链轮转速/((°)/s)	阻力矩/(N/mm)
空载启动	0→70.68	0
加载煤块	70.68	0→2000
稳定运行	70.68	2000
卸载煤块	70.68	2000→0
空载停机	70.68→0	0

4.2.1 链轮转速分析

图 4-10 所示为三种链传动系统的主、从动链轮的转速图。以图 4-10 为例，对比分析五个阶段的具体情况。

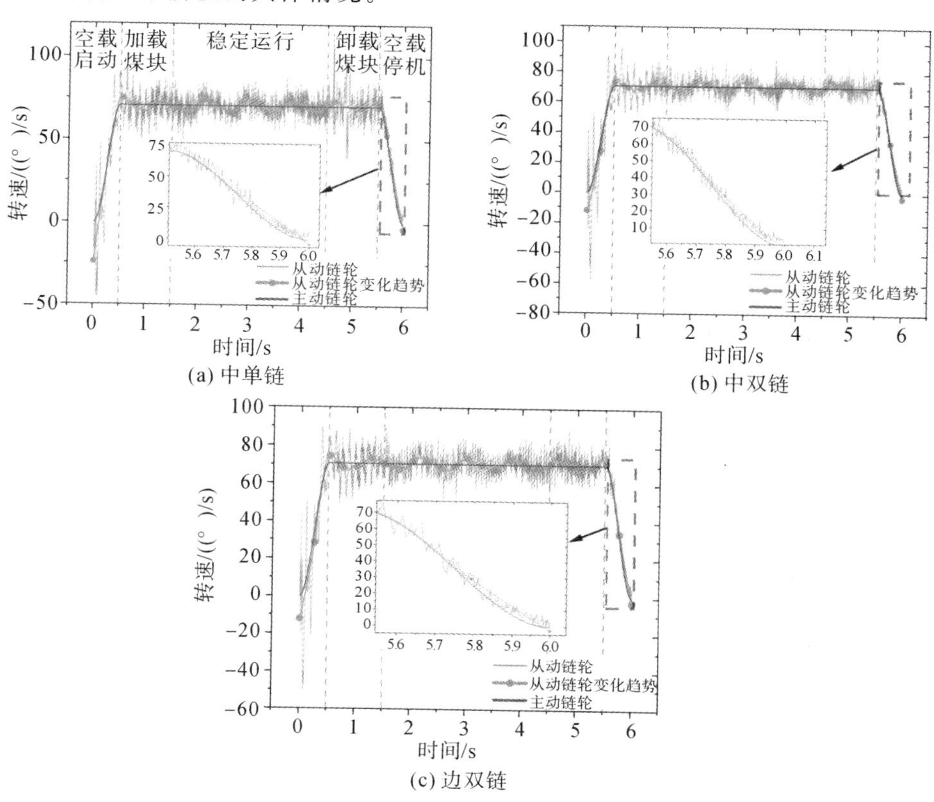

图 4-10 三种链传动系统的主、从动链轮的转速图

1. 空载启动阶段

由图 4-10 可知，在空载启动阶段，从动链轮的转速波动均较大：中单链模型转速范围为[－44.88，90.14](°)/s，标准差为 36.56546(°)/s；中双链模型的转速范围为[－57.84，91.56](°)/s，标准差为 34.6286(°)/s；边双链模型的转速范围为[－50.56，90.34](°)/s，标准差为 34.6369(°)/s。与单链模型相比，双链模型启动时的从动链轮转速的波动范围较大。究其原因可知，两股链条相互干扰，使从动链轮转速在某时刻产生较大的突变，但从标准差可以看出，在空载启动阶段双链模型的整体表现要优于单链模型。而截至目前，大中型的刮板输送机多采用中双链链传动系统。Wang Yangyang 学者发现，刮板输送机的启动方式对于稳定动态性能至关重要。通过本章的研究可知，影响启动的主要原因是两股链条相互影响干扰，使链轮转速产生突变。

2. 加载煤块阶段

在加载煤块阶段，从动链轮的转速会产生较大的波动：中单链模型波动区间为[50.23，94.53](°)/s，标准差为 7.44(°)/s；中双链模型波动区间为[53.03，95.63](°)/s，标准差为 7.54(°)/s；边双链模型波动区间为[49.74，88.04](°)/s，标准差为 7.82(°)/s。中单链模型的波动幅度比中双链模型增加了 3.99%，比边双链模型增加了 15.67%。因此双链链传动系统在装载时的稳定性较好，其中边双链的稳定性要更好一些。其原因在于，边双链模型的两股链条位于刮板的边缘，载荷在两股链条的中间，产生偏载的可能性小，在运行方向上刮板的扭摆现象不明显，稳定性较好。

3. 稳定运行阶段

在稳定运行阶段，从动链轮转速均出现了较为明显的正弦式周期性波动，与笔者的研究结果一致，由 2.3.5 节的链环-链轮啮合传动分析可知，该波动是由多边形效应引起的。基于所建立的仿真模型的分析结果与理论分析的结果一致，仿真模型的准确性得到了进一步验证。中单链模型波动区间为[50.34，89.53](°)/s，标准差为 6.34(°)/s；中双链模型波动区间为[56.8，89.12](°)/s，标准差为 4.94(°)/s；边双链模型波动区间为[52.92，89.18](°)/s，标准差为 5.29(°)/s。中单链模型的波动幅度比中双链模型增加了 21.26%，比边双链模型增加了 8.08%。由标准差可以看出，中双链模型的波动最为平稳。在稳定运行阶段，中双链模型的输煤稳定性具有明显的优势。

4. 卸载煤块阶段

在卸载煤块阶段，中单链模型转速出现了较大的波动，最大转速达 115.5(°)/s，标准差为 9.28(°)/s，对链传动系统的稳定性影响较大。而双链模型的稳定性要好一些，中双链模型和边双链模型的标准差分别为 4.41(°)/s、5.15(°)/s。中单链模型的波动幅度比中双链模型增加了 110.43%，边双链模型的波动幅度比中双链模型增加了 16.78%，说明中双链模型在卸载煤块阶段稳定性好。由从动链轮的变化趋势可知，在加载和卸载煤块这两个阶段，链轮的正弦式周期性波动较稳定运行时更紊乱，这说明了运输物料的变化会对从动链轮的动态性能造成影响。

5. 空载停机阶段

在空载停机阶段，从动链轮的转速逐渐降低，转速波动均围绕在从动链轮的转速周围，并没有产生如空载启动阶段的较大转速突变，该阶段链速较为平稳。中单链、中双链、边双链模型的转速标准差分别为 24.9(°)/s、24.27(°)/s、24.53(°)/s，标准差差距较小，但相对而言，中双链模型的稳定性要好一些。

4.2.2　链环动力学特性分析

1. 链环三向接触力对比

链环的接触力变化能有效反映链传动系统的工作状态，便于对链传动系统的动力学特性进行评估。下面对五个阶段链环之间的接触力进行研究。链环选取示意图如图 4-11 所示，双链驱动时规定了 A 链环和 B 链环，而对于单链驱动，只有一根链条，规定为 A 链环。

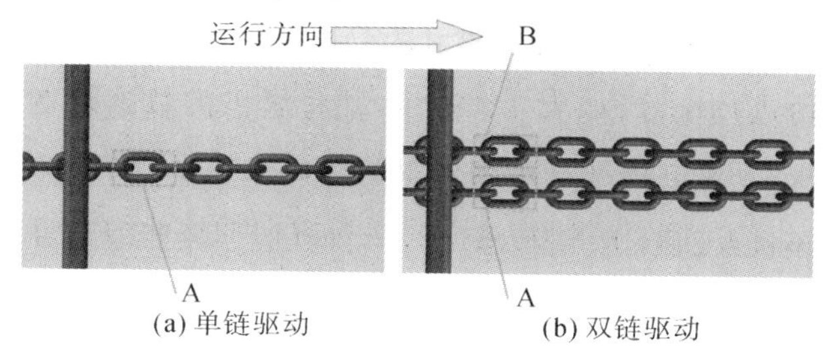

(a) 单链驱动　　(b) 双链驱动

图 4-11　链环选取示意图

如图 4-12 所示，分析链环与链环之间三个方向的接触力，无论是单链模型还是双链模型，运行方向的接触力均是最大的，而纵向和横向的接触力较小，与运行方向的接触力相比几乎没有变化，是一条接近于 0 的水平直线。

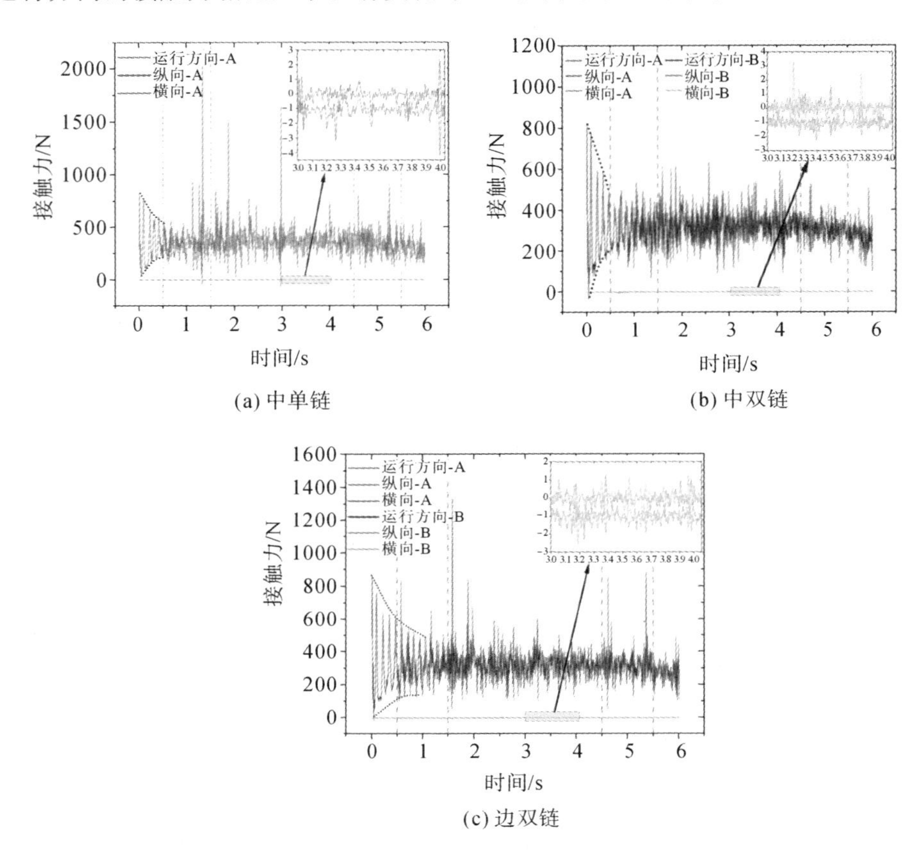

图 4-12 链环间接触力变化图

放大图中展示了稳定运行阶段，即 3～4 s 之间链环纵向和横向的接触力的变化。纵向和横向的接触力出现了明显的分层现象，接触力差异较为明显。将接触力的平均值进行统计，如表 4-3 所示，并将表里的数据绘制在图 4-13 中。可以明显地发现，三种链传动系统均是纵向接触力大于横向接触力，但两接触力都远远小于运行方向的接触力，这说明运行方向的接触力对链环动态性能的影响最大。

表 4-3 稳定运行阶段接触力平均值统计

类型	运行方向-A/N	横向-A/N	纵向-A/N	运行方向-B/N	横向-B/N	纵向-B/N
中单链	373.68263	0.06361	1.12587	—	—	—
中双链	323.96572	0.07561	1.06783	323.97291	0.1242	1.0576
边双链	320.67143	0.01477	1.02741	321.09266	0.0183	1.04609

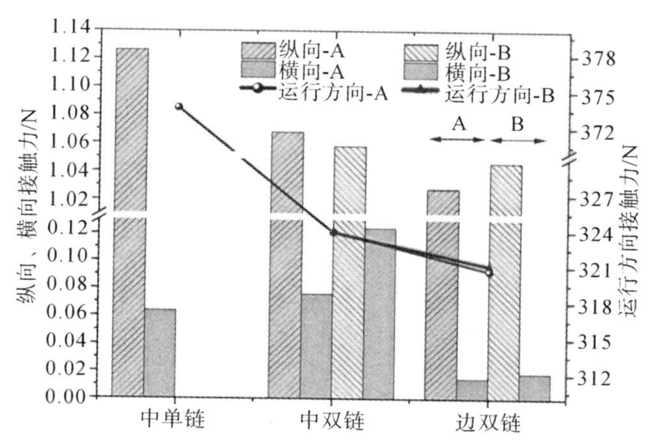

图 4-13 稳定运行阶段接触力平均值

2. 链环运行方向接触力分析(空载启动和加载煤块阶段)

由上述分析可知,链环在运行方向的接触力最为重要。图 4-14 所示为空载启动和加载煤块阶段接触力变化图。在空载启动阶段,三种链传动系统的接触力均在初始阶段产生了一个较大波动,然后逐渐收敛到稳定的波动范围。中单链模型和中双链模型用时 0.5 s;而边双链模型用时 1 s,接触力达到稳定波动范围所花的时间是其他两种模型的两倍,说明边双链模型对接触力变化的自我调节能力较差。

将空载启动阶段的数据进行统计,如表 4-4 所示,并将表中的数据绘制在图 4-15 中。中单链模型的标准差为 174.58 N,相比于双链驱动时的标准差,波动较为剧烈。中双链模型的最大标准差小于边双链模型的最小标准差,说明中双链模型振动较为平稳。在均值变化上,由于双链模型的两股链条分担了运行阻力,因此其均值比单链模型的小。当链条采用中双链布置方式时,链环的均值和极差均最小,说明链环不易被拉断、变形。

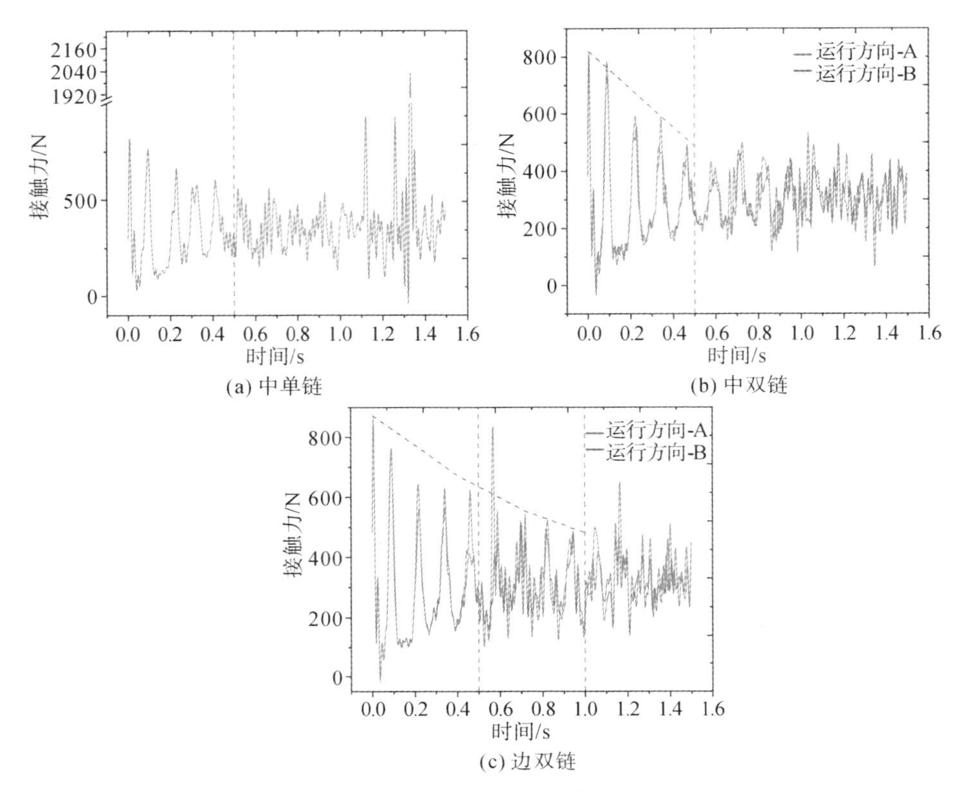

(a) 中单链
(b) 中双链
(c) 边双链

图 4-14 空载启动及加载煤块阶段接触力变化图

中双链模型中两股链条的接触力均值的差值比为 0.54%，边双链模型的为 0.18%，两模型的极差的差值比分别为 1.25%、1.74%。差值比均较小，说明两股链条的受力较为均匀。

表 4-4 空载启动阶段数据统计表

类型	标准差/N		均值/N			极差/N		
	A 链环	B 链环	A 链环	B 链环	差值比	A 链环	B 链环	差值比
中单链	174.58	—	322.35	—	—	789.86	—	—
中双链	168.35	170.72	285.3	283.75	0.54%	831.48	841.88	1.25%
边双链	174.06	175.86	288.06	288.58	0.18%	884.93	869.51	1.74%

注：差值比 $=\dfrac{\lvert \text{A 链环对应值}-\text{B 链环对应值}\rvert}{\text{A 链环对应值}}\times 100\%$，后同。

如图 4-14 所示，当进入 0.5～1.5 s 的加载煤块阶段时，中单链模型的接触力产生了较大的波动，最高可达 2029.81 N。边双链模型的最大接触力为

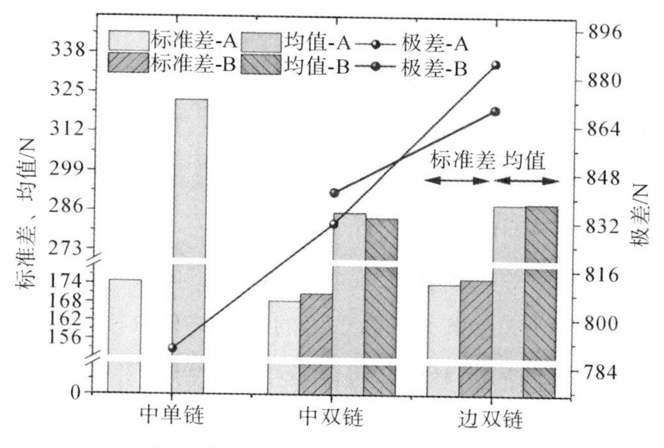

图 4-15 空载启动阶段数据统计图

837.13 N,并由图 4-12(c)可知,1.57s 时的接触力突变到 1337.6 N。中双链模型在加载煤块阶段较为稳定,最大接触力为 534.7064 N。将该阶段的数据进行统计,如表 4-5 所示,并将表中的数据绘制在图 4-16 中。

表 4-5 加载煤块阶段数据统计表

类型	标准差/N		均值/N			极差/N		
	A 链环	B 链环	A 链环	B 链环	差值比	A 链环	B 链环	差值比
中单链	193.716	—	370.785	—		2068.862	—	
中双链	75.751	78.182	304.928	299.354	1.83%	379.23	468.11	23.44%
边双链	105.43	78.998	320.687	308.387	3.84%	734.655	393.64	46.42%

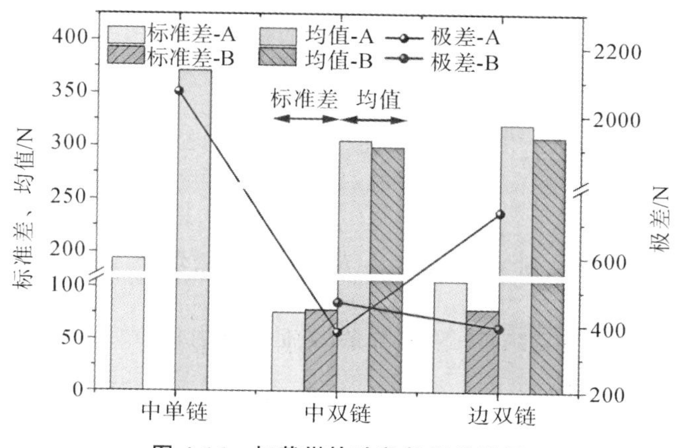

图 4-16 加载煤块阶段数据统计图

通过中单链模型的标准差、均值和极差可以知道，加载煤块阶段的接触力产生了剧烈的波动，中单链模型在加载煤块阶段的稳定性较差。与边双链模型相比，中双链模型在加载煤块阶段有着明显的优势，其接触力较小，并且两股链条的载荷分配较为均匀，均值的差值比仅为 1.83%，极差的差值比仅为 23.44%，均为边双链模型的 50%左右。

3. 链环运行方向接触力分析(稳定运行阶段)

稳定运行阶段是刮板输送机最为重要的一个工作阶段，也是刮板输送机工作时间占比最多的一个阶段，稳定运行阶段接触力变化图如图 4-17 所示。

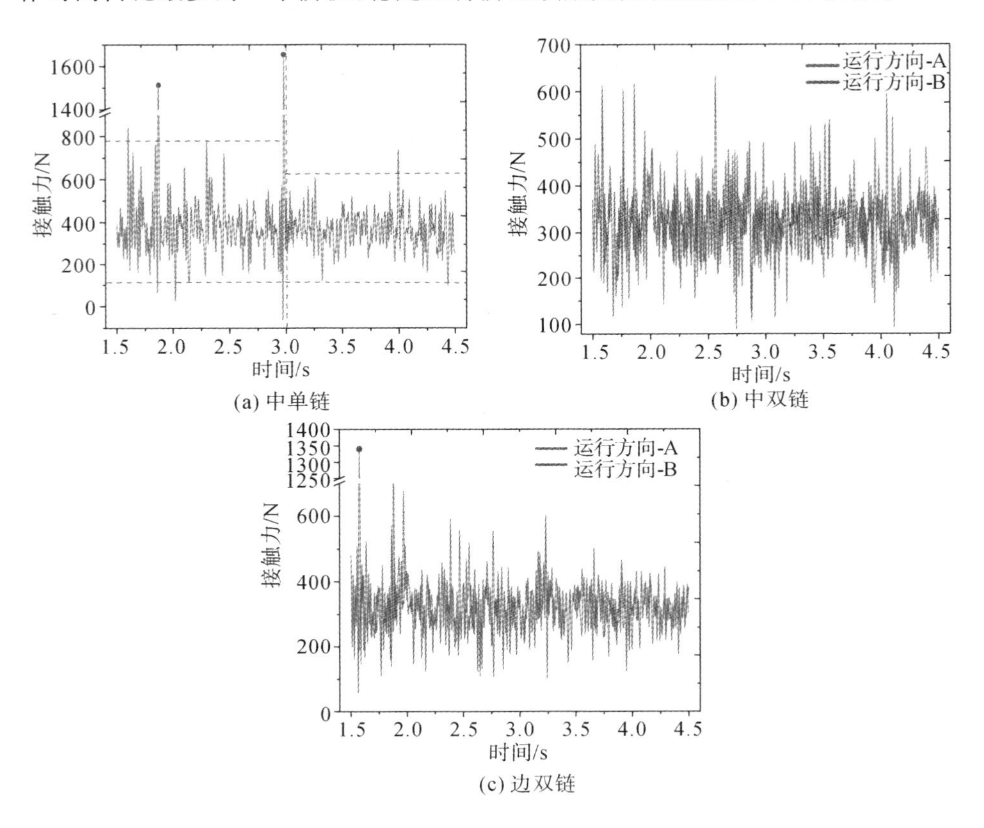

图 4-17　稳定运行阶段接触力变化图

由图 4-17(a)可知，受前一阶段加载载荷的影响，中单链模型的接触力在前 1.5 s 的波动范围明显大于后 1.5 s 的波动范围，且 1.87 s 时接触力为 1514.42 N，2.98 s 时接触力为 1650.69 N，产生了较大的突变。双链模型中该现象则并不明显，在进入稳定运行阶段后，接触力变化均较为稳定，只有边双链模型在 1.58 s 时接触力达到 1337.6 N。将该阶段的数据进行统计分析，如表 4-6 所示，并将表中的数据绘制在图 4-18 中。

表 4-6　稳定运行阶段数据统计表

类型	标准差/N		均值/N			极差/N		
	A 链环	B 链环	A 链环	B 链环	差值比	A 链环	B 链环	差值比
中单链	147.84	—	361.91	—	—	2095.81	—	—
中双链	80.25	82.05	310.75	309.03	0.55%	831.48	841.88	1.25%
边双链	90.01	95.37	309.79	315.95	1.99%	884.93	1345.15	52%

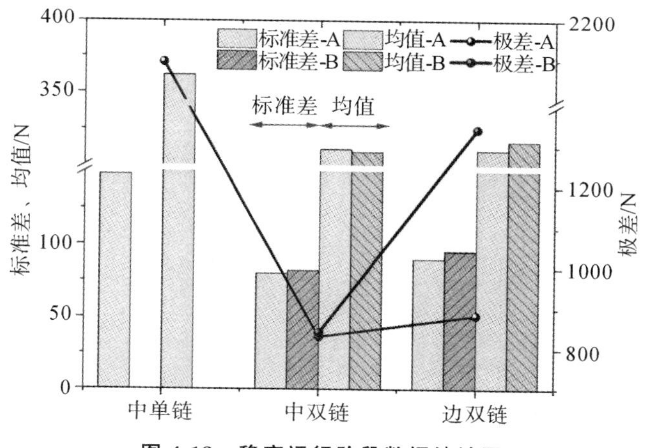

图 4-18　稳定运行阶段数据统计图

由上述图表可知，中单链模型的接触力均值较大，A 链环的接触力均值相较于中双链、边双链模型的分别增加了 16.46%、16.80%，主要是因为一股链条承担了所有运行阻力。相较于边双链模型，中双链模型中两股链条的载荷分布较为均匀，标准差较为接近，均值的差值比仅为 0.55%，极差的差值比仅为 1.25%，而边双链模型中两股链条的极差的差值比为 52%。在稳定运行阶段，中双链模型有着明显的优势。

根据安全系数的计算公式可求出中单链模型安全系数为 1.918，中双链模型安全系数为3.836，边双链模型安全系数为 2.685。相较于双链模型，单链模型安全系数低，易产生破坏，通过对接触力的分析可发现，其中一个原因是单链模型接触力大，且易受到载荷的影响而波动大。而对于边双链模型，其存在两股链条载荷分布不均以及接触力波动较大的问题。

4. 链环运行方向接触力分析(卸载煤块和空载停机阶段)

图 4-19 所示为卸载煤块和空载停机阶段接触力变化图，在卸载煤块阶段的 1 s 内，三种链传动系统均产生了两次较大的接触力波动。中单链模型在 4.58 s 和 5.25 s 的接触力分别为 806.01 N、912.75 N。中双链模型在 4.68 s 和 4.7 s 的接触力分别为 514.89 N、528.32 N。边双链模型在 4.61 s 和 5.36 s 的接触力分别为 860.37 N、883.37 N。其中中双链模型的突变接触力最小。

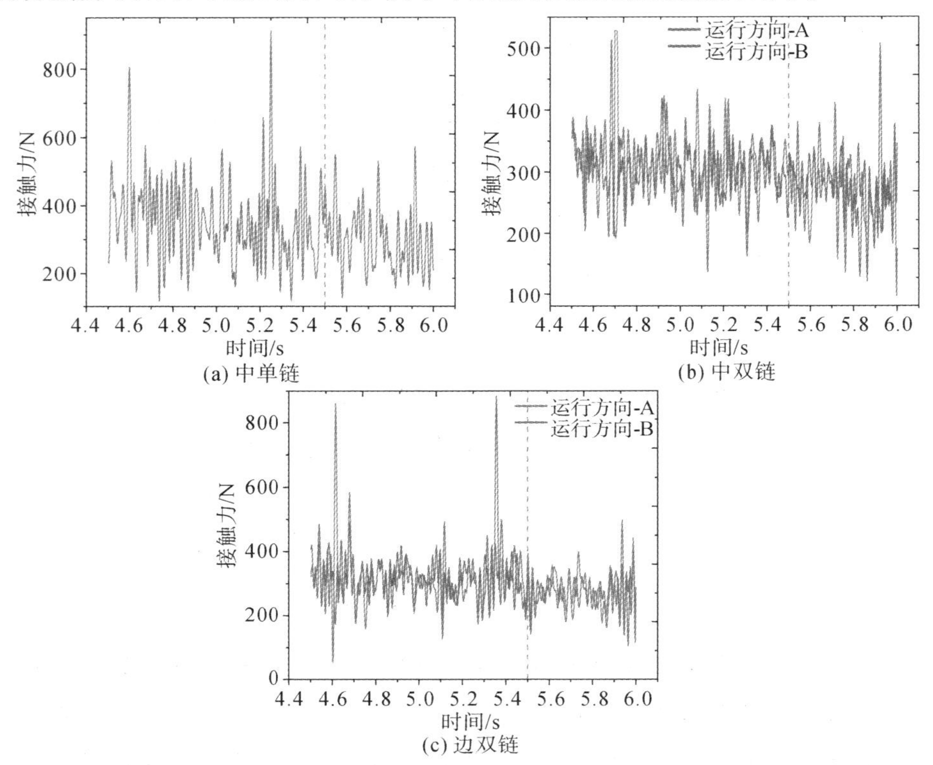

图 4-19　卸载煤块和空载停机阶段接触力变化图

表 4-7 所示为卸载煤块阶段数据统计表，将表中的数据绘制在图 4-20 中。可以看出中单链模型的各个数值均是最大的，双链模型具有明显的结构优势，运行平稳。与边双链模型相比，中双链模型运行的稳定性较优。

该阶段与加载煤块阶段相比，在双链模型中接触力的均值差别较小，而两股链条各自的均值差增大，说明两股链条的运行状态差别较大，易产生干扰，影响链条运行的稳定性。

表 4-7　卸载煤块阶段数据统计表

类型	标准差/N		均值/N			极差/N		
	A 链环	B 链环	A 链环	B 链环	差值比	A 链环	B 链环	差值比
中单链	119.37	—	355.31	—	—	798.11	—	—
中双链	52.37	45.55	312.03	302.65	3%	333.44	282.61	15.24%
边双链	78.92	79.3	310.85	323.35	4.02%	806.87	756.61	6.23%

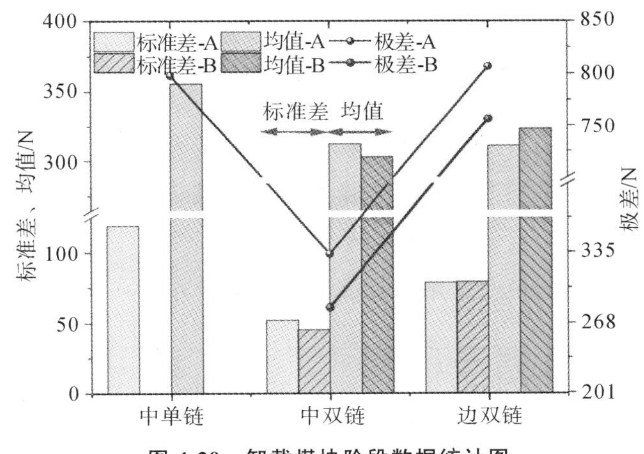

图 4-20　卸载煤块阶段数据统计图

表 4-8 所示为空载停机阶段数据统计表，将表中的数据绘制在图 4-21 中。在该阶段，双链模型的稳定性要更高一些。与空载启动阶段相比，该阶段三种链传动系统的动态性能均明显提升，接触力及双链的均值差均减小，稳定性更高。

表 4-8　空载停机阶段数据统计表

类型	标准差/N		均值/N			极差/N		
	A 链环	B 链环	A 链环	B 链环	差值比	A 链环	B 链环	差值比
中单链	90.13	—	299.50	—	—	447.98	—	—
中双链	47.52	56.62	270.06	270.79	0.27%	275.79	409.93	48.64%
边双链	56	52.49	276.64	270.82	2.1%	384.46	287.96	25.1%

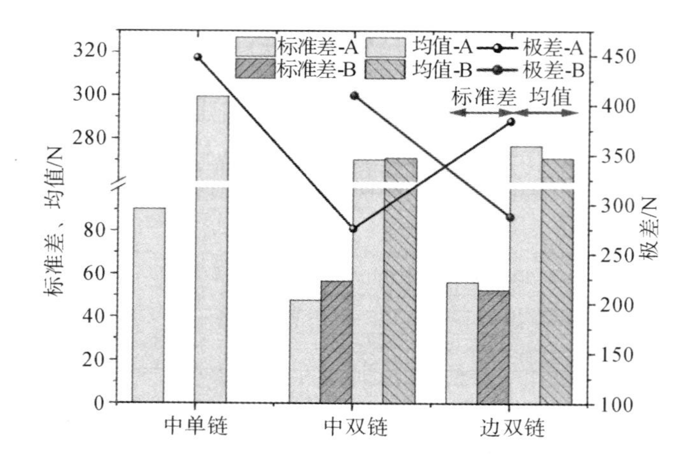

图 4-21　空载停机阶段数据统计图

将双链模型在运行方向上的接触力均值的差值比进行统计，如图 4-22 所示。可以看出，中双链模型的差值比除了在空载启动阶段大于边双链模型的差值比外，在其他四个阶段的差值比均小于边双链模型。中双链模型中两股链条的载荷分配较为均匀，说明采用中双链的链条布置方式有着较好的稳定性。

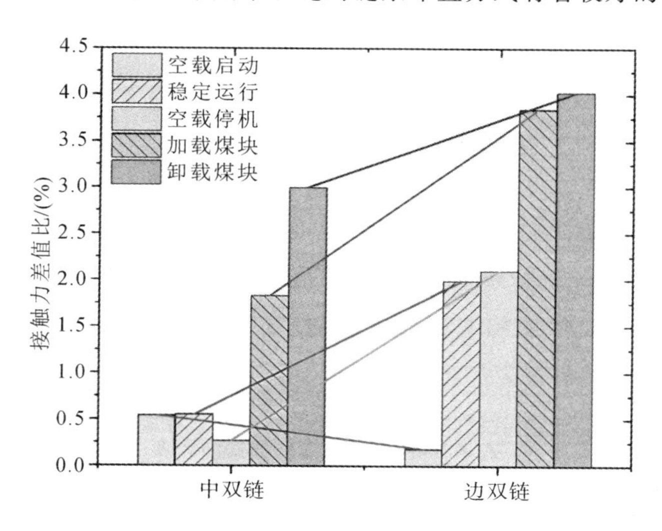

图 4-22　双链模型接触力均值的差值比对比图

5. 链环加速度分析

接下来，笔者对链环在运行过程中的振动特性进行研究，通过采集链环的加速度信号进行分析研究，如图 4-23 所示。根据第 2 章对啮合传动原理的介绍可知,链传动系统在运行方向上的波动幅度最大,这是链传动系统的固有特性——多边形效应(链环的运行速度不恒定)导致的。在正常工况的五个阶段中,三种链传动系统在稳定运行阶段的振幅最大,并且运行方向上的振幅远远大于纵向、横向振幅。稳定运行阶段是刮板输送机工作中最为重要的一个阶段,因此对该阶段链环的振动进行重点研究。

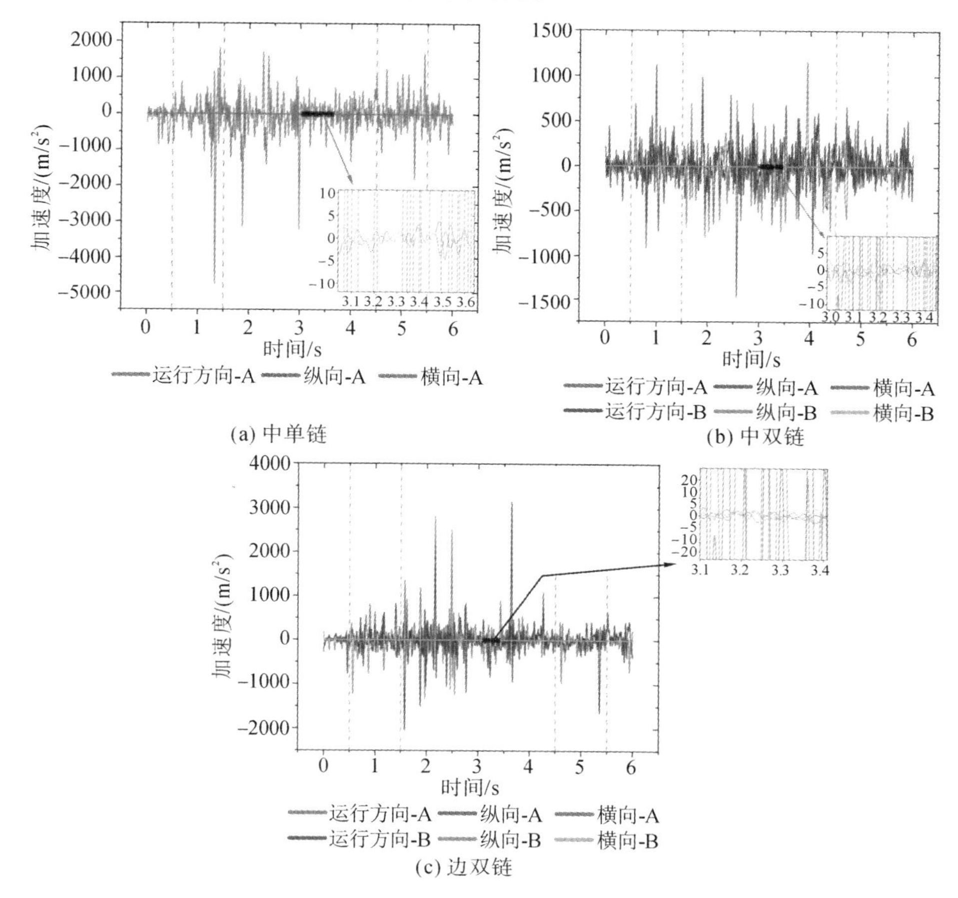

图 4-23　链环加速度变化图

在三个振动方向上,运行方向是链传动系统输煤时的主方向,该方向的动态性能对输煤的稳定性及效率极其重要。稳定运行阶段,三种链传动系统在运行方向上的链环加速度变化图如图 4-24 所示。中单链模型的最大振幅为 3158.27 m/s^2;边双链模型的最大振幅为 3148.64 m/s^2;中双链模型的最大振幅为 1469.47 m/s^2,仅为中单链模型的 46.53%、边双链模型的 46.67%。中双链模型表现出了良好的运行稳定性。

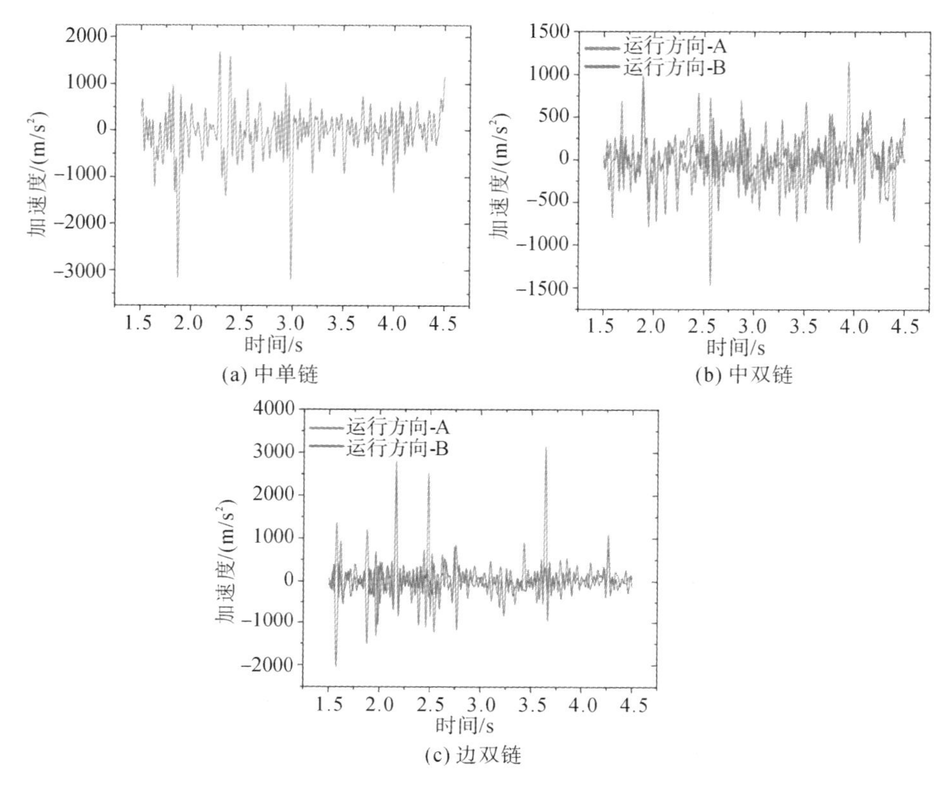

(a) 中单链
(b) 中双链
(c) 边双链

图 4-24 链环加速度变化图

将图 4-24 的曲线数据进行统计，在稳定运行阶段，统计链环加速度在运行方向上的标准差、均值、极差，如表 4-9 和图 4-25 所示，中双链模型具有较高的稳定性，两股链条加速度的均值的差值比为 59.43%，小于边双链模型的 77.34%，运行平稳，与 Wang Cunfei 学者的研究结果一致。

表 4-9 运行方向数据统计表

类型	标准差/(m/s^2)		均值/(m/s^2)			极差/(m/s^2)		
	A 链环	B 链环	A 链环	B 链环	差值比	A 链环	B 链环	差值比
中单链	537.24	—	59.9	—	—	4900.13	—	—
中双链	259.66	262.25	8.38	3.4	59.43%	1945.82	2456.25	26.23%
边双链	404.50	419.28	58.25	13.2	77.34%	4143.16	5187.77	25.21%

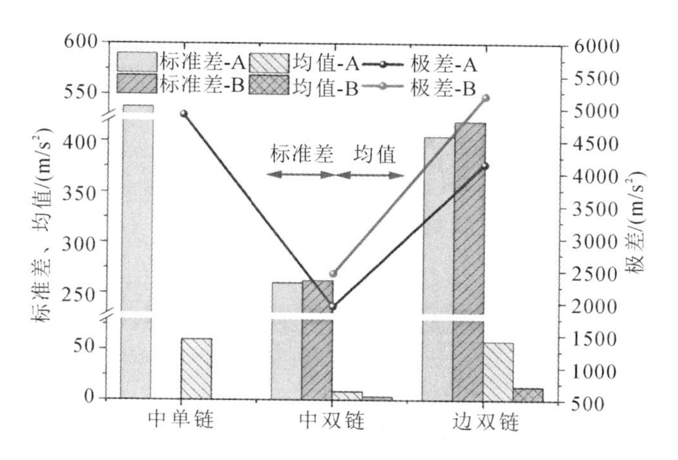

图 4-25 运行方向数据统计图

图 4-26 至图 4-28 所示为三种链传动系统在横向和纵向上的加速度变化曲线。中单链和边双链模型在稳定运行时加速度发生突变,会产生剧烈的振动。中单链模型横向最大振幅为 24.68 m/s^2,纵向最大振幅为 22.5 m/s^2;边双链模型横向最大振幅为 18.23 m/s^2,纵向最大振幅为 25.71 m/s^2。而中双链模型加速度变化要平稳一些,仅在横向上产生了突变,最大振幅为 13.77 m/s^2。

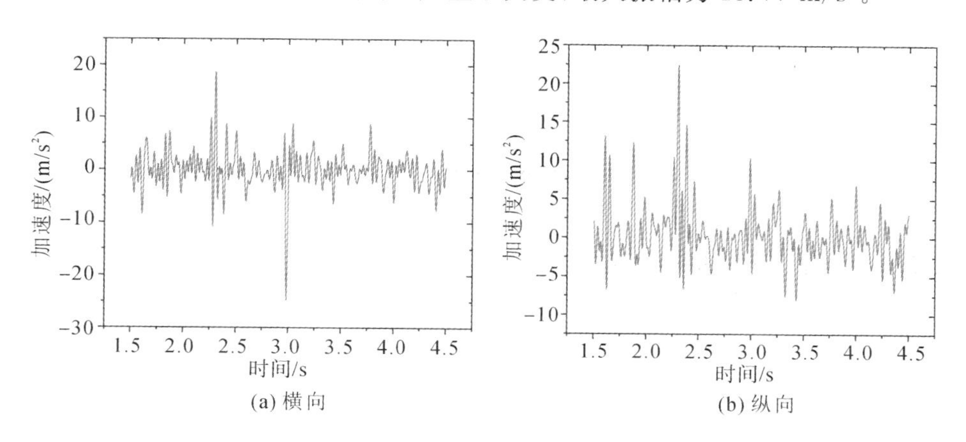

(a) 横向 (b) 纵向

图 4-26 中单链模型

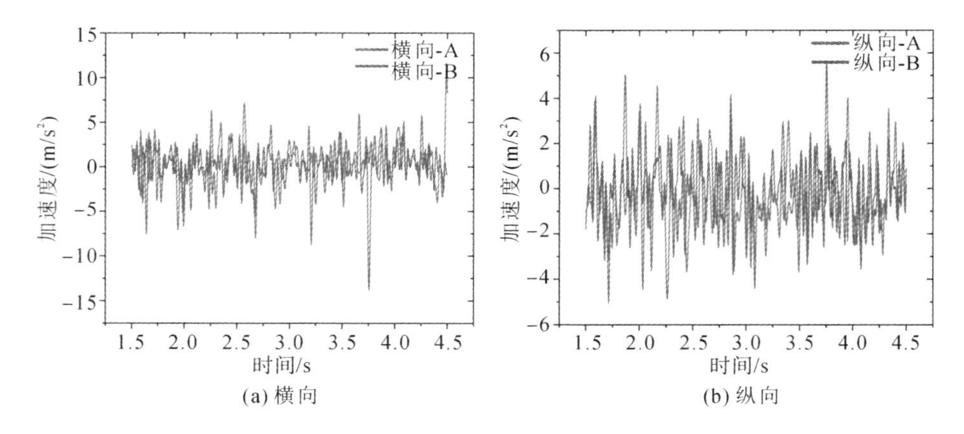

(a) 横向　　(b) 纵向

图 4-27　中双链模型

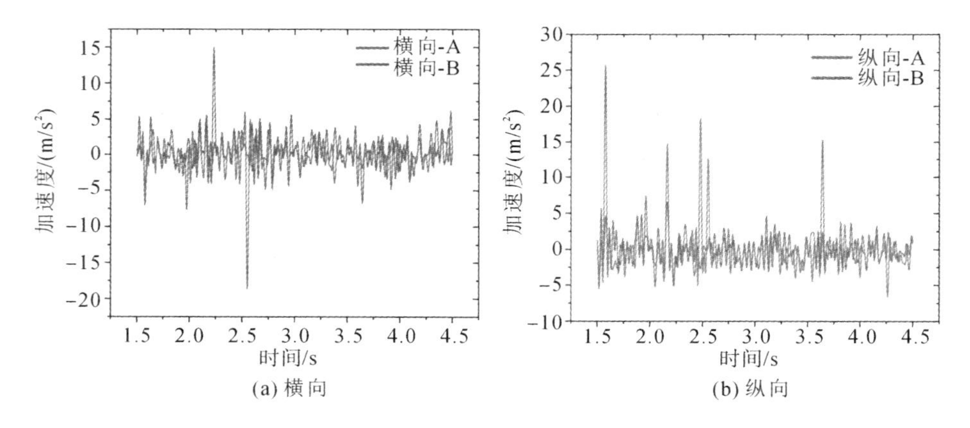

(a) 横向　　(b) 纵向

图 4-28　边双链模型

4.2.3　刮板动力学特性分析

本节对刮板的动力学特性进行研究分析，对其加速度信号进行提取分析，刮板加速度变化图如图 4-29 所示。

由图 4-29 可知，三种链传动系统的刮板加速度变化有着一些相同的特征。运行方向的加速度变化是刮板加速度变化的主要方向，与链环一致。与空载停机阶段相比，空载启动阶段的加速度波动较小。与卸载煤块阶段相比，加载煤块阶段的加速度波动较小，卸载煤块阶段的加速度波动接近于稳定运行阶段的加速度波动。

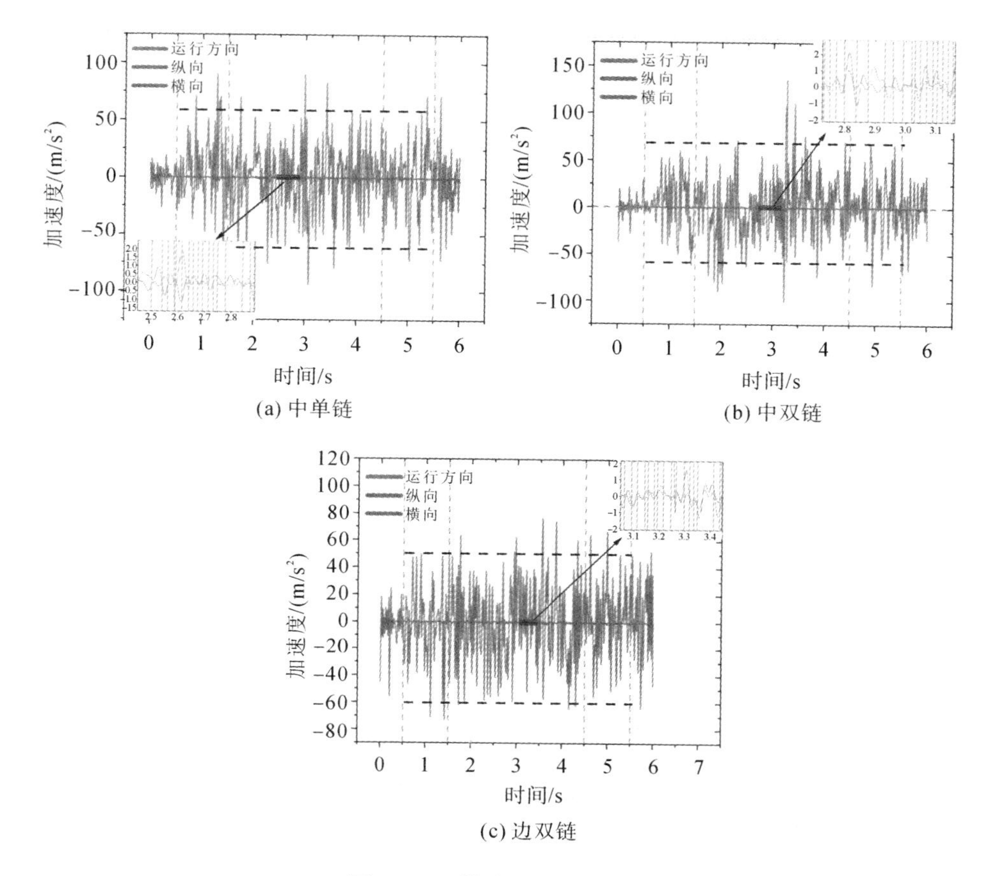

(a) 中单链

(b) 中双链

(c) 边双链

图 4-29 刮板加速度变化图

将刮板在稳定运行阶段的加速度波动进行详细分析，如图 4-30 所示，分析刮板在三个方向上的加速度变化曲线，可以看出刮板的运行较为平稳，只有中单链模型在横向上产生了一次较大的波动，振幅为 2.158 m/s^2。

如表 4-10 所示，将刮板在稳定运行阶段的加速度进行统计，并将表中数据绘制在图 4-31 中。由图表可知，在横向和纵向波动上，三种链传动系统的标准差、极差基本相同，说明振动较为相似。在运行方向上中双链模型的标准差为 32.09 m/s^2 且极差为 236.51 m/s^2，刮板加速度波动较大。因此，可以通过中部槽的侧壁来减小刮板在运行方向的振动。本章的仿真中将中部槽简化但并没有对中部槽的侧壁进行建模，这将是下一步的研究工作。

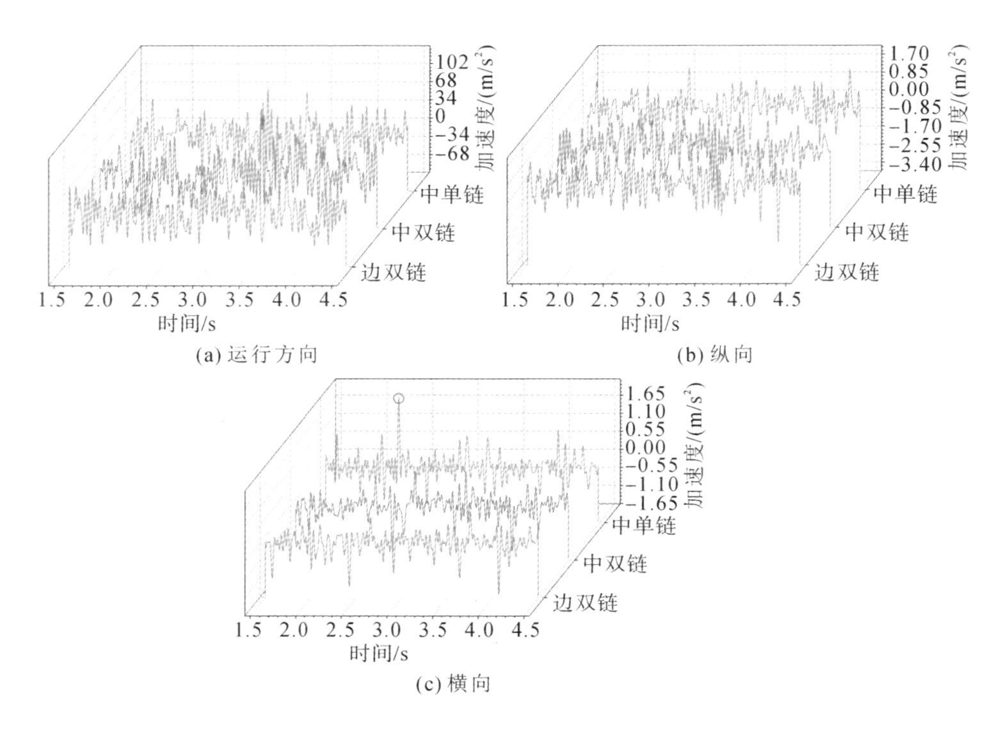

(a) 运行方向

(b) 纵向

(c) 横向

图 4-30 刮板稳定运行阶段加速度变化图

表 4-10 刮板稳定运行阶段加速度数据统计表

类型	运行方向			横向			纵向		
	均值/(m/s²)	标准差/(m/s²)	极差/(m/s²)	均值/(m/s²)	标准差/(m/s²)	极差/(m/s²)	均值/(m/s²)	标准差/(m/s²)	极差/(m/s²)
中单链	0.083	28.3	183.56	0.01	0.36	3.31	0.05	0.64	5.76
中双链	0.24	32.09	236.51	0.048	0.33	2.69	0.064	0.7	5.87
边双链	0.58	27.29	141.18	0.043	0.32	2.55	0.015	0.63	4.55

4.2.4 链轮与链环啮合力分析

由 2.3.5 节中的分析可知，链传动系统是通过链轮与链环的啮合进行传动的，然而二者之间的啮合力(接触力)会对链轮和链环的结构造成破坏。本节对三种链传动系统的啮合力进行分析，研究其异同，为链传动系统的优化设计奠定基础。

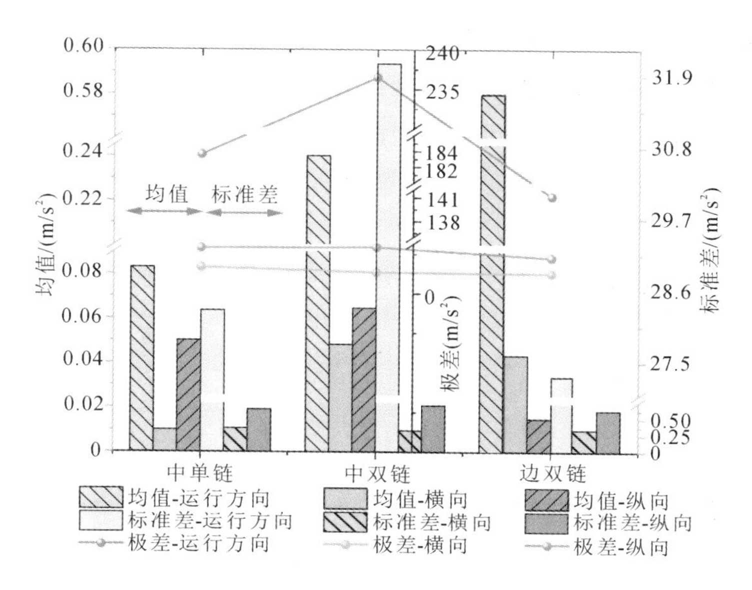

图 4-31 刮板稳定运行阶段加速度数据统计图

如图 4-32 所示，将与链轮啮合的链环定义名称。如图 4-32(a)所示，对于单链，与主动链轮啮合的为链环 A，与从动链轮啮合的为链环 C。由图 4-32(b)可知，对于双链，链环 A 和链环 C 在链条 m 上，链条 n 上与主动链轮啮合的为链环 B，与从动链轮啮合的为链环 D。

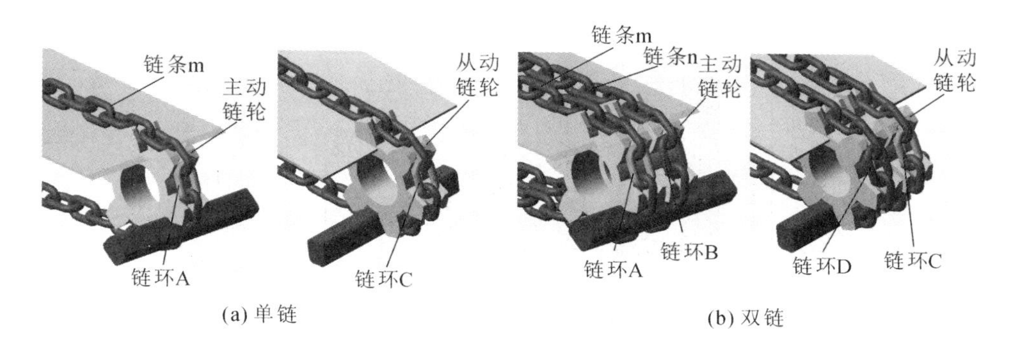

图 4-32 链环名称的定义

图 4-33 展示了链条 m 上链环 A 与主动链轮、链环 C 与从动链轮的啮合力变化曲线，可以看出与主、从动链轮啮合时，啮合力表现出了完全不同的变化。链环 A 在与主动链轮啮合时分为三个阶段：第一阶段，链环与链轮开始啮合，啮

合力逐渐升高到啮合过程的最大值；第二阶段，啮合力迅速降低到一个稳定的值；第三阶段，啮合力逐渐减小，最终链环与链轮分离。链环 C 在与从动链轮啮合时分为四个阶段，变化趋势呈现“M”形。

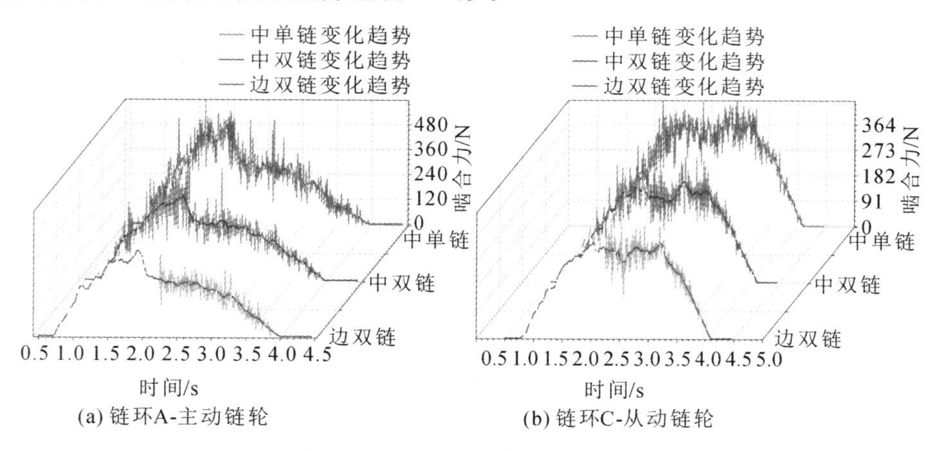

图 4-33　链条 m 啮合力变化曲线

图 4-34 所示为链条 m 上链环 A 和链环 C 与链轮啮合力的数据统计图，可以看出无论是主动链轮还是从动链轮，中单链模型的啮合力均值均是最大的，其次是边双链模型，最后是中双链模型。因此当处于相同工况时，中单链模型的链轮最易发生磨损甚至断裂，采用中双链的链轮结构设计较好。

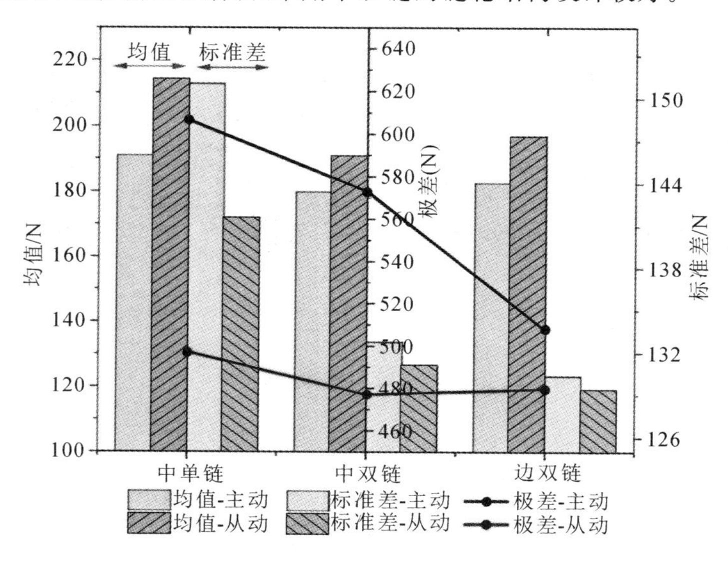

图 4-34　链条 m 啮合力数据统计图

在啮合力的变化情况上，主动链轮的标准差和极差始终大于从动链轮的对应数值，主动链轮啮合力波动最为明显，主动链轮更易发生跳齿。且三种链传动系统中，中单链模型波动最为严重，其从动链轮的标准差远大于双链模型的标准差，其次是中双链模型，啮合力波动变化最小的是边双链模型。

中双链和边双链模型中，绘制链条 n 上链环 B、D 分别与主、从动链轮的啮合力变化曲线，如图 4-35 所示。由图可知，链条 n 与主、从动链轮的啮合规律和链条 m 的一致。将链条 m、n 与主、从动链轮啮合力的均值和标准差进行统计，如图 4-36 所示。

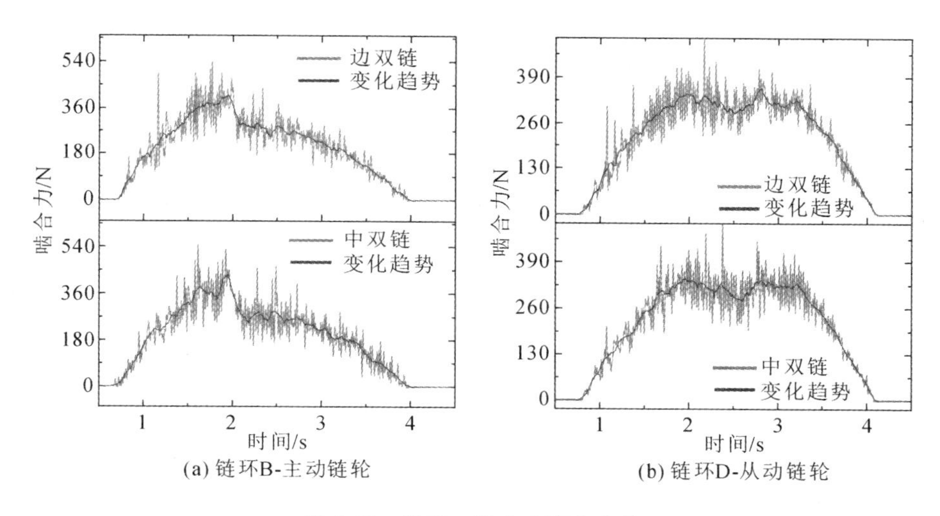

图 4-35 链条 n 啮合力变化曲线

从图 4-35 中可以发现，中双链模型的主、从动链轮的啮合力均小于边双链模型的啮合力，说明中双链模型在输送物料时链轮的承受能力大，利于提高链轮的使用寿命。从图 4-36 可以算出：中双链模型的主动链轮与链环 A、B 的标准差的差值为 1.006 N，从动链轮的标准差的差值为 0.1668 N；边双链模型的主动链轮的标准差的差值为 2.283 N(为中双链模型的 2.27 倍)，从动链轮的标准差的差值为1.9337 N(为中双链模型的 11.593 倍)。这说明当两股链条与主、从动链轮啮合时，边双链模型的两股链条的波动情况不一致，稳定性比中双链模型的差。

本节研究了中单链、中双链、边双链模型在正常工况下的动力学特性，对从

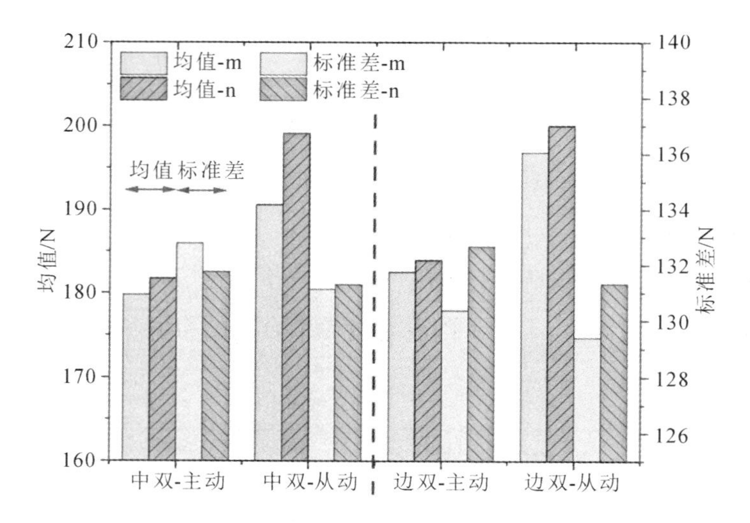

图 4-36 双链-链轮啮合数据统计图

动链轮转速、链环间接触力、链环加速度、刮板加速度、链轮与链环间啮合力的异同性进行对比分析。研究发现：

(1) 双链模型的从动链轮整体表现优于单链模型,其中以中双链模型最佳。在稳定运行阶段,中单链模型比中双链模型的波动幅度增加了 21.26%,比边双链模型增加了 8.08%。运行方向的接触力对链环动态性能影响最大,其次是纵向,最小的是横向。中单链模型运行方向的接触力均值比中双链、边双链模型的分别增加了 16.46%、16.82%。中双链模型的两股链条极差的差值比为 1.25%,而边双链模型的极差的差值比达 52%。模型采用中双链布置方式时,接触力有着较好的稳定性。

(2) 运行方向上的振幅大于纵向、横向振幅。中双链模型具有较高的稳定性。相较于空载启动阶段,空载停机阶段的刮板加速度波动大。相较于卸载煤块阶段,加载煤块阶段的加速度波动较小。在稳定运行阶段的横向、纵向波动上,三种链传动系统的振动较为相似。链环与从动链轮的啮合力变化趋势呈现"M"形,与主动链轮的啮合力波动最为明显。中单链模型的啮合力均值最大,其次是边双链模型,最后是中双链模型。当两股链条与链轮啮合时,边双链模型上两股链条的波动稳定性比中双链模型的差。

4.3 中双链链传动系统仿真分析

由 4.2 节的仿真研究可知，中双链链传动系统在工作过程中有着明显的优势，本节将重点对该链传动系统进行仿真研究，模拟其在多工况下的动力学特性，为稳定高效输煤提供借鉴。

4.3.1 中双链链传动系统虚拟样机建立

ADAMS 中，中双链链传动系统仿真模型如图 4-37 所示。首先对模型施加约束条件：对链轮均施加旋转副约束；对 3 个中部槽施加固定副约束；对刮板与其安装链环施加固定副约束；对每个刮板和刮板链与中部槽以及链轮设置接触；对相邻链环之间设置实体接触。最终，在模型中共建立实体接触 1399 个。然后对模型施加驱动，在主动链轮转动副处施加驱动，形成驱动链轮。最后在从动链轮转动副处施加力矩，方向与驱动链轮方向相反，此力矩具有两个作用：一是链传动系统的分析主要涉及紧边链，阻力矩可以模拟对链传动系统紧边链施加的预紧力；二是可以模拟工况中的负载阻力。

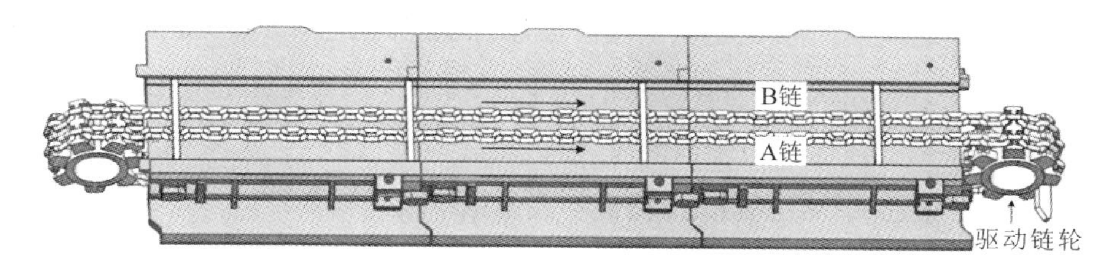

图 4-37 中双链链传动系统仿真模型

为方便之后的仿真研究以及对仿真结果的描述和分析，如图 4-37 所示，定义外侧链条为 A 链，内侧链条为 B 链，同时以 ADAMS 自动生成的空间坐标系为基准，即 z 轴为链环运行方向，y 轴正方向为重力方向，x 轴平行于刮板。

综采工作面刮板输送机简易工作流程如图 4-38 所示。

图 4-38 综采工作面刮板输送机简易工作流程

为得到更加准确的数据以便进行后续分析，基于上述刮板输送机简易工作流程，在仿真开始前对仿真模型中的各项参数进行设置。

首先，为了计算更加方便，模型中单位更改为MKS(米-千克-秒)单位制并对 y 轴方向施加重力。设置模型中所有部件定义质量的方式为“几何形状和材料类型”，材料类型定义为steel(钢材)。

然后，施加驱动链轮的驱动转速和从动链轮的阻力矩模拟刮板输送机简易工作流程。通过简单计算可得，当链速为1.2 m/s时，驱动链轮角速度约为283(°)/s。用STEP函数设置驱动链轮速度，函数为STEP(time,0,0,0.5,283d)+STEP(time,4.5,0,5,−283d)。在此函数下，0～0.5 s为空载启动阶段，驱动链轮角速度由0增加到283(°)/s，链速由0逐渐增加到1.28 m/s左右，在0.5～4.5 s链传动系统稳定运行，驱动链轮角速度保持在283(°)/s，4.5～5 s为空载停机阶段，驱动链轮角速度由283(°)/s逐渐降低到0。在从动链轮转动副上施加阻力矩时，为了同时模拟一直存在的预紧力和稳定运行时的负载阻力，使用STEP函数STEP(time,0.5,−1000,1.5,−4000)+STEP(time,3.5,0,4.5,3000)。该函数下，从动链轮阻力矩变化曲线如图4-39所示，初始阻力矩为1000 N·m，在0～0.5 s的空载启动阶段保持不变，在0.5～1.5 s的模拟加载阶段，阻力矩逐渐增大至4000 N·m，在1.5～3.5 s的稳定运行阶段阻力矩保持不变，3.5～4.5 s为模拟卸载阶段，阻力矩逐渐降低到1000 N·m，4.5～5 s内阻力矩保持1000 N·m不变，模拟空载停机阶段。

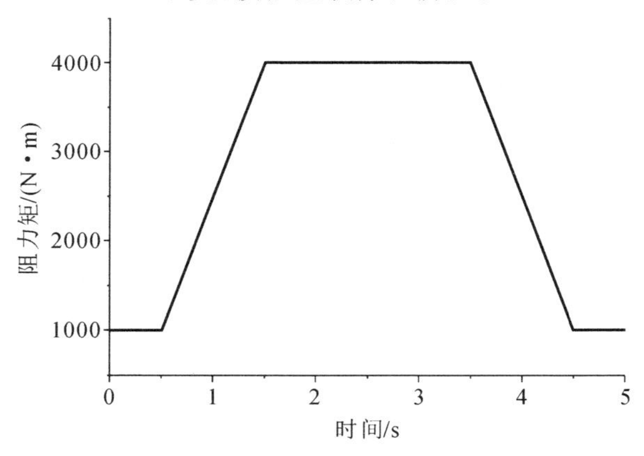

图4-39　从动链轮阻力矩变化曲线

最后，为提高仿真效率，求解器设置为 GSTIFF，积分格式为 I3，该求解器采用刚性稳定算法，具有位移求解精度高和求解速度快的优点。仿真终止时间设置为 5 s，步数为 500，采用交互式动力学仿真。

4.3.2 平直工况下链传动系统动力学特性分析

基于上述平直状态下中双链链传动系统仿真模型，为了研究整个紧边链的动力学特性，选取各链条中刚要离开从动链轮进入拉紧状态的三个链环，如图 4-40 所示，依照链环在 ADAMS 中的命名，A 链中选取的三个链环从左至右依次为链环 128、链环 129 和链环 130，B 链中选取的三个链环从左至右依次为链环 35、链环 36 和链环 37，各链环的位置对应关系(B-A)为链环 35-128、链环 36-129 和链环 37-130。后续将基于上述对应关系，分析和研究同一位置的不同链环在复杂工况下的动力学特性。

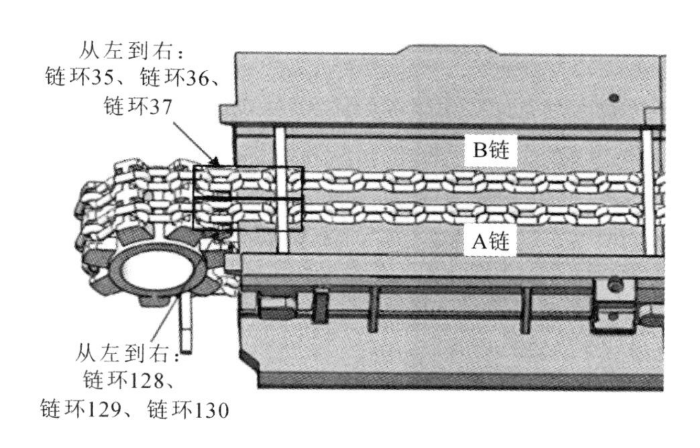

图 4-40　用于分析链环位置及编号

为与之后的其他工况下的动力学特性对照，便于分析，首先对正常工况下的动力学特性进行研究。因为链条的速度变化能够反映链传动系统紧边链的动力学特性，同时可以体现链传动系统的运行状态，所以提取链环 35-128、链环 36-129 和链环 37-130 质心在“空载启动—加载—稳定运行—卸载—空载停机”正常工作环境下的速度变化数据并制成对应速度曲线，如图 4-41 所示。

根据图 4-41 所示的速度曲线可以对不同工作阶段的中双链链传动系统动力学特性尤其是紧边链的动力学特性进行分析。以图 4-41(b)链环 36-129 速

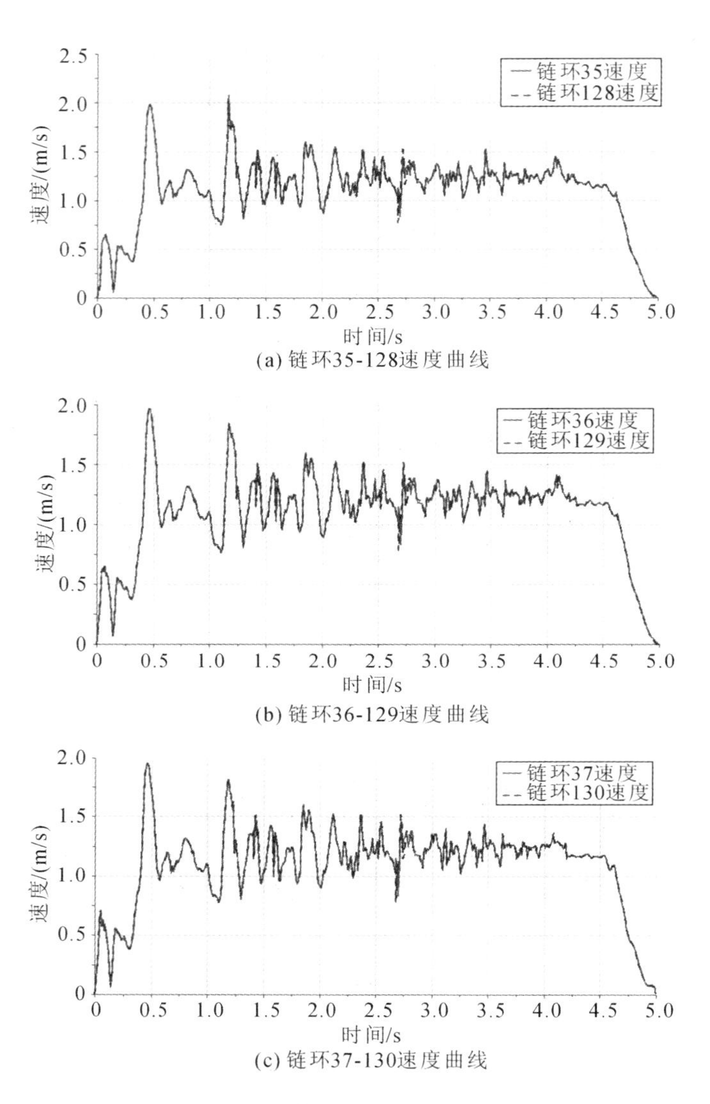

图 4-41　正常工况下链环速度曲线

度曲线为例，0～0.5 s 为空载启动阶段，链环经历较大的速度波动，最大波动幅度为1.5874 m/s，速度在 0.46 s 达到最大值 1.9735 m/s，在 0.5 s 加速阶段结束时，速度为 1.7324 m/s，高出预期链速 44%。0.5～4.5 s 内驱动链轮转速恒定，其中0.5～1.5 s 为加载阶段，链速仍会产生较大的波动，最大波动幅值约为 0.7 m/s，1.5～3.5 s 为稳定运行阶段，链速逐渐稳定，波动频率逐渐增高，波动幅度逐渐减小，链速逐渐收敛于区间[1,1.5] m/s，3.5～4.5 s 为卸载阶段，链速仅有小幅度波动，4.2 s时链环36-129开始与驱动链轮啮合，链速基本不发生波动。4.5～5 s为空载停机阶段，链速没有明显波动，平稳降低至0。

简单观察图4-41可知，正常运行时中双链链传动系统两链条在“空载启动—加载—稳定运行—卸载—空载停机”整个工作流程中速度曲线基本重合，5 s仿真时间里三对链环平均速度差值分别为0.011582 m/s、0.010358 m/s、0.01054 m/s，平均偏差分别约为1.6%、1.5%、1.15%，几乎可以忽略不计，充分体现了中双链链条受力均匀的优点。最大链条速度差同时出现在2.68 s，分别为0.3579 m/s、0.3672 m/s、0.3711 m/s，产生较大链条速度差的原因是链轮与链环啮合产生的多边形效应导致刮板发生轻微短暂的偏斜。

动力学特性可以通过提取链环间接触力进行分析和研究。如图4-42所示，在A、B链上各选取链环间三处接触位置进行动力学特性分析，分别为A链A1处、A2处（链环129-链环130接触）、A3处和B链B1处、B2处（链环36-链环37接触）、B3处，在“空载启动—加载—稳定运行—卸载—空载停机”正常工作环境下，进行双链条间同位置接触力比较和分析，双链同位置链环间接触力对比曲线如图4-43所示。

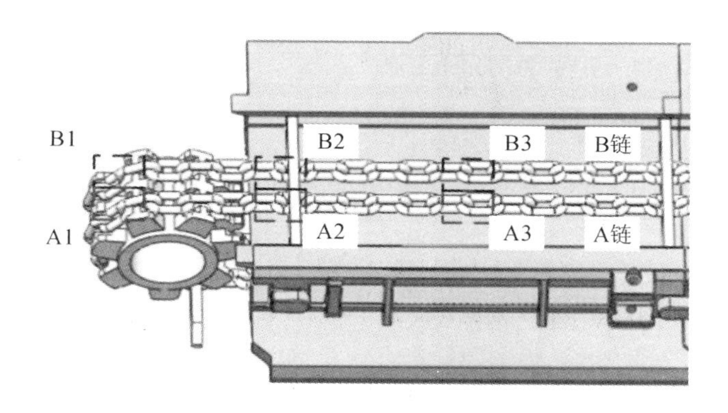

图4-42　链环间接触位置的选取

由图4-43可知，两链条同位置链环接触力差异较小，随时间变化趋势基本一致，A链、B链同位置链环间接触力比较如表4-11所示，表中：接触力差值=A链接触力－B链接触力，差值百分比=接触力差值/A链接触力×100%。

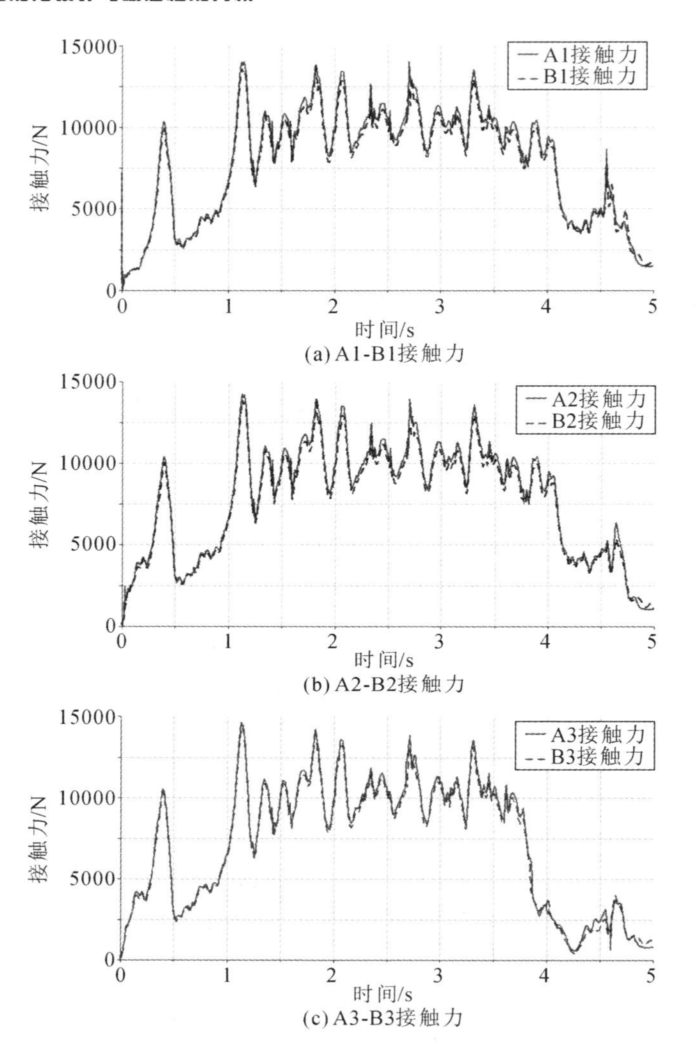

(a) A1-B1接触力

(b) A2-B2接触力

(c) A3-B3接触力

图 4-43　双链同位置链环间接触力对比曲线

表 4-11　A 链、B 链同位置链环间接触力比较

位置	接触力平均差值/N	平均差值百分比/(%)	接触力最大差值/N	最大差值百分比/(%)
A1-B1 接触	329.55	4.78	1756.13	12.51
A2-B2 接触	336.16	5.06	1762.20	12.63
A3-B3 接触	266.27	6.28	1876.49	14.92
平均值	310.66	5.40	1798.27	13.35

根据表 4-11，0～5 s 的全部工作过程中，A 链与 B 链同位置链环间接触力平均差值百分比为 5.40%，表中接触力最大差值均出现在 2.7 s，接触力最大差值百分比为 13.35%。链环间接触力可以准确反映链条受力情况，综上双链间接触力对比可知，中双链链传动系统两链条受力均匀，充分体现了中双链链型的优势。

最后，基于上述仿真，还可以对同一链条不同位置链环间接触力变化进行分析，以 B 链为例，对图 4-42 所示 B1、B2 和 B3 处的接触力进行对比，结果如图 4-44 所示。

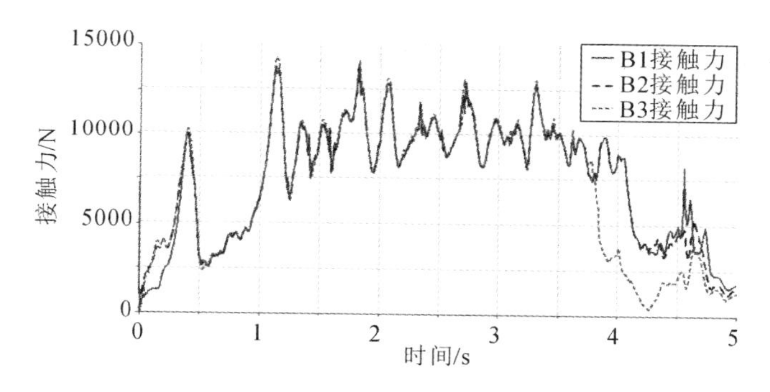

图 4-44　B 链不同位置链环间接触力变化曲线

如图 4-44 所示，在 0～0.5 s 的空载启动阶段，B1 和 B2 皆位于紧边链，链环并不与链轮啮合，两点接触力大小和变化趋势基本一致，均在 0.4 s 时迅速增加到峰值 10000 N，并于 0.4～0.5 s 减小到 2500 N 左右，B3 处链环在 0 s 时与从动链轮啮合，因为从动链轮处施加了 1000 N·m 的阻力矩，B3 接触力在 0 s 时为 7236.2 N，然后在 0.01 s 时降低至 108.8 N，随后与 B1、B2 接触力同时在 0.4 s 增加至峰值 10000 N 左右，最后，三个接触力在空载启动阶段结束时同时降低至 2500 N 左右。在 0.5～1.5 s 的加载阶段和 1.5～3.5 s 的稳定运行阶段，B1、B2 和 B3 都位于紧边链，此时三处接触力大小和变化趋势基本一致，不同之处在于加载阶段接触力波动幅值接近 10000 N，稳定运行阶段接触力波动幅值稳定在 5000 N。经过多次观察，在 1.25 s 时，链环速度和链环间接触力出现巨大波动的原因是刮板离开从动链轮进入中部槽时与中部槽产生了轻微的碰撞。稳定运行阶段链环间接触力产生波动的原因有两个：一是链传动系统本身的多边形效应，二是仿真过程中离刮板较远的链环会产生摆动。在 3.5～4.5 s的卸载阶段，B3 处链环在 3.8 s 时开始与主动链轮啮合，B3 接触力在啮合后远小于 B1、B2 接触力。在 4.5～5 s 的减速制动阶段，三处链环均已位于松边链，由于并未设置底板，链环在重力作用下摆动幅度巨大，链环之间的接触力大小和趋势都有较大差异。

综上分析，在正常工况下，平直状态的中双链链传动系统两链条之间的动力学特性差异很小，充分体现了中双链链传动系统受力均匀、断裂强度高的优点。

4.3.3 倾斜工况下链传动系统动力学特性分析

实际工作环境中，由于地形等因素的影响，综采工作面刮板输送机在铺设时会有一定的倾角。一般情况下刮板输送机向上运输时倾角可以达到 25°，向下运输时倾角不超过 20°。对于兼作采煤机轨道的刮板输送机，倾角通常不会超过 10°，若超过 10°需要采取防滑措施。为了满足安全生产需求，综采工作面刮板输送机铺设的倾角都较小，因此本节仅针对 10°倾角向上运输和 10°倾角向下运输两种倾斜工况，在其他因素保持不变时，对中双链链传动系统的动力学特性进行仿真分析，并将仿真结果与平直工况下的数据进行对比分析。图 4-45 所示为倾斜 10°的中双链链传动系统虚拟样机

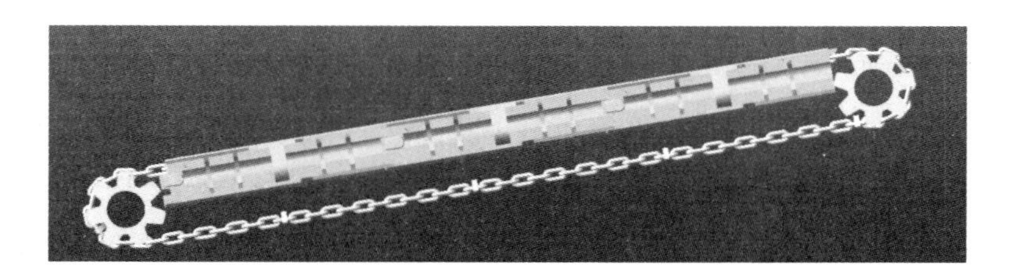

图 4-45　倾斜 10°的中双链链传动系统虚拟样机

和平直工况下“空载启动—加载—稳定运行—卸载—空载停机”仿真流程相同，倾斜工况下的仿真研究也需要先进行仿真参数设置。为了同平直工况形成对比，重力、部件定义方式、接触参数、驱动链轮转速函数和阻力矩函数均保持不变。唯一不同之处在于倾斜时向上运输和向下运输需要选择不同的链轮

为驱动链轮:向上运输时驱动链轮位置高于从动链轮,图 4-45 中右侧链轮为驱动链轮,此时需要在右侧链轮上施加驱动转速,在左侧链轮施加阻力矩;向下运输时则恰好相反。

为了表示和说明方便,同样定义倾斜工况下链传动系统外侧链条为 A 链,内侧链条为 B 链,选取用于研究的链环为初始状态下刚离开从动链轮的第一个平环和第一个立环,A 链链环命名为平环 a 和立环 a,B 链链环命名为平环 b 和立环 b,平环 a 和平环 b 位置对应,立环 a 和立环 b 位置对应,如图 4-46 所示。

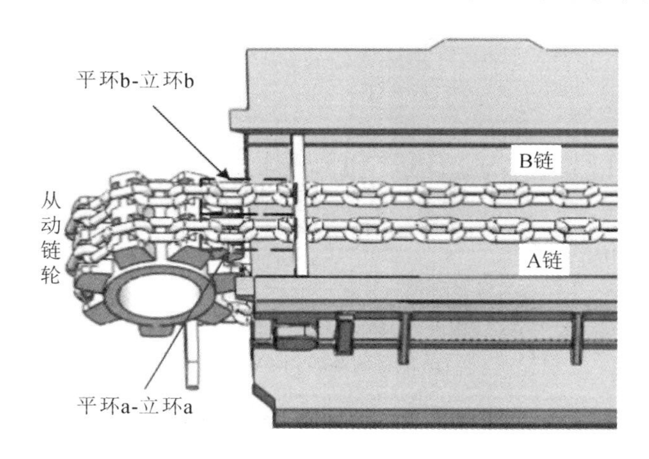

图 4-46 倾斜工况下用于分析的链环位置和命名

1. 上运式中双链链传动系统动力学仿真分析

向上运输时,驱动链轮位置高于从动链轮,以此分别设置驱动转速和阻力矩。设置完成后,开始进行 10°倾角向上运输工况的仿真,仿真终止时间设置为 5 s,步数为 500,采用交互式动力学仿真。

绘制所选链环在“空载启动—加载—稳定运行—卸载—空载停机”仿真流程下的速度曲线,如图 4-47 所示。

如图 4-47 所示,0～5 s 过程中中双链链传动系统两链条速度基本保持一致。整个“空载启动—加载—稳定运行—卸载—空载停机”仿真流程中平环 a 的平均速度为 1.114341 m/s,平环 b 的平均速度为 1.114768 m/s。最大链速差出现在 1.32～1.39 s,通过观察仿真动画可知,此阶段出现偏差的原因是加载时刮板出现轻微偏斜,随即偏斜被自行修正,两链条链速在 1.4 s 时回归同

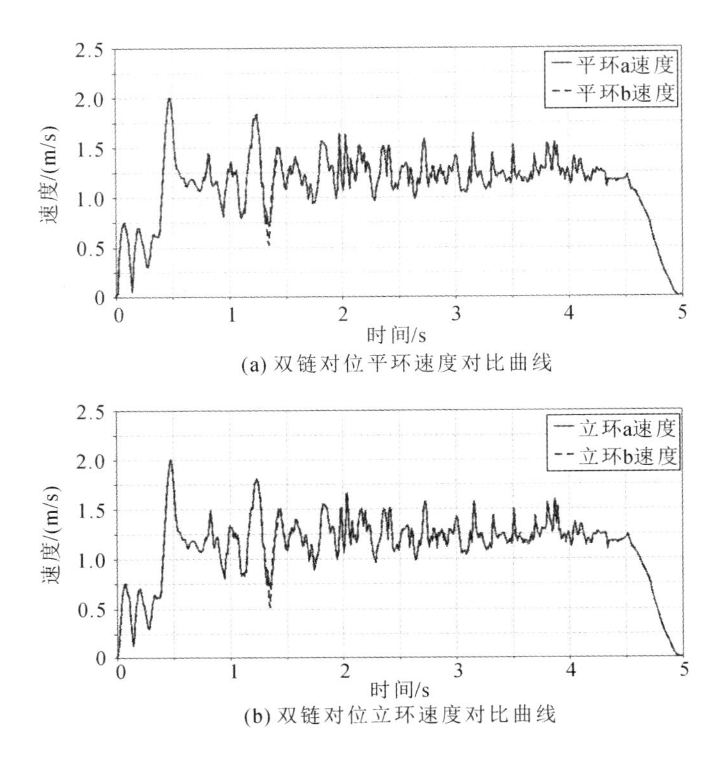

(a) 双链对位平环速度对比曲线

(b) 双链对位立环速度对比曲线

图 4-47　向上运输时链环速度曲线

步。上述数据说明在不出现意外的情况下，10°倾角向上运输时两条单链一致的运动状态不会被破坏。

绘制所选平环和立环之间的接触力在"空载启动—加载—稳定运行—卸载—空载停机"仿真流程下的变化曲线，如图 4-48 所示。

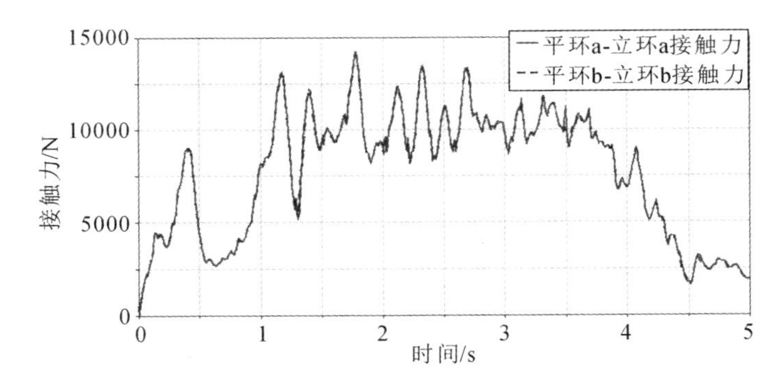

图 4-48　向上运输时链环间接触力对比曲线

在 0～5 s 全部仿真过程中，除了 1.32～1.39 s 刮板出现偏斜时，对位的接触力始终保持一致，说明 10°倾角向上运输时中双链链传动系统两链条张力均匀，该特点在一定程度上提高了链条的断裂强度。

2. 下运式中双链链传动系统动力学仿真分析

向下运输时，驱动链轮位置低于从动链轮，以此分别设置驱动转速和阻力矩。设置完成后，开始进行 10°倾角向下运输工况的仿真。绘制所选链环在“空载启动—加载—稳定运行—卸载—空载停机”仿真流程下的速度曲线，如图 4-49所示。

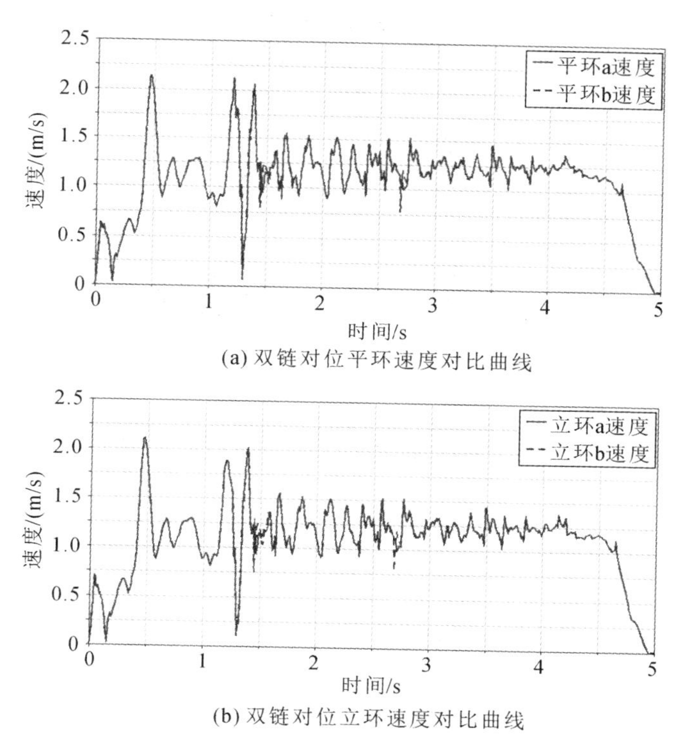

(a) 双链对位平环速度对比曲线

(b) 双链对位立环速度对比曲线

图 4-49 向下运输时链环速度曲线

除空载启动阶段结束时速度出现较大波动以外，在 1.2～1.4 s 平环和立环的速度也出现了较大波动，1.3 s 时平环 a 速度低至 0.0701 m/s，波动幅度接近 2 m/s。通过观察仿真动画可知，此阶段出现速度波动的原因是 1.28 s 时刮板离开从动链轮即将进入中部槽，而空载启动阶段后链条尚未平稳运行，出现上下晃动的情况，导致刮板与中部槽边缘发生碰撞，如图 4-50 所示，从而大大降低了链条速度。以图 4-49(a)所示双链对位平环速度对比曲线为例，因为之前的速度波动，1.4～1.58 s 期间两条单链速度出现较大差异，平均链速差为 0.08 m/s，1.45 s 时最大链速差达到 0.43 m/s，与额定链速相差 34%。除上述 1.4～1.58 s，其余时间两条单链速度曲线基本一致。经过计算，0～5 s 两条单链平均速度相差 1.2%，与平直工况、向上运输工况相似，说明 10°倾角向下稳定运输时中双链链传动系统两条单链具有基本一致的运动状态。

图 4-50　刮板与中部槽边缘发生碰撞

绘制所选平环和立环之间的接触力在 10°倾角向下运输时的变化曲线，如图 4-51 所示。

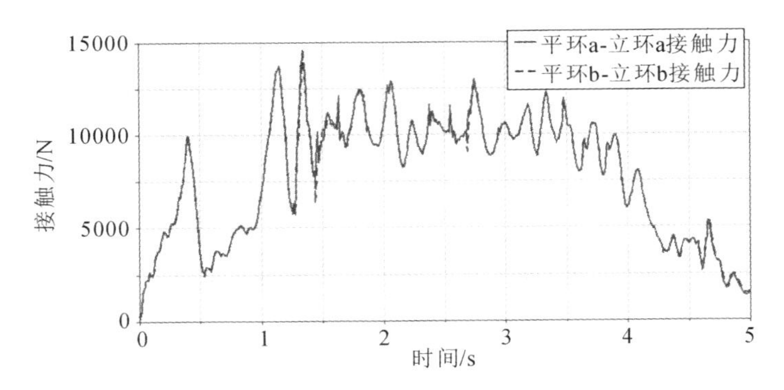

图 4-51　向下运输时链环间接触力变化曲线

在 0～5 s 仿真过程中，对位接触力基本保持一致，说明 10°倾角向下运输不会影响中双链链传动系统两条单链的受力情况，该特点在一定程度上扩大了中双链链传动系统的适用范围。

综上所述，中双链型刮板输送机铺设时有一定倾角，无论是向上运输物料还是向下运输物料，两条单链运动状态和受力状态基本都保持一致，具有极高的稳定性。

3. 正常工作流程下平直-倾斜工况对比分析

综上仿真，在中双链链传动系统两条单链运动状态和受力状态保持一致的基础上，可以对单一链条在平直工况（正常工况）和倾斜工况下的动力学特性进行对比分析。保持“空载启动—加载—稳定运行—卸载—空载停机”仿真流程相同，以刚离开从动链轮的A链的第一个平环为分析对象，不同工况下链条速度对比曲线如图4-52所示。

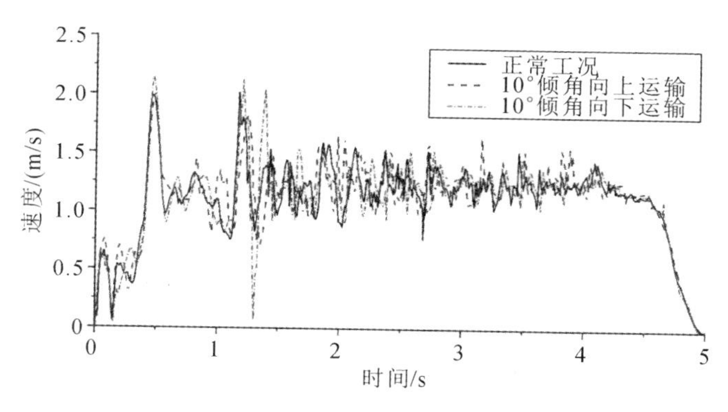

图4-52　不同工况下链条速度对比曲线

如图4-52所示，在0～0.5 s的空载启动阶段，不同工况下链条速度都会产生较大波动，相比之下，向下运输时的速度波动幅值最大，达到2.1414 m/s，向上运输时次之，波动幅值为2.0094 m/s，正常工况下的波动幅值最小，为1.9861 m/s。在0.5～1.5 s的加载阶段，三种工况下速度均有异常波动情况，波动的原因相似，均为刮板离开从动链轮即将进入中部槽时上下晃动导致刮板与中部槽边缘发生碰撞，在此阶段，向下运输时的速度波动幅值同样是最大的。在1.5～3.5 s的稳定运行阶段，正常工况下此阶段链条平均速度为1.23 m/s，速度波动区间为[0.8711,1.5911] m/s，向上运输时的平均速度为1.244 m/s，速度波动区间为[0.9521,1.6496]m/s，向下运输时的平均速度为1.22 m/s，速度波动区间为[0.9017,1.5357] m/s。上述数据说明三种工况的稳定运行阶段并无较大差异。在 3.5～4.5 s 的卸载阶段和 4.5～5 s 的空载停机阶段，三种工况下链条速度均无较大波动。综上，不同工况对刮板输送机空载启动阶段速度波动影响最大，向下运输时链条速度波动最为显著。

以刚离开从动链轮的 A 链的第一个平环和相邻链环之间的接触力为分析对象，不同工况下链环间接触力变化曲线如图 4-53 所示。

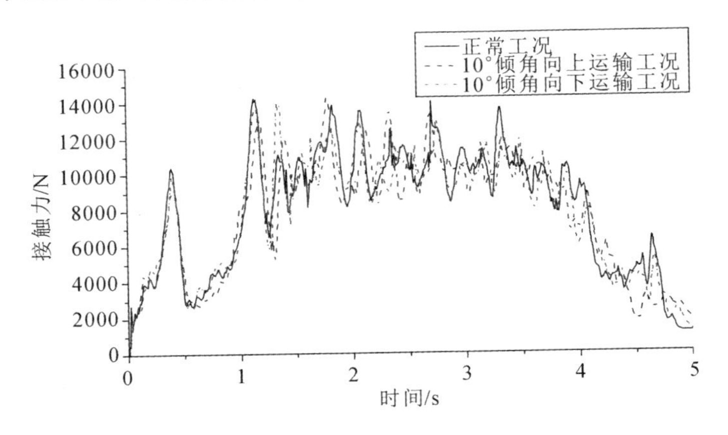

图 4-53　不同工况下链环间接触力变化曲线

因为在从动链轮处设置了 1000 N·m 的初始阻力矩，三种工况下链条在 0 s时会存在不同程度的初始张力，正常工况下初始张力为 117.38 N，向上运输和向下运输工况的初始张力均为 286 N，说明刮板输送机链传动系统初始张力和刮板输送机的铺设倾角有关，倾角越大初始张力越大。在 0～0.5 s 的空载启动阶段，链环间接触力出现较大波动，正常工况下接触力的波动幅值为 10387.95 N，稍大于倾斜工况，10°倾角向下运输工况下接触力的波动幅值为 9951.2 N，10°倾角向上运输工况下接触力的波动幅值最小，只有 9052.26 N。0.5～1.5 s 的加载阶段与空载启动阶段类似，接触力依然存在较大波动，并且向上运输时波动幅度依然较小。在 1.5～3.5 s 的稳定运行阶段，正常工况下平均接触力为 10735.02 N，10°倾角向上运输工况下平均接触力为 10944.89 N，10°倾角向下运输工况下平均接触力为 10426.17 N。稳定运行阶段中，在负载相同的前提下，向上运输时链条波动更为明显。4 s 时，所测接触力的链环运行到主动链轮处并开始与主动链轮啮合，此时向下运输工况的接触力最小，当向下运输的倾角过大时，圆环链可能会堆积在机头，容易造成卡链故障。4.5 s 后为空载停机阶段，所测接触力为松边链链条受力，并无较大研究价值。

综上所述，不同运输方式对链传动系统链条的速度特性影响较大，向下运输工况链条速度波动最为显著，正常工况的链条速度波动最小。不同工况下刮板输送机稳定运行阶段的链条张力有所不同，向上运输工况下链条张力更大，向下运输工况下链条张力最小。

4. 冲击载荷下平直-倾斜工况对比分析

对不同工况下冲击载荷造成的影响进行对比分析。以同样的单向力 STEP(time,2,0,2.05,−200000)＋STEP(time,2.05,0,2.1,200000)模拟冲击载荷，使其作用于刮板质心，研究和分析不同工况下链传动系统的运动状态变化，如图 4-54 所示，也包括链环间接触力变化即链条受力变化对比，如图 4-55 所示。

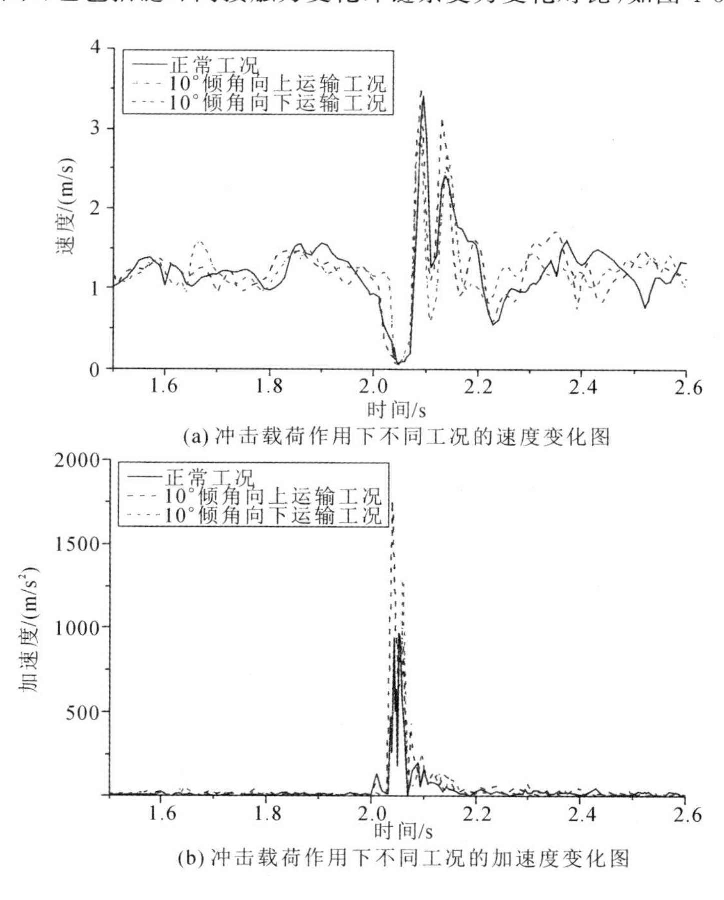

(a) 冲击载荷作用下不同工况的速度变化图

(b) 冲击载荷作用下不同工况的加速度变化图

图 4-54 冲击载荷作用下不同工况的运动状态变化对比

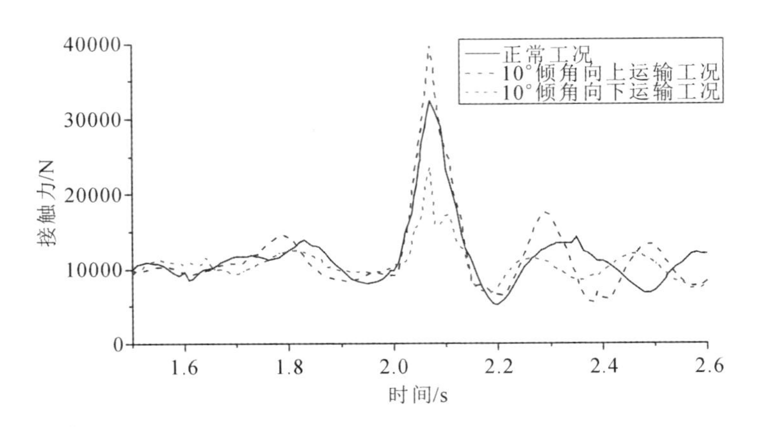

图 4-55　冲击载荷作用下不同工况的链环间接触力变化对比

根据图 4-54(a)所示的冲击载荷作用下不同工况的速度变化图，在 2 s 遭受到冲击载荷作用后，三种工况下链条速度均在 2.05 s 时降到接近 0，之后随着冲击载荷的移除，速度剧增，10°倾角向上运输工况下速度波动幅值最大，达到 3.52 m/s，正常工况下速度波动幅值为 3.42 m/s，略小于向上运输工况下速度波动幅值，10°倾角向下运输工况下速度波动幅值最小，仅 2.97 m/s。但随后正常工况下速度波动幅值迅速降低，最后三种工况下速度均在 2.2 s 时恢复到正常值。根据图 4-54(b)所示的冲击载荷作用下不同工况的加速度变化图，10°倾角向上运输工况下加速度波动幅度远大于其他工况，幅值达到 1761.28 m/s^2，2.2 s 左右加速度恢复到 0。综上，同样大小的冲击载荷，对 10°倾角向上运输工况下链传动系统运动状态稳定性影响更大，对 10°倾角向下运输工况下链传动系统速度特性影响最小，对正常工况下链传动系统加速度特性影响最小。

根据图 4-55，很显然，2 s 时在冲击载荷的作用下，10°倾角向上运输工况下接触力的波动幅值为 39818.02 N，超过其稳定运行阶段接触力的 3 倍，远大于正常工况下 32405.88 N 的波动幅值和 10°倾角向下运输工况下 23629.7 N 的波动幅值。这说明在同样的冲击载荷作用下，10°倾角向上运输工况下链条张力受到的冲击最大，10°倾角向下运输工况下链条张力受到的冲击最小，只有 10°倾角向上运输时波动幅值的 60%左右。

综上所述，冲击载荷对上运式链传动系统的动力学特性影响最大，对下运式链传动系统的速度特性影响最小，对正常工况链传动系统加速度特性影响最小；同样的倾角下，下运式链传动系统链条张力受到的冲击只有上运式的 60%左右。

4.3.4　卡链、断链工况下链传动系统动力学特性分析

1. 卡链工况

卡链是刮板输送机最为常见的故障之一，造成卡链故障的原因通常是链条过松导致与机尾链轮啮合的链环发生跳齿，或者是中部槽过度弯曲导致刮板于中部槽间隙处卡死，抑或是中部槽内出现异物、意外载荷导致刮板链卡死。为了防止常出现的卡链故障对链传动系统造成巨大冲击，刮板输送机一般通过使用摩擦限距器防止卡链时巨大的冲击损坏刮板、链条或减速器等设备。摩擦限距器分为主动部分、从动部分和弹簧组件，弹簧组件提供主动部分和从动部分所需的预定正压力。摩擦限距器在预定正压力的作用下会产生摩擦力传递扭矩，当传递的扭矩大于摩擦力所能传递的预定扭矩值时，摩擦面之间会产生滑动，短时间隔离超出预定载荷的作用力，从而起到过载保护的作用。但是摩擦限距器只能保证电机具有一定的过载承受能力，卡链故障仍有可能对链传动系统造成冲击。

为了模拟真实的卡链故障，需要改变主动链轮的驱动方式。如图 4-56 所示，模拟卡链故障的方式是设置圆柱体式的以摩擦驱动主动链轮的模拟摩擦限距器，并设置障碍卡住“卡链刮板”(障碍物空间固定且只与一刮板接触，与卡链故障虚拟样机的其他零部件无任何接触)。

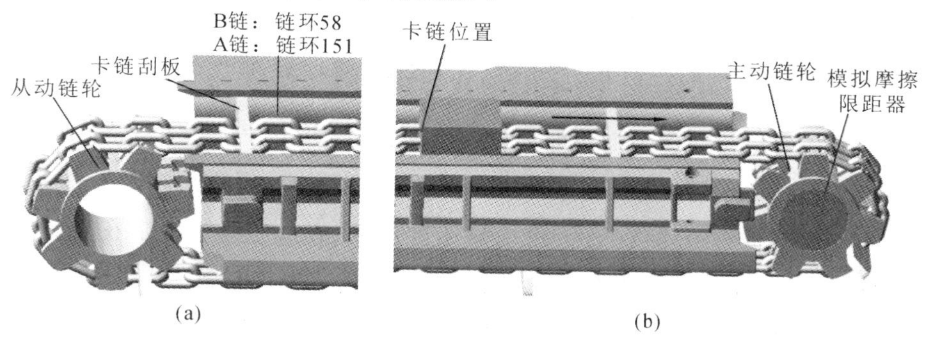

图 4-56　卡链故障虚拟样机

经过多次参数调整，具体的仿真参数设置为：模拟摩擦限距器转速函数设置为 STEP(time,0,0,0.5,283d)，即圆柱体在 0.5 s 内转速达到 283(°)/s；模拟摩擦限距器与主动链轮的接触参数设置为较大的摩擦系数，使模拟摩擦限距器达到预定扭矩，以保证正常运行时二者不会出现相对滑动，且刮板输送机卡链时二者能够相对滑动。

开始仿真后，通过观察仿真动画可发现，卡链故障发生前模拟摩擦限距器与主动链轮间并没有相对滑动，刮板与障碍物在 3.14 s 接触，卡链故障发生后，模拟摩擦限距器与主动链轮产生相对滑动，主动链轮停止转动。

提取卡链刮板前链环 58 和链环 151 的速度变化曲线和加速度变化曲线，如图 4-57 和图 4-58 所示。

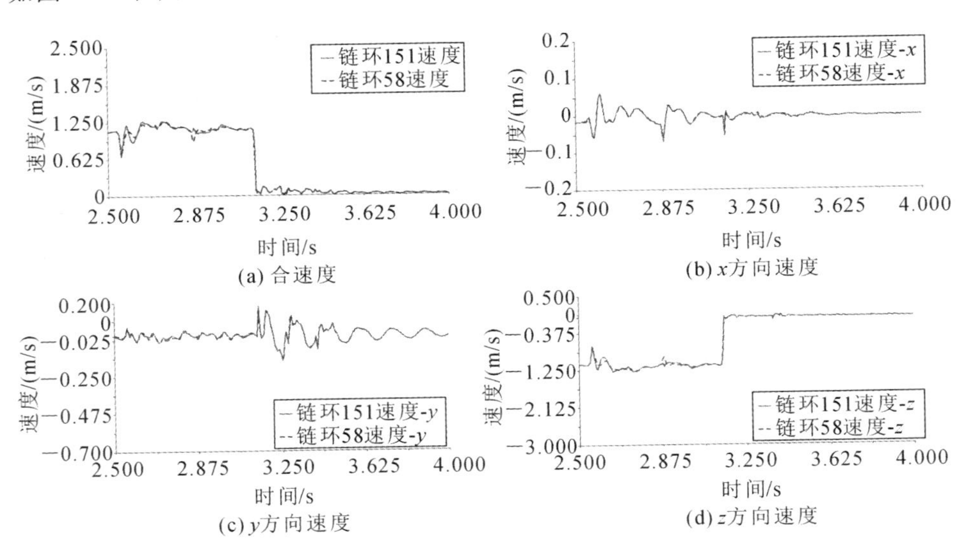

图 4-57 卡链工况下速度变化曲线

综合图 4-57 所示速度变化曲线可知，卡链故障并不会破坏中双链链传动系统两条单链一致的速度状态。由图 4-57(a)可知，3.14 s 卡链故障发生后，链环合速度直接降低至 0，随后经历较小的速度波动，在 3.5 s 后稳定在 0。由图 4-57(b)(c)(d)可知，卡链故障发生后：链环 x 方向速度仅有微小的波动；链环 y 方向速度的波动幅度略大于 x 方向，但恢复至稳定运行状态所需的时间较长；链环 z 方向即运行方向的速度在卡链故障发生后直接降到 0，随后也没有发生速度波动。综合上述,卡链故障发生时,链条速度迅速降低到 0,并会出现轻微的上下振动。

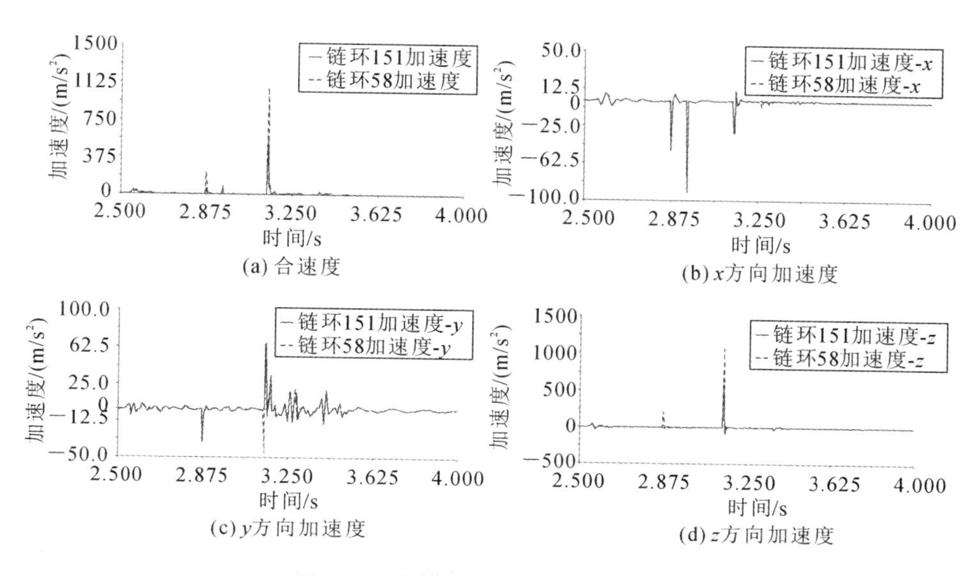

(a) 合速度

(b) x方向加速度

(c) y方向加速度

(d) z方向加速度

图 4-58 卡链工况下加速度变化曲线

综合图 4-58 所示加速度变化曲线可知,卡链故障发生时,中双链链传动系统两条单链加速度状态有所区别。由图 4-58(a)可知,卡链故障发生后链环的合加速度急剧增加,链环 58 的合加速度幅值为 1125 m/s^2,约为链环 151 的 2 倍。由图 4-58(b)可知,卡链故障发生后 x 方向的链环加速度波动幅度较小,并且两条单链的加速度波动基本一致。由图 4-58(c)可知,卡链故障发生后两条单链的 y 方向加速度方向瞬间不同,链环 58 的加速度先是达到 −48 m/s^2,随后恢复到 0 并且与链环 151 的加速度一致,卡链故障发生后链环 y 方向加速度略大于 x 方向。由图 4-58(d)可知,卡链故障发生后 z 方向即运动方向链环加速度剧烈增加,同时链环 151 和链环 58 的加速度状态出现较大不同,链环 58 加速度波动幅值达到 1125 m/s^2,随后此方向链环加速度同时降低至 0。上述说明卡链故障发生后链条受到了剧烈的冲击,并且中双链链传动系统两条单链所受的冲击并不相同。

卡链故障发生后链条的受力情况可以由链环间接触力反映,提取链环 151 和链环 58 与相邻链环的接触力变化曲线,如图 4-59 所示。

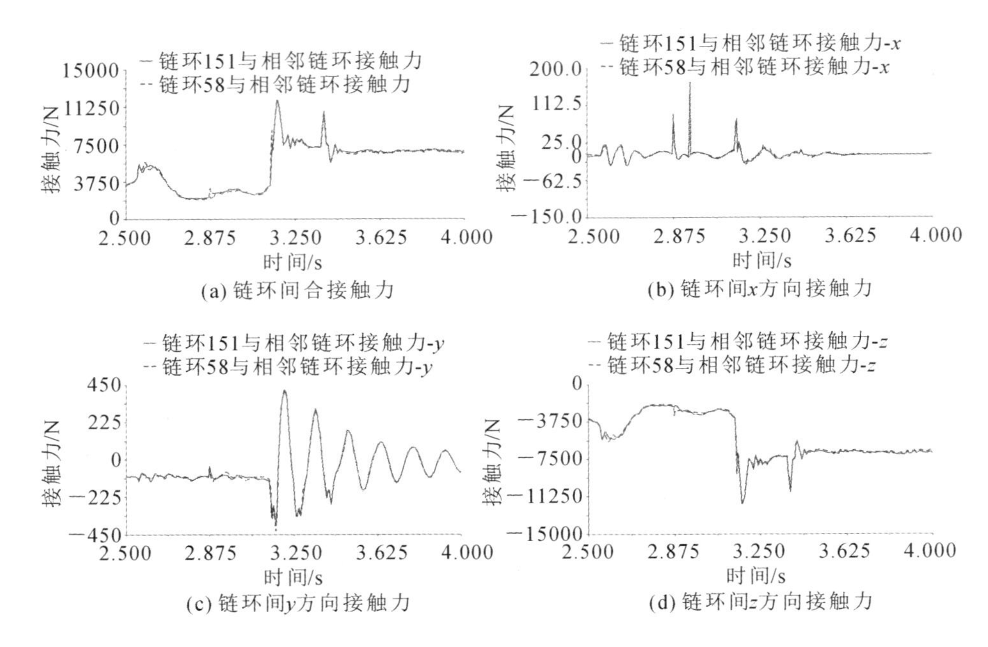

(a) 链环间合接触力
(b) 链环间x方向接触力
(c) 链环间y方向接触力
(d) 链环间z方向接触力

图 4-59　卡链故障下链环间接触力变化曲线

根据图 4-59 所示卡链故障下链环间接触力变化曲线，通过对比链环 151 和链环 58 与其相邻链环的接触力可以发现，卡链故障发生时中双链链传动系统两条单链的链条张力是一致的。由图 4-59(a)可知，卡链故障发生时，链环间接触力迅速增加至 11979.31 N，约为稳定运行阶段接触力的 4 倍，并很快恢复至 7500 N，后在 3.38s 时接触力再次发生波动，波动幅值为 10795.31 N，随后链环间接触力稳定在 6800 N 左右。由图 4-59(b)可知，卡链故障发生时链环间 x 方向接触力仅有轻微的波动，并在极短时间内恢复到 0。由图 4-59(c)可知，链环间 y 方向接触力会产生较小且均匀的波动，接触力波动幅值为 416.34 N，波动周期为 0.15 s，波动幅度逐渐减小，说明卡链故障发生后链环会出现轻微的上下振动。由图 4-59(d)可知，卡链故障发生时链环间接触力的变化主要是 z 方向即运行方向，z 方向接触力变化曲线与合接触力变化曲线一致。

综上所述，卡链故障发生时，链条受到剧烈的冲击，链条速度迅速降低到 0，并且会出现轻微的上下振动，两条单链的加速度变化并不一致。链环间接触力即链条张力会急剧增加至稳定运行阶段的 4 倍左右，主要是运行方向链条张力增加。随后模拟摩擦限距器与主动链轮之间出现打滑现象，链条张力减小到稳定运行阶段的2.5倍。链环产生轻微的振动，说明卡链故障发生时，模拟摩擦限距器的存在可以有效减小链传动系统所受到的冲击。

2. 断链工况

在综采工作面刮板输送机故障中，链传动系统链环断裂同样是较为常见的故障之一。断链的原因较多，除了材质及制造工艺缺陷和磨损、疲劳断裂等内在因素外，重载启动工况、卡链、链条过松或过紧等外在因素同样会导致断链故障的发生。断链故障的突发性比较强，发生前不容易被发现，往往会严重影响综采速度。断链故障的模拟比较复杂，需要通过脚本仿真并设置时间传感器。当达到设定时间1 s时，以A链条链环153与链环133之间的接触失效来模拟断链故障，断链故障模拟的链环位置如图4-60所示。

脚本类型选择ADAMS Solver命令，脚本仿真程序如下所示。

```
! Insert ACF commands here:
SIMULATE/DYNAMIC, END= 2.0, STEPS= 200      ! 动力学仿真，仿真时长 2s，仿真步数 200
DEACTIVATE/CONTACT, ID= 7                   ! 链环接触 153-链环 133 接触失效
DEACTIVATE/SENSOR, ID= 1                    ! 传感器 1 失效
SIMULATE/DYNAMIC, END= 2.0, STEPS= 200      ! 继续动力学仿真，仿真时长 2s，仿真步数 200
```

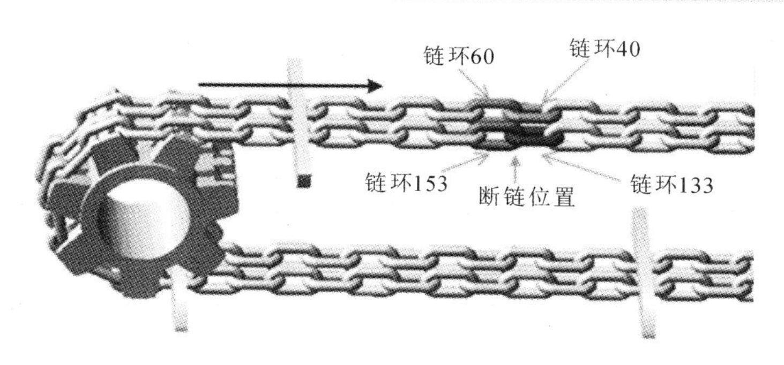

图4-60　断链故障模拟的链环位置(图中隐藏中部槽)

运行脚本仿真后，根据仿真结果导出链环速度变化对比曲线，如图4-61所示。

观察图4-61所示速度变化对比曲线可发现，链环60和链环40的速度曲线

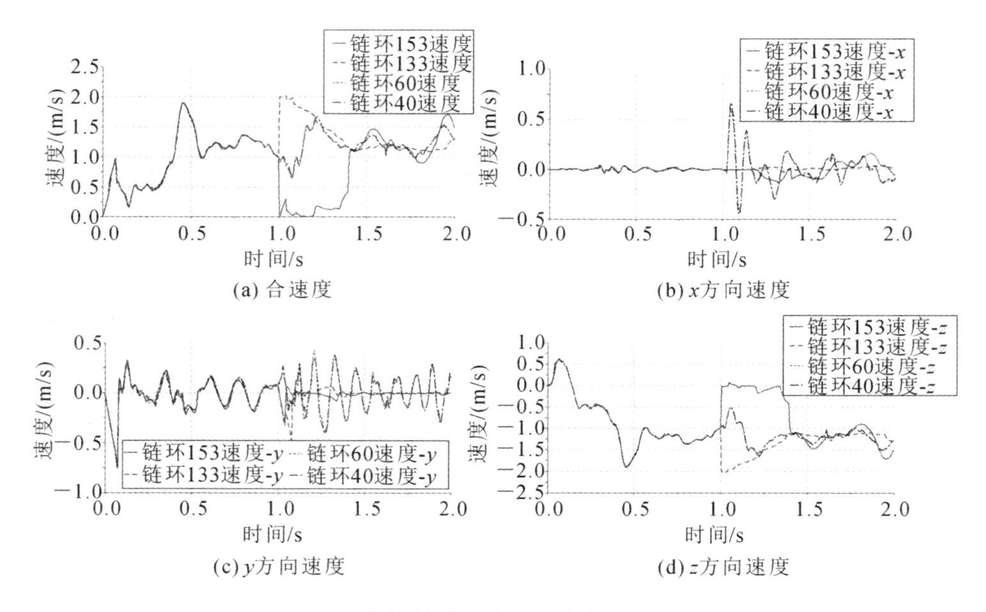

图 4-61 断链故障下链环速度变化对比曲线

基本重合，所以后续分析说明时只以链环 40 为 B 链条的研究对象。由图 4-61(a)可知，断链故障发生前，四个链环速度曲线重合，故障发生后，链环速度出现较大差异：链环 153 的速度直接降到 0，其不再运动，1.39 s 时刮板运动到链环 153 处，在刮板的推动下，1.41 s 时链环 153 的速度又与其他链环速度相同，随后链环 153 的速度完全取决于刮板的运行速度；链环 133 的速度在断链瞬间突变为原本的 2 倍，速度幅值达到 2.0304 m/s，之后缓慢降低至正常值；链环 40（链环 60）的速度在断链发生后产生一定程度的波动，波动幅度为 1.04 m/s，之后达到正常值。由图 4-61(b)可知，断链故障发生前，链环 x 方向速度均为 0，A 链条断裂后，其上链环 153 和链环 133 在 x 方向的速度不变，1.39 s 后因刮板推动，链环 153 的 x 方向速度方有轻微的变化。A 链条断裂后，B 链条上链环 40 的 x 方向速度发生较大波动，最大波动幅值达 1.12 m/s，随后波动幅值逐渐减小，这说明链环断裂会造成另一链条左右晃动。由图 4-61(c)可知，A 链条断链后，其上链环 153 和链环 133 负 y 方向速度在重力作用下迅速增加，两链环落在中部槽上后 y 方向速度稳定在 0；B 链条链环的 y 方向速度在 A 链条断裂后上下振动幅度增大，振动的频率增加。由图 4-61(d)可知，A 链条断裂后，其上链环 153 在 z 方向即运行方向的速度直接降为 0，直到 1.41 s 刮板运行到此处，链环 153 的 x 方向速度才在刮板的推动下增加；链环 133 运行方向的速度在断链后直接增加了一倍，之后缓慢降低至正常值；B 链条链环的运行方向速度在 A 链条断裂后产生小幅度的波动，之后恢复正常值。上述说明，A 链条断裂后，断裂处链环速度均发生突变，但由于 B 链条的存在，断裂处链环会在刮板推动下继续运动；另外，B 链条受 A 链条断裂的影响，其上链环会出现左右摆动的情况，上下振动幅度加剧，运行方向速度产生小幅度的波动后恢复正常。

A 链条断裂后，绘制断裂处链环加速度变化对比曲线，如图 4-62 所示。

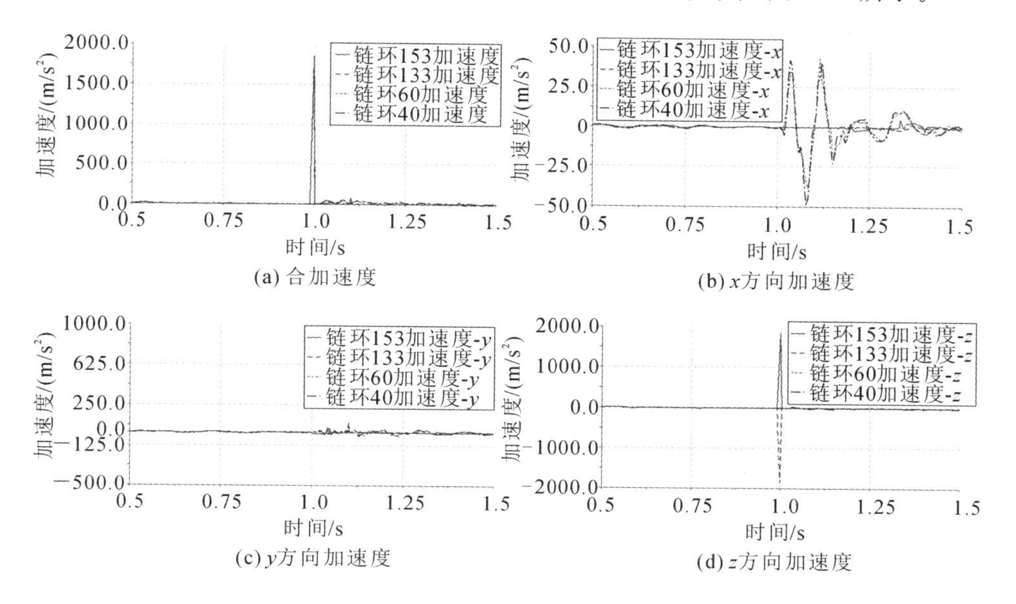

图 4-62 断链故障下链环加速度变化对比曲线

由图 4-62(a)可知，断裂故障发生前，链环加速度均为 0，A 链条断裂后，断裂处链环 153 和链环 133 加速度剧增至 1858.6 m/s^2，之后并无波动且重新恢复至 0，B 链条的链环加速度则变化较小。由图 4-62(b)可知，A 链条断裂前后其上链环 153 和链环 133 的 x 方向加速度始终为 0，B 链条上链环的 x 方向加速度在 A 链条断裂后出现波动，波动幅度为 91 m/s^2，进一步说明 B 链条出现了左右摆动的情况。由图 4-62(c)可知，断裂故障对中双链链传动系统两条单链 y 方向加速度影响均较小。由图 4-62(d)可知，A 链条的断裂并未对 B 链条运行方向加速度造成影响，A 链条上断裂处两链环运行方向加速度幅值相同，方向相反。

A 链条断裂后，与断裂点同位置的 B 链条的链环间接触力即链条受力有所变化，其变化曲线如图 4-63 所示。由图 4-63(a)可知，断链前链条平均受力为 2837.5 N，A 链条断裂后，B 链条受力在 1.1392 s 时达到最大值 18244.1415 N，约为断链前的 6.5 倍，1.3s 时降低至 6750.75 N，随后稳定在 6750 N 左右，约为断链前的 2.4 倍，超出 2 倍的原因是断链导致刮板倾斜，从而和中部槽产生多余摩擦。由图 4-63(b)可知，x 方向上 B 链条受力在断链后产生轻微波动，进一步说明断链导致 B 链条左右晃动。由图 4-63(c)可知，y 方向上 B 链条受力在断链后也产生轻微波动，说明断链导致 B 链条上下振动。由图 4-63(d)可知，z 方向上 B 链条受力即运行方向受力和合接触力变化趋势一致，也说明 A 链条断裂对 B 链条造成较大的冲击。

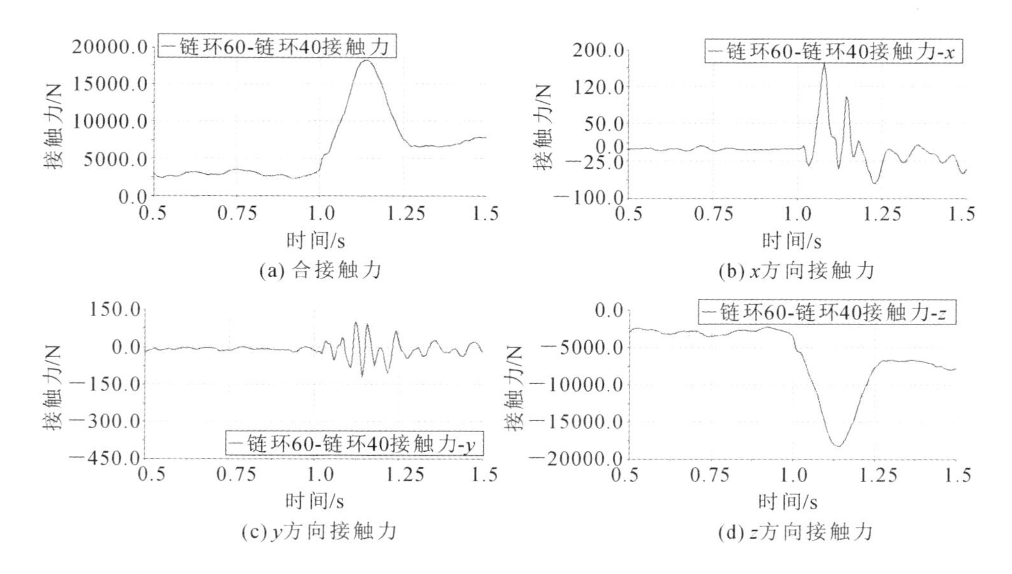

(a) 合接触力　(b) x方向接触力

(c) y方向接触力　(d) z方向接触力

图 4-63　断链故障下对位位置链环间接触力变化曲线

综上所述，A 链条断裂后，断裂处链环速度、加速度均发生突变，但由于 B 链条的存在，断裂处链环会在刮板推动下继续运动，B 链条受 A 链条断裂的影响，受到较大冲击，上下振动幅度加剧，并且会出现左右摆动的情况。

4.4　基于 ADAMS-EDEM 耦合的链传动系统仿真研究

基于多体动力学理论和离散单元法，利用多体动力学软件 ADAMS 和多用途离散元素建模软件（后简称离散元软件）EDEM 开展相关研究工作，利用两个软件构建刮板输送机耦合分析模型（动力学特性），使仿真模型更加真实地模拟刮板输送机的输煤工况，系统性地研究刮板输送机链传动系统在输煤过程中动力学特性的变化规律。

4.4.1　刮板输送机耦合分析模型构建

1. ADAMS 模型

图 4-64 所示为上述章节中所用到的仿真模型，本节将在该模型的基础上进一步实现耦合仿真。

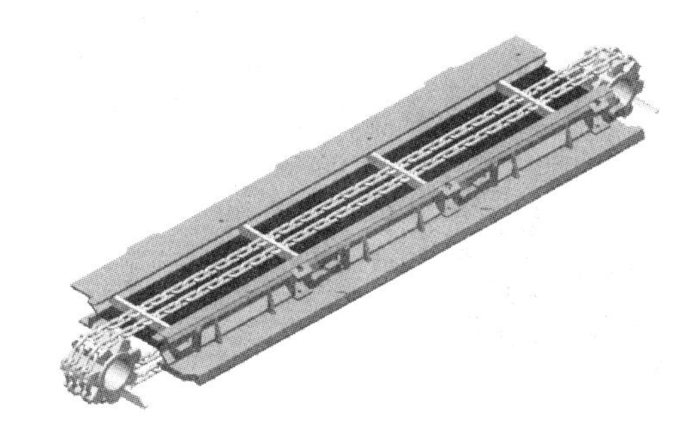

图 4-64　ADAMS 模型图

由于要与 EDEM 模型耦合进行联合仿真，需要进行 G-Force（general force vector，一般力向量）的设置，G-Force 的作用是传递 EDEM 仿真过程中颗粒对设备零部件的作用力，进而影响 ADAMS 动力学仿真。在添加 G-Force 时，必须确保 G-Force 的局部坐标系与全局坐标系保持一致，如图 4-65 所示。若两个坐标系不一致，则联合仿真过程中将会发生零件飞移现象，导致联合仿真失败。

G-Force 的添加位置设置为每个部件的质心，将 ADAMS 模型的所有零件均添加上 G-Force，G-Force 添加示意图如图 4-66 所示，图中红色标记（见二维码中彩图）即为添加的 G-Force，该模型共添加 210 个 G-Force，与零件数量相同。

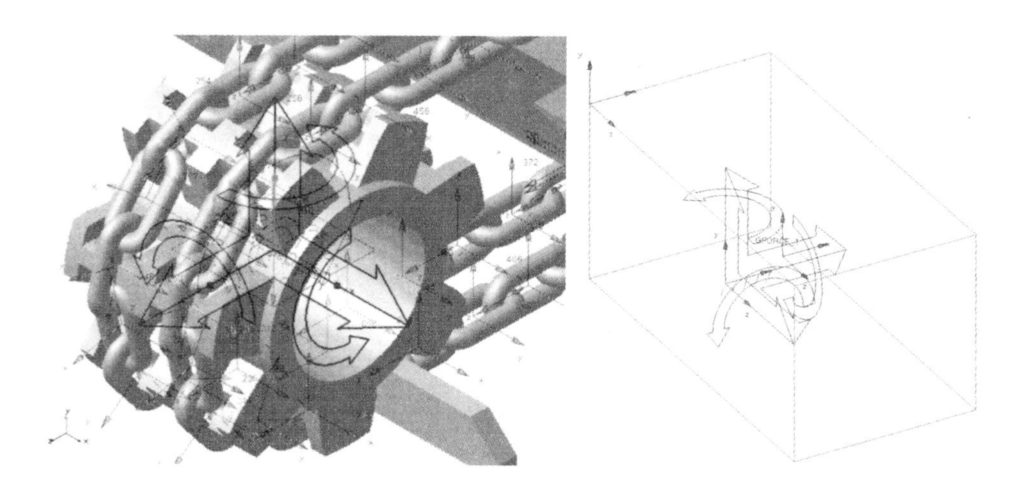

图 4-65　G-Force 局部坐标系与全局坐标系示意图

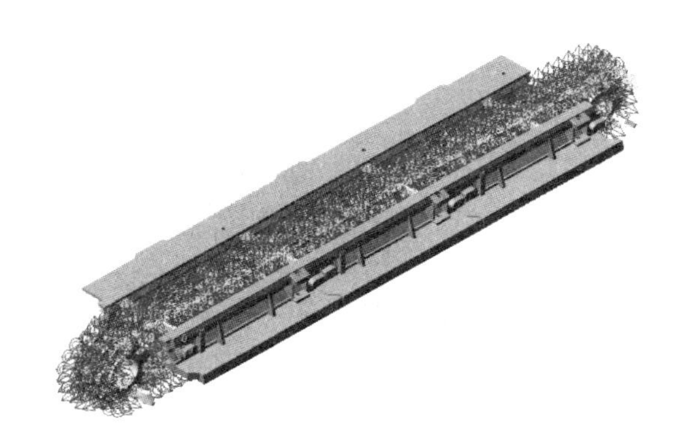

图 4-66　G-Force 添加示意图

完成 G-Force 的添加后，对 G-Force 进行参数设置，此时 G-Force 的作用是进行两个仿真过程中的力传递，因此将 Define Using 定义为 Subroutine，将 User Parameters 设为 0，在 Routine 一栏中手动输入“ACSI_ADAMS：”，将上述参数修改完毕后，完成 G-Force 的全部设置。

最后，将 ADAMS 模型以 ADAMS Solver Dataset 格式输出，输出时勾选“Export All Graphics”，取消勾选“Verify Model”，其他参数保持默认设置。

2. EDEM 模型

将 SolidWorks 中建好的三维模型导入离散元软件 EDEM 中，对每一个部件的部件名进行修改，此处应注意，EDEM 中的部件名与 ADAMS 中的部件名既应一一对应，又要有所区别，例如链环1，在ADAMS中命名为a1，在EDEM中命名为A1，便于在设置耦合文件时实现同一部件之间的一一对应关系。完成更名后，进行基础参数的设置。

1）添加颗粒工厂

离散元软件中的颗粒均是在颗粒工厂中产生的，因此我们需要在模型中手动添加一个颗粒工厂。在“Geometries”栏中新增部件“New Section 210”，该部件为一四边形，将部件类型改为虚拟实体，在该部件上设置颗粒工厂，并设置颗粒工厂的运动速度与运动方式。颗粒工厂需要设置的参数主要是颗粒工厂距离模型的高度、颗粒产生时间、颗粒生成速度和颗粒的初始位置等。结合仿真的实际需求，将生成颗粒总数设为无限制，颗粒工厂的运动速度和运动方式设置为0.6 m/s水平直线运动，其他参数则根据每次仿真的工况进行设置，此处不详细阐述。完成颗粒工厂添加后的EDEM模型图如图4-67所示，图中绿色矩形（见二维码中彩图）即为添加的颗粒工厂。

2）材料设置

为增加仿真分析的真实性，同时兼顾仿真速度，煤炭颗粒选用四颗粒金字塔构型，颗粒结构示意图如图4-68所示。实际生产中，颗粒尺寸大小为变量，并非恒定不变，因此将颗粒的尺寸分布设置为“random”即随机分布，将颗粒的尺寸分布范围设为0.5～1.5倍预设颗粒直径。

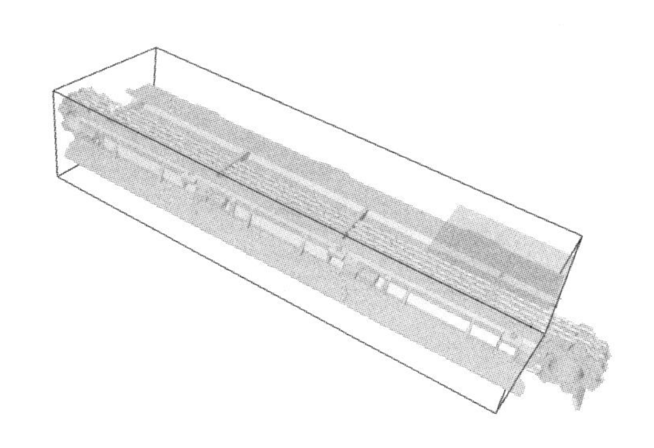

图4-67 EDEM模型图

图4-68 颗粒结构示意图

设置设备材料为steel，此时应注意，材料属性应与ADAMS中设备的材料属性相同，EDEM设备材料参数如表4-12所示。

表 4-12　EDEM 设备材料参数

项目名称	数值
泊松比	0.29
密度/(kg/m^3)	7801
剪切模量/Pa	8.023×10^{10}
杨氏模量/Pa	2.07×10^{11}
功函数/eV	0

3）碰撞参数设置

完成材料设置后，需要对颗粒与颗粒、颗粒与设备材料之间的碰撞参数进行设置，具体参数如表 4-13、表 4-14 所示。

表 4-13　颗粒-颗粒碰撞参数

项目名称	数值
恢复系数	0.5
静摩擦系数	0.6
动摩擦系数	0.05

表 4-14　颗粒-设备材料碰撞参数

项目名称	数值
恢复系数	0.5
静摩擦系数	0.4
动摩擦系数	0.05

4）接触模型设置

在仿真设置时，需要对颗粒与颗粒、设备材料之间的接触物理交互模型进行设置。在 EDEM 中接触模型分为三类：基础模型、滚动摩擦模型和附加模型。

基础模型定义了粒子材料之间或者粒子材料与设备材料之间的物理碰撞，

包含弹簧力和法向、切向的阻尼力。滚动摩擦模型需要同时考虑到颗粒运输过程中的旋转阻力和旋转过程中的能量损失问题，大多数模型均包含滚动摩擦成分，用来解释材料的滚动阻力。附加模型主要包含黏结、热传导、磨损、内聚和静电等因素对仿真过程的影响。

考虑到刮板输送机运输煤炭的实际环境，颗粒与颗粒之间选用 Hertz-Mindlin with JKR(Johnson-Kendall-Roberts)模型作为接触模型，该模型是一种内聚接触模型，适用于矿石、泥土等含湿物料，颗粒间可能出现黏结和团聚现象。

Hertz-Mindlin 模型具有计算准确且高效的优点。在该模型中，基于 Hertz 接触理论对法向力进行求解，基于 Mindlin-Deresiewicz 理论对切向力进行求解，法向力和切向力均具有阻尼分量，其中阻尼系数与恢复系数相关，切向摩擦力遵循摩擦力模型的库仑定律，滚动摩擦采用与接触方向无关的恒值转矩模型来实现。

3. 建立耦合关系

分别在多体动力学软件 ADAMS 和离散元软件 EDEM 中完成基础模型设置后，利用联合仿真软件 Co-Simulation 构建两软件间的联合仿真关系，并对联合仿真过程进行控制。建立两个软件间的耦合关系时，需要配置耦合文件，进而利用联合仿真软件读取耦合文件。耦合文件主要包含 adm、acf 和 cosim 三种文件，具体设置如下所示。

1）adm 文件

对 ADAMS 中导出后的 adm 文件添加如下环境变量，增加耦合文件读取信息。

```
!
ENVIRONMENT/
NAME=MSC_COSIM_CONFIG_FILE
VALUE="conveyor.cosim"
```

其中，变量 VALUE 赋的值为控制仿真的 cosim 文件名。

2）acf 文件

acf 文件为联合仿真中控制 ADAMS 运行时长和步长的文件，根据 adm 文件名、ADAMS模型的名称和设置的仿真时间与仿真步长，添加如下程序。

```
conveyor.adm
MODEL_1
SIMULATE/DYNAMIC, END=6, STEPS=1200
stop
```

3）cosim 文件

cosim 文件为耦合过程控制文件，主要分为三部分：执行命令、ADAMS 控制程序和 EDEM 控制程序。首先进行执行命令的设置，根据实际情况，对 Co-Simulation程序的位置 execution_command 与工作路径 working_directory 进行设置；其次，对耦合模块进行设置，根据该零件在 ADAMS 与 EDEM 中的名称和所设置的 G-Force 的 ID 号，对每一个零件均设置一个 ADAMS 耦合模块与一个 EDEM 耦合模块。例如：链环 a1 的 ADAMS 耦合模块与 EDEM 耦合模块程序如下所示。

```
ADAMS 耦合模块程序：
# ------------------------------------------------------------
# a1
# ------------------------------------------------------------
  Interaction {
  name = ADAMS_a1
  connection = EDEM_A1
gforce_id =  1
  }
EDEM 耦合模块程序：
# ------------------------------------------------------------
# A1
# ------------------------------------------------------------
  interaction {
  name = EDEM_A1
  connection = ADAMS_a1
geometry_name =  A1
  }
```

共设置 210 个 ADAMS 耦合模块与 210 个 EDEM 耦合模块，由于耦合模块数量众多不做一一展示，最后利用 Co-Simulation 读取 cosim 文件，进行联合仿真。

4.4.2 正常工况下链传动系统输煤特性分析

1. 仿真分析方案设计

通过在离散元软件 EDEM 中改变颗粒工厂颗粒的生成速度，设置不同的负载情况，模拟负载时变、波动和累计过程，综合考虑实际煤炭生产中刮板输送机多在空载、轻载或满载工况下运行，结合刮板输送机的输送量，设置颗粒的生成速度，如表 4-15 所示。

表 4-15 颗粒生成速度统计表

仿真分析项目	颗粒生成速度/(kg/s)
仿真 1	0
仿真 2	60
仿真 3	85
仿真 4	110
仿真 5	135

下面通过研究选定链环的振动速度来分析刮板输送机链传动系统在不同工况下的动力学特性，选定的链环示意图如图 4-69 所示。选取靠近从动链轮侧的一段刮板链上的链环作为研究对象，在两条刮板链中，将红色链环所在刮板链定义为 a 链，绿色链环所在刮板链定义为 b 链。选取的各链环进行如下命名：红色链环为链环 a1，蓝色链环为链环 a6，橙色链环为链环 a11，绿色链环为链环 b1。

为方便研究，对链环振动的方向进行如下定义：平行于中部槽底板、垂直于重力方向与刮板链运行方向所在平面的方向为 x 方向；重力方向为 y 方向；刮板链运行方向为 z 方向。对链环振动方向的名称进行如下定义：链环在 x 方向的振动定义为横向振动，在 y 方向的振动定义为纵向振动。

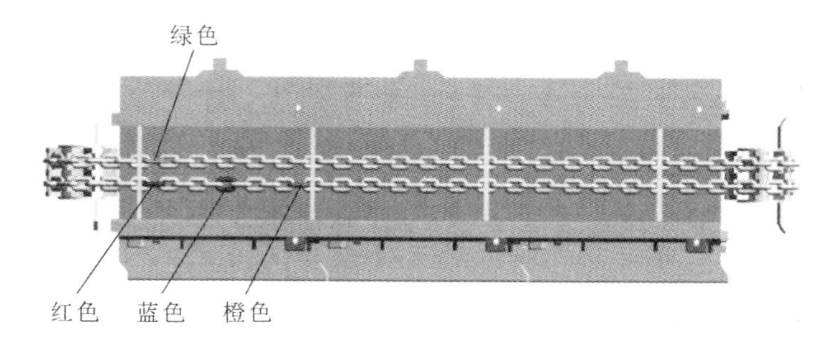

图 4-69　选定的链环示意图

为兼顾仿真速度与仿真精度，经过多次预仿真尝试，最终将仿真步长确定为 2.5×10^{-5} s。在预仿真的过程中发现，如果仿真步长设置太大将会出现颗粒消失的问题，对仿真结果产生不利影响，仿真步长过小将会使仿真时间大幅延长。

考虑到链环的速度变化既可以反映其所在刮板链的动力学特性，又可以体现链条的运行状态，因此选用链环的振动速度作为研究量：通过对比紧边链链环在相同的颗粒生成速度（同一负载条件）下的横向振动和纵向振动速度，分析得到链传动系统在输煤过程中的主要振动方向；通过对比同一链环横向振动与纵向振动在颗粒生成速度增大后的变化情况，研究实际输煤过程中负载波动特性对链环横向、纵向振动情况的影响规律，进而分析煤炭颗粒量对刮板链的作用规律；通过对比在不同落煤量条件下，主、从动链轮转速的波动情况，得到落煤量与主、从动链轮转速差的对应关系；通过研究煤炭颗粒在输送过程中的速度变化和速度分布情况，得到煤炭颗粒运行过程中运行速度的变化规律和分布规律。

由于该组仿真主要针对链传动系统的紧边链，为提高仿真计算速度，减少链环、刮板与中部槽的接触，因此该模型中省略了中部槽底板。在仿真过程中发现，中部槽下方松边链由于没有底板约束发生下垂现象，该现象不会影响链轮与刮板链啮合的过程，对模型模拟的输煤过程没有影响，因此对刮板链中紧边链的动力学特性也没有影响。在 ADAMS 的后处理窗口中，将所研究链环在 x、y、z 三个方向的振动速度、链轮转速、所添加的 G-Force 受力以及链环间接触力等信息导出，利用数据处理软件 Origin 进行数据处理以及图像绘制。

2. 输煤过程链传动系统主要振动方向分析

提取各有载工况中链环 a1 的横向、纵向振动速度曲线：首先利用 Origin 中的小波降噪对原速度曲线进行降噪，消除原曲线上的毛刺，增大速度曲线的平滑度；然后选取横向振动速度数据和纵向振动速度数据，绘制链环振动速度对比图（3D 曲面图），利用 3D 曲面图可以直观形象地观察到链环振动的剧烈程度，有利于对其进行深入分析研究，进而得到刮板输送机链传动系统在输煤过程中最主要的振动方向。

以空载，落煤速度为 60 kg/s、85 kg/s、110 kg/s 和 135 kg/s 五种工况为例，绘制经过降噪处理的柔性体链环 a1 的横向、纵向振动速度对比图，如图4-70所示。

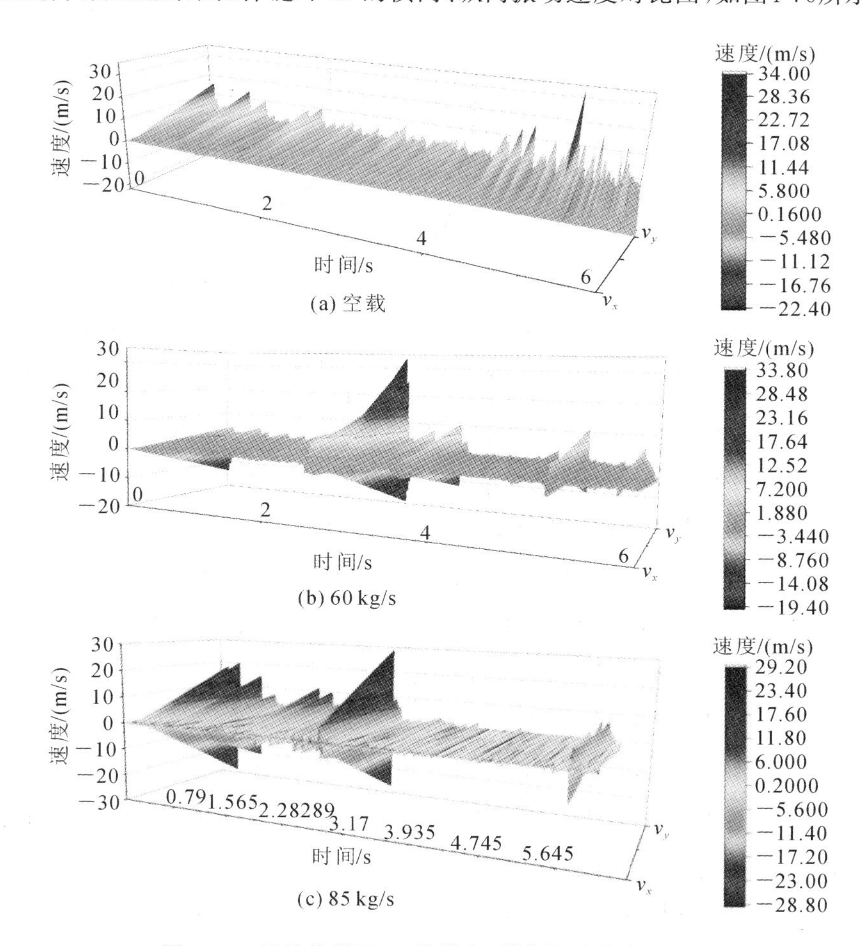

图 4-70 柔性体链环 a1 的横向、纵向振动速度对比图

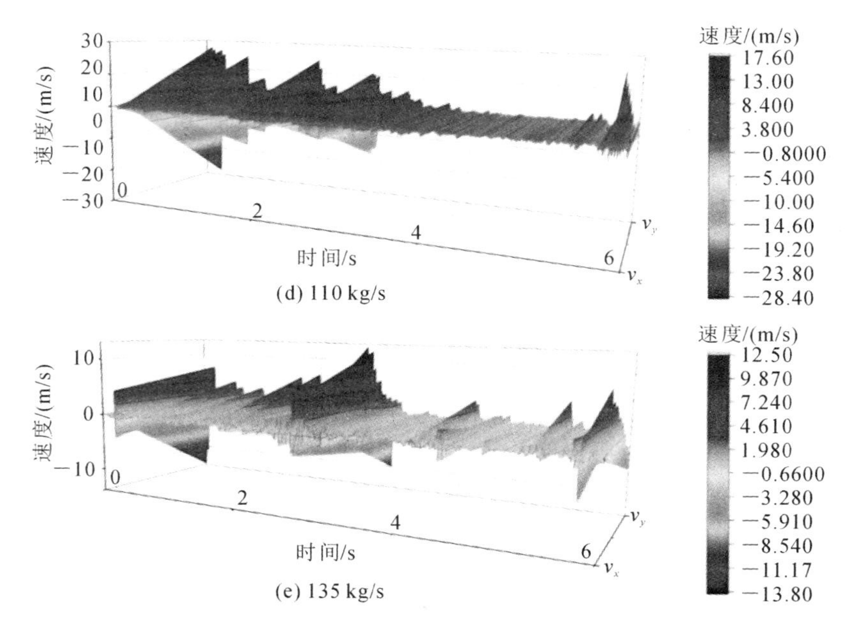

(d) 110 kg/s

(e) 135 kg/s

续图 4-70

分析不同负载条件下链环 a1 的横向、纵向振动速度对比图，可以明显看出，在仿真刚开始时，由于模型装配时不同构件之间存在间隙，链环与链轮之间需要进行啮合，因此横向与纵向均发生了一个较为剧烈的速度变化。从图中可以看出，在不同的落煤速度下，链环 a1 均呈现出纵向振动速度明显大于横向振动速度的现象，该现象是由于中部槽在 x 方向限制了刮板的运动，而刮板链处于受力拉紧状态，进而限制了刮板链在 x 方向的振动。

通过将振动速度对比图与仿真过程对应发现，链环 a1 在 2.3 s 左右与颗粒工厂产生的煤炭颗粒相接触，从 3D 曲面图中可以看出，在煤炭颗粒与链环接触过程中，无论是横向振动还是纵向振动，其振动的剧烈程度均发生了不同程度的增大，说明在煤炭装载时链环发生了来回震颤现象，此刻链环纵向振动速度出现了明显的增大，该现象与煤炭颗粒撞击刮板链以及刮板输送机模型尺寸较小有关系，当模型尺寸较小时，煤炭颗粒冲击带来的振动反馈会明显增强，导致刮板链在纵向发生剧烈的振动。

相较于空载工况，在四组有载工况中，链环的横向、纵向振动速度发生了不同程度的增大，说明在有载工况中链环振动得更为剧烈；同时，在 2.3 s 完成煤炭颗粒的加载之后，链环的横向、纵向振动速度均减小，说明煤炭颗粒冲击到刮板链上加剧了链传动系统的不稳定性；仿真在进行到接近 6 s 时，链环离开中部槽，缺少了中部槽对其的约束作用，发生了一个较为剧烈的振动，这主要是因为仿真中用到的模型为简化模型，缺少机头架和机尾架的约束。在振动速度对比图中发现，部分仿真会有偶发性的振动速度突变的现象，将振动速度突变时间点与仿真过程结合，发现产生该现象的原因是：在输送煤炭颗粒过程中，煤炭颗粒对链环的作用力导致链环发生扭转，进而使刮板链链环振动速度发生突变。

去除煤炭装载过程和最后链环离开中部槽运动的过程，分别提取 3～5.5 s 链环在中部槽中稳定运行时五种工况下链环振动速度的数据，将几种落煤速度下链环横向速度和纵向速度分别进行对比，得到横向、纵向振动速度与输煤量的关系，如图 4-71 所示。

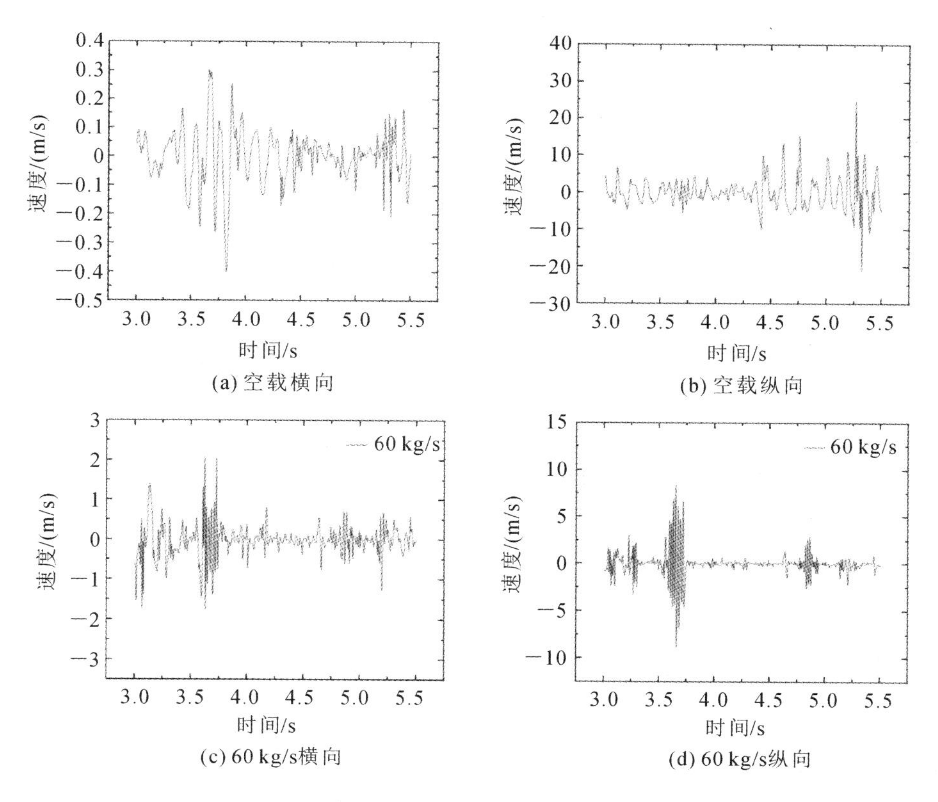

(a) 空载横向　(b) 空载纵向

(c) 60 kg/s横向　(d) 60 kg/s纵向

图 4-71　各工况下横向、纵向振动速度对比图

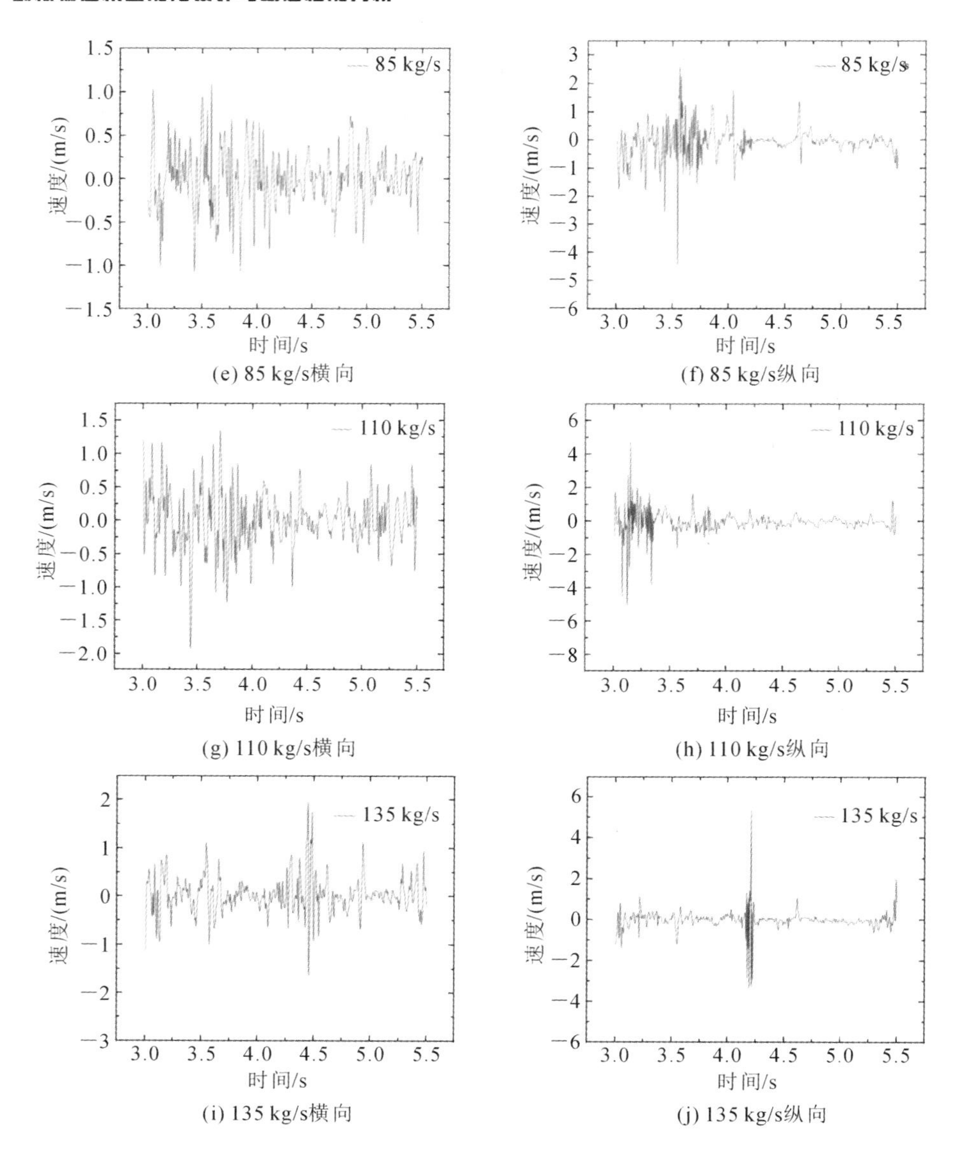

(e) 85 kg/s横向　(f) 85 kg/s纵向

(g) 110 kg/s横向　(h) 110 kg/s纵向

(i) 135 kg/s横向　(j) 135 kg/s纵向

续图 4-71

利用落煤速度 60 kg/s、85 kg/s、110 kg/s 和 135 kg/s 四种工况代表有载工况，从图 4-71 中可以看出，空载工况下横向振动速度在 −0.4～0.3 m/s 之间波动，去除个别速度偏差较大的点，纵向振动速度在 −10～10 m/s 之间波动。空载工况中，刮板链纵向振动速度偏大可能是由于模型装配时刮板与中部槽之间间隙过大，因此中部槽对刮板的限制不够，进而导致链环的纵向振动相对较为剧烈，也可能与模型未进行柔性化处理有关。图 4-71(a)中有两个采集点的数据较其他数据偏差较大，这两个采集点的数据不具备普遍性，无法代表链环振动的剧烈程度，可能与仿真过程中数据计算误差有关系，因此在数据分析过程中将这两个振动速度突变点舍弃，图 4-71(j)中也存在一个偏差较大的振动速度突变点，同样舍弃该数据。

与空载工况相比，有载工况中横向振动速度出现了不同程度的增大，而纵向振动速度则表现出了明显的减小。提取空载工况与各有载工况振动的速度最大值与最小值，如表 4-16 所示，表中：振幅＝振动速度最大值－振动速度最小值。横向、纵向振动速度振幅变化图如图 4-72 所示。

表 4-16　各工况振动速度极值汇总表

落煤速度/(m/s)	横向振动速度最大值/(m/s)	横向振动速度最小值/(m/s)	横向振幅/(m/s)	纵向振动速度最大值/(m/s)	纵向振动速度最小值/(m/s)	纵向振幅/(m/s)
空载	0.30721	−0.40874	0.71595	14.86785	−9.76133	24.62918
60 kg/s	2.80488	−2.96056	5.76544	7.91505	−8.4764	16.39145
85 kg/s	1.71069	−1.56621	3.2769	3.2734	−4.89024	8.16364
110 kg/s	2.28891	−2.10383	4.39274	4.72665	−4.94514	9.67179
135 kg/s	2.29809	−2.39084	4.68893	1.95022	−3.71054	5.66076

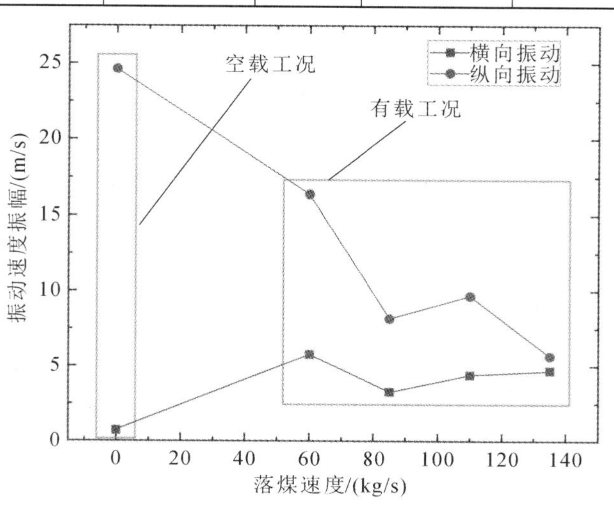

图 4-72　横向、纵向振动速度振幅变化图

对比空载工况，四种有载工况的横向振动速度振幅分别增大为空载时的705.3%、357.7%、513.6%和554.9%，纵向振动速度振幅分别减小为空载时的66.6%、33.2%、39.3%和22.98%。该现象说明有载工况中加载的煤炭颗粒对于链环的横向振动具有激励作用，刮板输送机输送的煤料将会加剧刮板链的横向振动，增大系统的不稳定性；相反，加载的煤炭颗粒对于链环的纵向振动具有较为明显的抑制作用，将会减弱刮板链在纵向上的振动。

通过分析，笔者推测产生这种现象的原因可能是：随着刮板输送机上煤堆质量增大，煤炭颗粒增多，煤炭颗粒在 z 方向上与刮板链发生接触的长度 a 变大，如图 4-73 所示，导致煤炭颗粒与刮板链碰撞的概率增大，同时煤炭颗粒与刮板链间的作用力增大，导致在煤炭输送过程中煤炭颗粒对刮板链的冲击增大，进而加剧横向振动，从而表现出煤炭颗粒对横向振动的激励作用。如图 4-74 所示，刮板输送机上煤堆质量的增加，在纵向上表现为煤炭颗粒堆积的厚度 b 增大。由于煤堆自身重力作用于链条，限制了链环纵向的振动，在一定程度上使刮板链纵向振动变弱，进而得到煤炭颗粒对刮板链纵向振动表现出抑制作用。

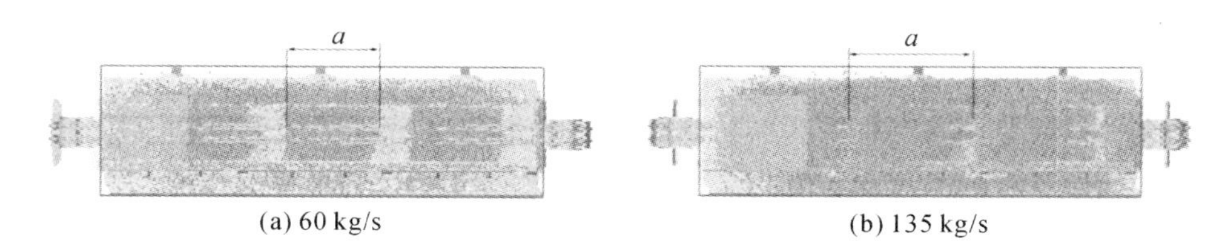

(a) 60 kg/s　　(b) 135 kg/s

图 4-73　z 方向接触长度对比图

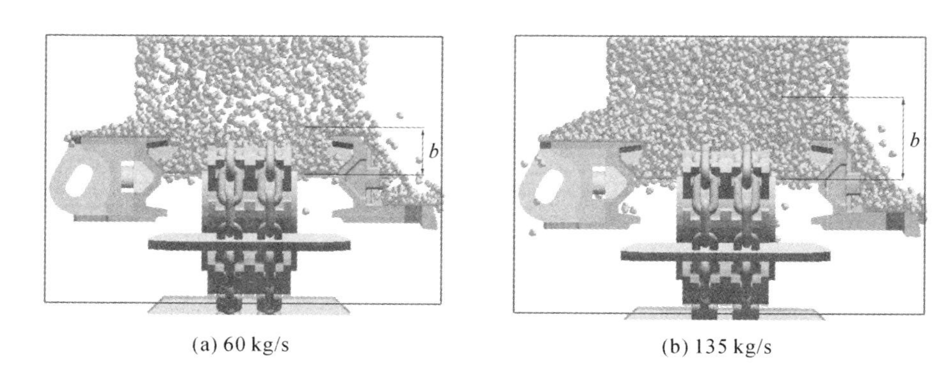

(a) 60 kg/s　　(b) 135 kg/s

图 4-74　y 方向颗粒堆积厚度对比图

3. 从动链轮转速波动分析

该耦合分析模型的机头链轮为主动链轮，机尾链轮为从动链轮，机头链轮设置定转速驱动，在驱动链轮上设置驱动副，驱动副运动类型定义为 revolute，方向定义为旋转，定义使用类型为函数，使用阶跃函数 STEP 定义运动。根据研究方案，将函数定义为 STEP(time, 0, 0, 0.5, 180d)。选用 STEP 函数的目的为实现链轮转速缓慢递增，从而避免仿真过程中主动链轮增速过快产生的动载荷对链传动系统的影响。

在 0～0.5 s 过程中，驱动链轮匀加速到规定转速 180(°)/s，在 0.5～6 s，驱动链轮保持恒定转速 180(°)/s。为使该模型最大程度还原真实刮板输送机运行工况，可在从动链轮上设置阻力矩，阻力矩设为定值，大小为 2000 N，转动方向类型为在一个物体上空间固定，方向与阻力矩转动方向相反。

分别提取不同落煤速度下从动链轮的转动速度，如图 4-75 所示。从图中可以看出，在仿真开始时，在从动链轮上设置的阻力矩数值较大，且为一个固定的数值，此时主动链轮设置的转动速度较低，刮板链传递给从动链轮的力较小，从动链轮在从动链轮阻力矩的作用下出现了不同程度的反转现象，此现象符合仿真实际设置。另外，从图中可以看出在 0～0.5 s 过程中从动链轮转速存在较大的波动，这主要与两个因素有关：一是主动链轮此时处于匀加速阶段，与链轮转速变化有关；二是仿真模型省略了底板，底部的链条为松链状态，其下垂的作用力也会对从动链轮的转速造成一定的影响，但该影响不大，可以忽略。

由于仿真初期的数据误差过大且不具备代表性，因此舍弃仿真初始阶段 0～0.5 s 转速不平稳的仿真数据，提取 0.5～6 s 主动链轮平稳转动时，从动链轮转动速度的数据。通过计算驱动链轮转速的标准差，利用标准差来反映转速的离散程度，描述从动链轮转动速度数据和其均值的偏离程度；通过求从动链轮的转速平均值以及与驱动链轮的转速差，将驱动链轮与从动链轮的转速差和标准差作为分析不同负载情况对从动链轮转动速度影响的参考量，所有数值均取绝对值，如表 4-17 所示。

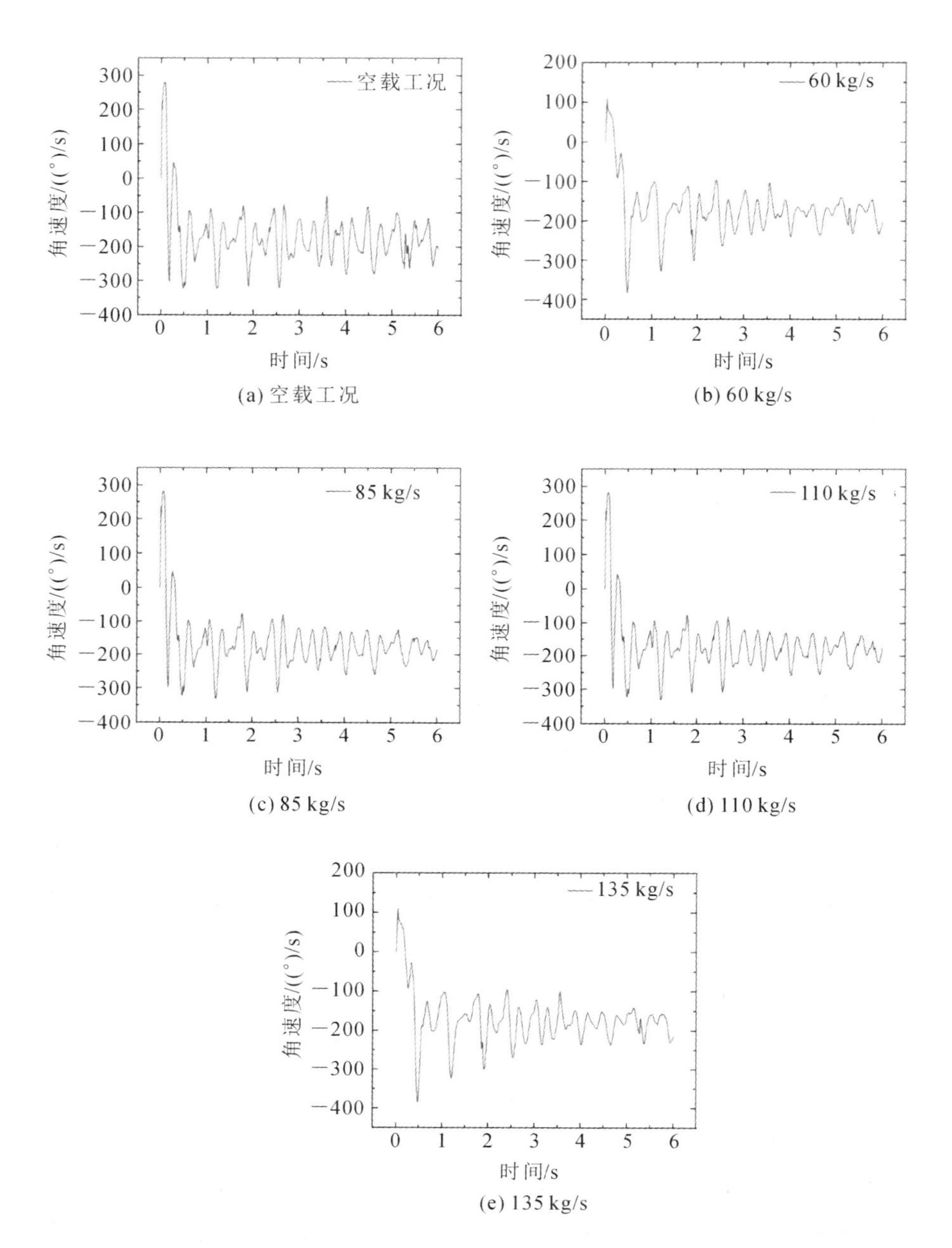

(a) 空载工况 (b) 60 kg/s (c) 85 kg/s (d) 110 kg/s (e) 135 kg/s

图 4-75 各工况下从动链轮转速示意图

表 4-17 各工况转动速度极值汇总表

落煤速度 /(kg/s)	驱动链轮转速 /((°)/s)	从动链轮转速 /((°)/s)	转速差 /((°)/s)	标准差 /((°)/s)
空载	180	181.48385	1.48385	53.74873
60	180	179.22065	0.77935	46.75371
85	180	179.19321	0.80679	47.61193
110	180	179.53404	0.46596	45.42905
135	180	180.38944	0.38944	40.49639

从数据中可以看出，随着刮板输送机上负载的增大，刮板输送机驱动链轮与从动链轮的转速差值总体呈现出减小的趋势，标准差同样呈现该趋势。产生转速差的最主要原因是该仿真模型的从动链轮处未设置驱动，从动链轮处于被动转动的状态，同时仿真模型底部链条在仿真中出现下垂现象，对链轮转速产生一定的影响，进而导致驱动链轮与从动链轮转速之间产生细微差距。因此，重型刮板输送机的各链轮均应安装电动机，并安装转速协调控制系统，确保机头链轮与机尾链轮转动速度保持一致，进而提高输煤效率。

将驱动链轮与从动链轮的转速差进行线性拟合，转速差线性拟合曲线如图 4-76 所示，拟合后的衡量拟合优度的多重判定系数 R^2 的值为 0.94439，该数值越接近 1，说明该回归曲线对观测值拟合得越好，由此可见驱动链轮与从动链轮

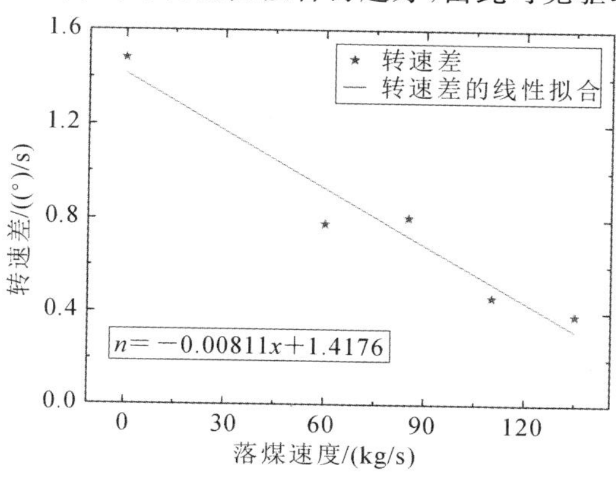

图 4-76 转速差线性拟合曲线

的转速差 n 和刮板输送机上的落煤速度 x 呈现出一个较强的线性关系：$n=-0.00811x+1.4176$。另外，从表4-17中可以看出，驱动链轮与从动链轮转速差和标准差随着落煤速度的增大而减小，这说明从动链轮转速波动随着落煤速度的增大而减小，从动链轮转速逐渐趋向于稳定。

4. 煤炭颗粒运动速度分布分析

刮板输送机在运行过程中出现的链传动系统的速度波动现象、链环横纵向振动，均是由于传动过程中的多边形效应。刮板链是由多个刚性链环所组成的挠性体，在链传动的过程中，平链环的水平对称面与链轮分度圆相切和相割的状态交替出现，每完成一次啮合过程，就会交替出现一次相切和相割过程，从而引起刮板链紧边链条发生纵向位移波动，进而引发链条振动。当刮板链链环进入驱动链轮时，链环随着链轮齿转动的过程中，转速将会在水平方向发生先增大后减小的周期性变化，与此同时链环将会在纵向上下振动。这种链条上下振动且接触部分为多边形，由多边形的存在而引起的链传动运动的不均匀性现象称为多边形效应。

利用EDEM后处理功能，将颗粒（煤炭颗粒）的运动速度设为五个等级，分别与五个颜色对应，颗粒速度与颜色对应表如表4-18所示。颗粒运动速度变化示意图如图4-77所示，图中颗粒颜色代表此刻颗粒对应的运动速度，所截取的图像为落煤速度135 kg/s工况中3.3～3.55 s的仿真过程图。从图4-77中可以看出，颗粒在刮板运行方向的运动速度随时间发生周期性变化，同时，在纵向上的运动速度分布也是不同的。

表4-18　颗粒速度与颜色对应表

速度等级	对应颗粒颜色
最大速度	红色
高速	黄色
中速	绿色
低速	蓝色
最小速度	暗灰色

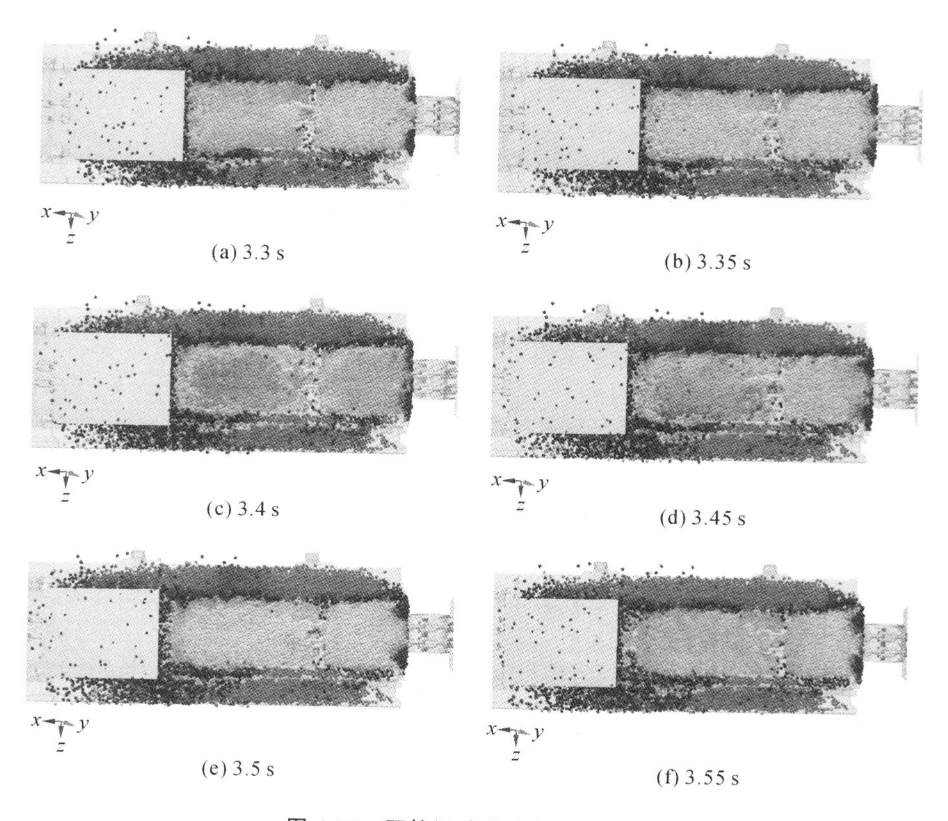

图 4-77　颗粒运动速度变化示意图

利用 EDEM 后处理功能，在 Setup Selections 选项中新增速度传感器 Velocity Profile Sensor Grid Bin Group，测量颗粒的运动速度，速度传感器设置区域如图 4-78 所示。颗粒数量较多且不同有载工况中颗粒在纵向上的厚度并不相同，因此无法准确测量颗粒在纵向上的速度分布情况，此处仅分析颗粒运动过程中在链条运行方向和横向的颗粒运行速度分布情况。

速度传感器的设置范围：以模型的中心轴线为中心，尺寸为 0.6 m×0.5 m ×4.6 m($x\times y\times z$)。区域划分情况：三个方向上的分区数量分别为 5×1×2($x\times y\times z$)，在观测的区域上划分 5×2 ($x\times z$)共十个测量区域，分别以区域 1-1、1-2、…、1-5 和区域 2-1、2-2、…、2-5 命名。

利用 EDEM 后处理功能中的速度传感器，以 0.05 s 为采样间隔，分别提取 3.76～6 s 中上述十个测量区域内颗粒的运动速度，提取数据保留小数点后两

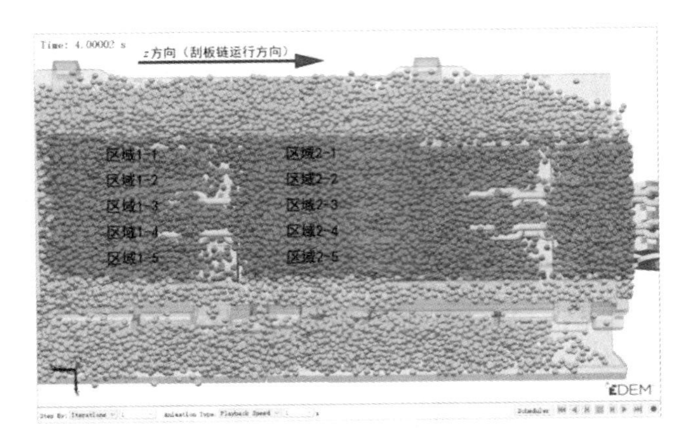

图 4-78　速度传感器设置区域

位，图 4-79 为不同区域颗粒 z 向运动速度对比图。

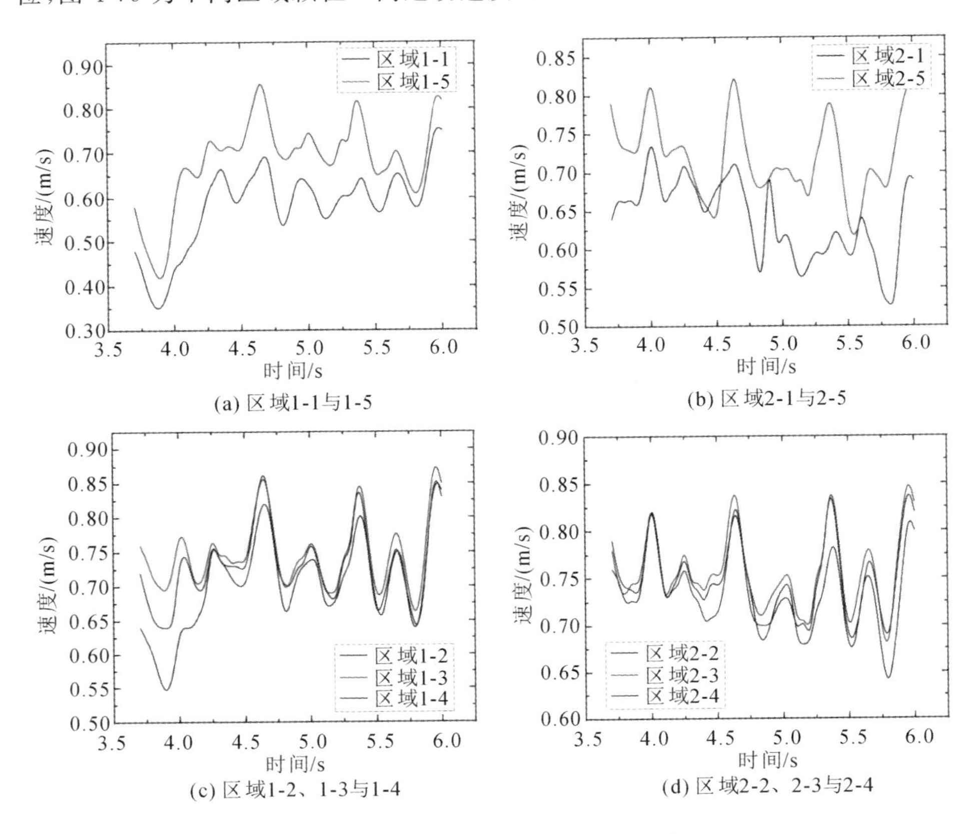

图 4-79　不同区域颗粒 z 向运动速度对比图

通过对数据进行比较，发现：区域1-1与区域1-5、区域2-1与区域2-5四个靠近中部槽槽帮区域的颗粒运动速度变化无明显规律；而区域1-2、1-3与1-4和区域2-2、2-3与2-4的颗粒在链条运行方向的运动速度呈现出明显的周期性，该周期大致为0.3 s，而从动链轮转速波动周期大致为0.25 s。与刮板链速度相比，颗粒运动速度波动情况存在一定的滞后性，这是由于颗粒是在刮板推动作用下运动的，因此其运动速度存在滞后性。研究结果表明颗粒运动速度的周期性波动与从动链轮转速的波动密切相关。中部槽两侧区域颗粒的运动速度多变的原因主要是此处颗粒与中部槽之间的摩擦力较大，对颗粒运动的阻力大；中部槽中部颗粒运行速度较为稳定的原因是中部三个区域靠近两条刮板链，刮板链对颗粒运动提供的推进力较大，同时该部分颗粒不与中部槽槽帮区域接触，运行阻力较小。

4.4.3　冲击工况下链传动系统输煤特性分析

刮板输送机作为煤炭综采工作面唯一的输煤设备，在井下复杂的工作环境中常遇到一些较为特殊的工况，例如卡链、断链或者大块煤掉落冲击刮板输送机等。同时由于煤炭装载过程具有很大的随机性和偶然性，现实煤炭生产中中双链刮板输送机刮板链两侧装载的物料分布往往是不均匀的。在这种情况下，当刮板链承受较大冲击载荷时，可能会发生断链等危险情况。为尽可能避免这种情况，刮板输送机在设计过程中通常选用较大的安全系数来保障设备安全稳定运行，但这种情况造成了一定的资源浪费。在刮板输送机的传统设计过程中往往利用经验公式进行数值计算，在部分部件计算过程中选用简化假设手段，使设备的可靠性降低。对于卡链、断链和冲击载荷等特殊工况，设计过程缺少相关动力学特性的原始数据，而这部分数据极难通过采煤现场采集获取，有些数据甚至无法通过采集设备采集，这些情况给刮板输送机的发展带来了阻碍。

因此，通过仿真研究获取大块煤冲击工况中刮板输送机链传动系统的动力学特性和链环受力情况就变得尤为重要。本节通过对构建的刮板输送机耦合分析模型进行修改，构建刮板输送机大块煤冲击耦合分析模型，利用该模型模拟大块煤掉落的冲击工况，对该工况中链环的受力、链环间接触力的变化以及链环接触区域应力场分布情况展开系统性的研究分析，为中双链刮板输送机链传动系统结构优化和设计提供数据支撑。

1. 大块煤冲击耦合分析模型构建

前文构建的刮板输送机耦合分析模型适用于正常输煤工况下，研究负载的波动、时变和累计特性对于刮板输送机链传动系统动力学特性的影响。但该模型无法模拟大块煤掉落冲击刮板输送机的过程，因此需要对前文所构建的耦合分析模型进行适当修改，使该模型可以模拟大块煤掉落过程，从而研究当冲击载荷作用到刮板、刮板链或者中部槽上时，对链传动系统动力学特性的影响情况。模型修改如下所示：

(1) 增加大块煤颗粒 New Particle 2，考虑到实际生产中煤块形状的不规则性，该颗粒仍然选用四颗粒金字塔构型；

(2) 增加新的虚拟四边形 New Section 211，使其作为新增颗粒工厂的载体，该四边形的尺寸为 0.3 m×0.3 m；

(3) 增加生成大块煤的新颗粒工厂 New Factory 2。

本组仿真分析模拟的工况：刮板输送机正常输煤过程中，大块煤从高处掉落，砸到刮板输送机上，掉落高度为 5 m，因此新设置的颗粒工厂高度定义为离刮板输送机紧边链 5 m，同时为确保生成的大块煤掉落后冲击刮板链，而不是掉落到中部槽槽帮或者中部槽其他位置，在模型构建过程中进行几组预仿真，以确定颗粒工厂的位置，最后将位置确定为(−0.15，5，4.5)。修改后，大块煤冲击耦合分析模型及仿真过程示意图如图 4-80 所示，颗粒工厂与大块煤的位置如图中标注所示。本组仿真时间设置为 5 s，步长设置为 2.5×10^{-5} s。

2. 煤块冲击工况链环受力分析

当大块煤从高处掉落砸到刮板链上时，煤块将会在极短的时间内产生较大的动能变化，该动能变化量与该过程中链环所受力的冲量相等。本组仿真共设置三组不同质量的煤块代表不同大小的载荷冲击链环，研究刮板链受不同载荷冲击时被冲击链环的受力情况、冲击侧链环间接触力与未冲击侧链环间接触力差异情况，为进一步的研究提供数据支撑。煤块冲击工况汇总表如表 4-19 所示。

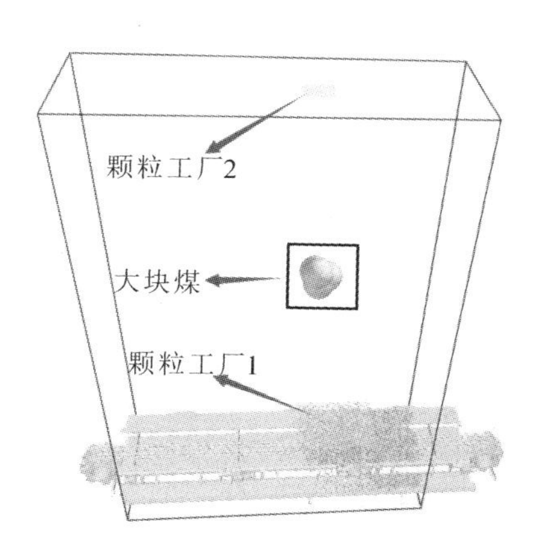

图 4-80 大块煤冲击耦合分析模型及仿真过程示意图

表 4-19 煤块冲击工况汇总表

组别	煤块质量/kg	煤块形状	仿真时长/s
1	60	四颗粒金字塔构型	5
2	80	四颗粒金字塔构型	5
3	100	四颗粒金字塔构型	5

通过观察仿真过程可以看出，煤块掉落后所冲击的链环为 b7，利用在模型中添加的 G-Force 分别提取被冲击链环 b7 的横向受力与纵向受力情况，如图 4-81 所示，对煤块下落与链环接触瞬间链环所承受的冲击力进行分析。图中采用科学记数法，例如：0.0E+00=00×10^{0}，2.0E+02=2.0×10^{2}，2.0E−02=2.0×10^{-2}，以此类推。

从图中可以看出，在受到冲击后，冲击侧链环 b7 的受力在冲击瞬间发生巨大变化：60 kg 煤块冲击工况中，链环 b7 横向受力激增到 689.19 N，纵向受力激增到 28758.25 N；80 kg 煤块冲击工况中，链环 b7 横向受力激增到 20810.16 N，纵向受力激增到 91425.75 N；100 kg 煤块冲击工况中，链环 b7 横向受力激增到 26757.55 N，接触力的振幅为 37124.69 N，纵向受力激增到 179955.7 N。由此可见，链环受到冲击时，横向受力与纵向受力均会发生大幅度增长，但纵向受力变化更剧烈、更明显。将链环纵向受力进行线性拟合，如图 4-82 所示，衡量

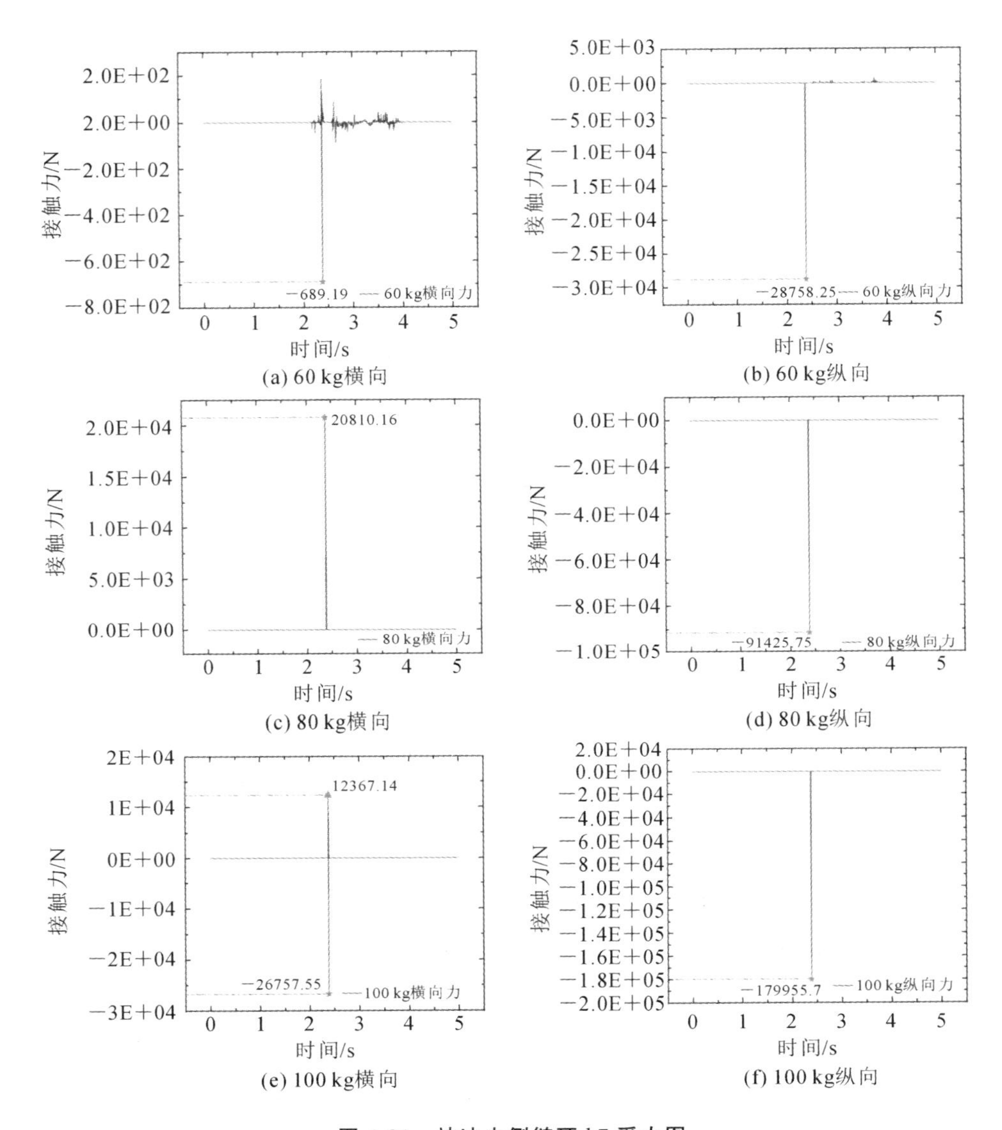

图 4-81　被冲击侧链环 b7 受力图

拟合优度的多重判定系数 R^2 的值为 0.99034，可见在本组仿真中，链环受三种选定质量的煤块冲击时其纵向受力与煤块质量呈现出一个较强的线性关系：$F=3779.9x-202348.3$。

当链环承受煤块冲击时，冲击载荷作用到链环上，将对被冲击链环与前后两个链环间的接触力产生较大的影响，提取被冲击链环 b7 与前后两个链环 b6、

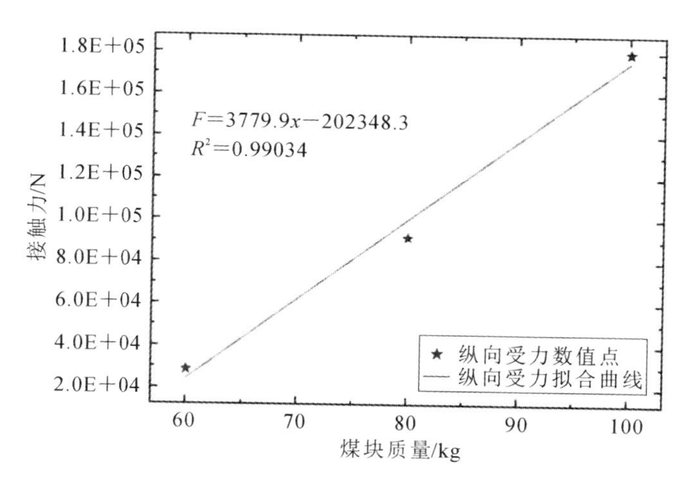

图 4-82　链环纵向受力拟合曲线图

b8 间的接触力，并与未冲击侧相对应的链环 a6 与 a7、a7 与 a8 间的接触力进行对比，分析链环间接触力在受冲击时的变化情况，两侧链环间接触力对比图如图 4-83 所示。

如图 4-83 所示，煤块冲击链环瞬间，被冲击链环 b7 与前链环 b6 及后链环 b8 间接触力均会发生突变。60 kg 煤块冲击工况中，被冲击链环 b7 与链环 b6 间接触力由 3993.757 N 突变为 13860.93 N，冲击过程过后又降为 4958.787 N，比较冲击前后接触力的平均值，发生冲击后，最大冲击力相较于冲击过后的接触力增加了 179.5%；链环 b7 与链环 b8 间接触力由 1.03344×10^{-14} N 突变为 31043.34 N，冲击过程过后又降为 5058.303 N，发生冲击后，最大冲击力相较于冲击过后的接触力增加了 513.7%，结合仿真过程发现链环初始接触力较低是因为煤块冲击链环 b7 后链环发生了扭转，与链环 b8 发生了短暂的脱离，所以链环间接触力减小。80 kg 煤块冲击工况中，被冲击链环 b7 与链环 b6 间接触力由 6491.206 N 突变为 26728.23 N，冲击过后又降为 4316.673 N，比较冲击前后接触力的平均值，发生冲击后，最大冲击力相较于冲击过后的接触力增加了 519.2%；链环 b7 与链环 b8 间接触力由 5723.759 N 突变为 28807.26 N，冲击过程过后又降为 4647.386 N，比较冲击前后接触力的平均值，发生冲击后，最大冲击力相较于冲击过后的接触力增加了 519.9%。100 kg 煤块冲击工况中，链环间接触力呈现出“M”形变化：链环 b6 与链环 b7 间接触力出现了

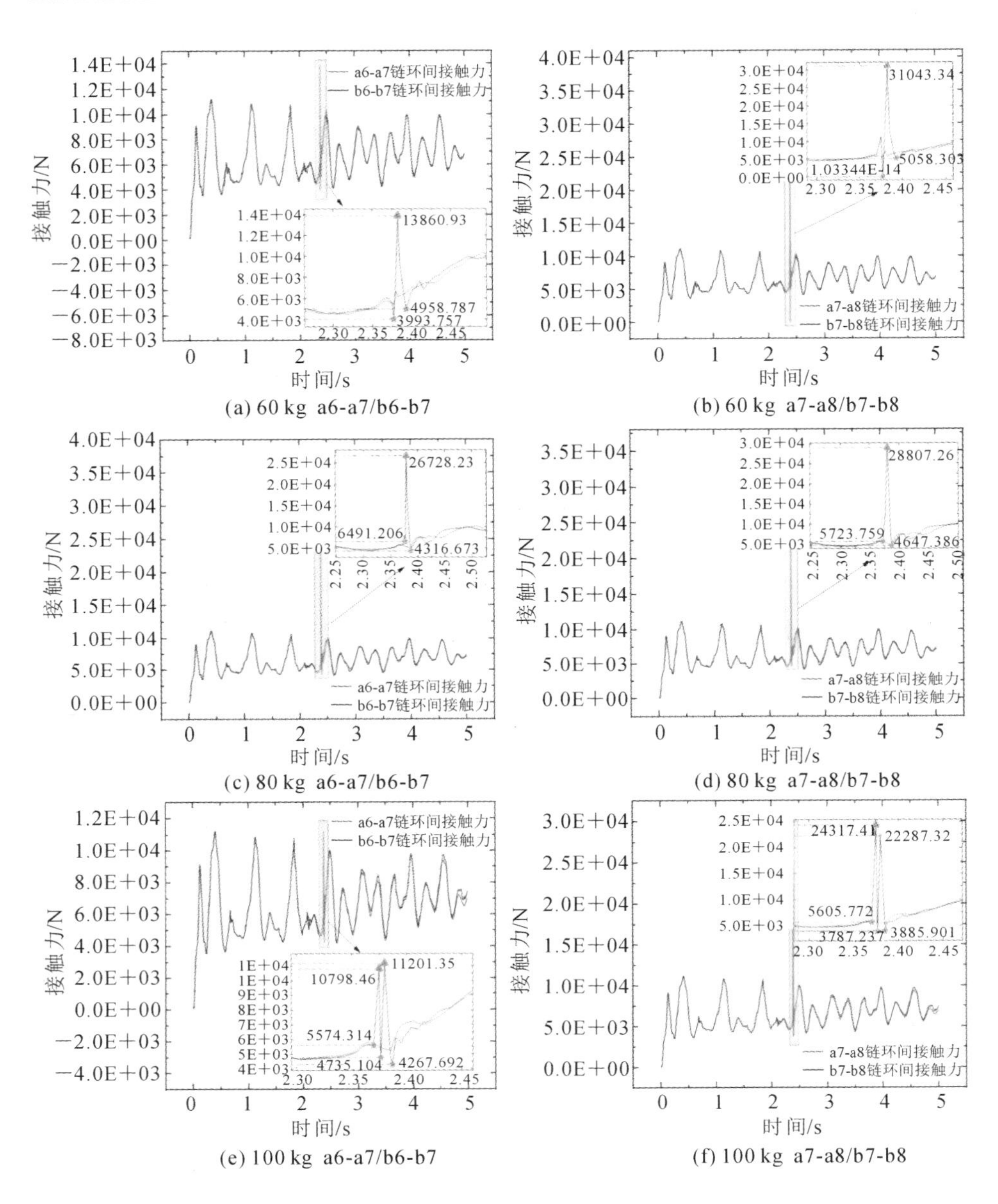

(a) 60 kg a6-a7/b6-b7 (b) 60 kg a7-a8/b7-b8

(c) 80 kg a6-a7/b6-b7 (d) 80 kg a7-a8/b7-b8

(e) 100 kg a6-a7/b6-b7 (f) 100 kg a7-a8/b7-b8

图 4-83 两侧链环间接触力对比图

5574.314 N—10798.46 N—4735.104 N—11201.35 N—4267.692 N 的波动变化；链环 b7 与链环 b8 间接触力出现了 5605.772 N—24317.41 N—3787.237 N—22287.32 N—3885.901 N 的波动变化。

三种煤块冲击工况中，除冲击瞬间外，其余时刻两条刮板链链环间接触力基本一致，符合仿真设计的两条刮板链两侧均匀落煤工况。根据此仿真结果可以发现，较大质量的煤块从高处下落冲击链环，可能会使链环的受力在短时间内发生突变，甚至多次变化，链环间接触力数值变化较大，对链环的使用寿命造成极大影响。

4.4.4 冲击工况下链环受力瞬态动力学分析

Workbench 的瞬态动力学分析模块主要用于确定模型在随时间变化的载荷作用下的系统响应特性，其输入数据一般为以时间为自变量的任意载荷函数，输出数据为以时间为自变量的位移、应力和应变等。根据前文研究结果可发现，在煤块冲击工况中，煤块冲击瞬间链环间接触力将会发生突变，而且也会发生链环扭转等现象，因此有必要利用 Workbench 对链环间接触力发生变化时链环的应力、应变等进行研究，得到该工况下链环受力的变化情况，利用前文仿真分析得到的链环间接触力，对煤块冲击工况中链环受力的瞬态动力学特性进行分析。

1. 模型及边界条件设定

瞬态分析过程主要包含五个步骤：添加分析模块创建模型、设置材料类型、划分网格、载荷步长设置和边界条件设置。

1）添加分析模块创建模型

首先创建瞬态动力学分析模块（transient structural），利用 SolidWorks 绘制并装配本次仿真需要的链环模型，利用 Parasolid 文档完成 Workbench 模型导入工作。

2）设置材料类型

将链环模型材料设置为低碳合金钢 22CrNiMnMo，其主要参数如表 4-20 所示。

表 4-20 链环模型材料主要参数

参数	弹性模量/GPa	泊松比	密度/（kg/mm^3）
值	210	0.3	7.8×10^{-6}

图 4-84 Workbench 网格划分图

3）划分网格

考虑到模型较为简单且无复杂曲面，因此使用软件默认的网格自动划分方式，网格类型选用六面体，网格边长为 2 mm。为使结果更加准确可靠，对两链环接触区域进行局部加密，网格边长为 1 mm，Workbench 网格划分图如图 4-84所示，从图中可以看出，划分的模型网格分布均匀，连续性好，网格划分质量高。

4）载荷步长设置

时间-载荷施加方法选用表输入法，将 ADAMS-EDEM 仿真中得到的链环间接触力、链环受到的冲击载荷的作用力，配以时间与力，以表格的形式输入，完成设置。提取前文仿真中 100 kg 煤块冲击工况中共 0.02 s 的链环间三向接触力的变化曲线，导入 Workbench 中，共设置 67 个步数。考虑到计算量和仿真速度的问题，在接触力变化较小的部分采用较大载荷步长，接触力变化较大部分采用较小载荷步长，载荷步长设置统计表如表 4-21 所示，导入后的三向接触力曲线图如图 4-85 所示，同时为增加仿真结果的准确性，可在仿真计算过程中考虑时间对计算结果的影响，即考虑动力响应问题，勾选“Time Integration”打开时间积分。

表 4-21 载荷步长设置统计表

载荷步数	初始时间步长/s	最小时间步长/s	最大时间步长/s
1～2	5.1×10^{-4}	1.0×10^{-4}	1.0×10^{-3}
3～14	1.0×10^{-4}	5.0×10^{-5}	2.5×10^{-4}
15～33	5.0×10^{-5}	1.0×10^{-5}	1.0×10^{-4}
34～53	2.0×10^{-5}	5.0×10^{-6}	5.0×10^{-5}
54～63	5.0×10^{-5}	1.0×10^{-5}	1.0×10^{-4}
64～67	1.0×10^{-4}	5.0×10^{-5}	2.5×10^{-4}

由图 4-85 可知，在煤块冲击链环瞬间，链环间接触力达到峰值，其中 $F_x=4699$ N，$F_y=10437$ N，$F_z=19123$ N。

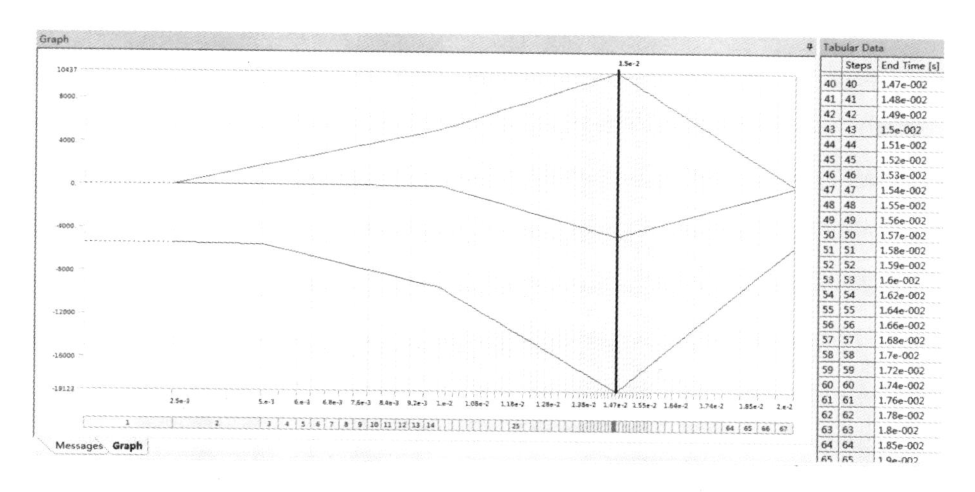

图 4-85　导入后的三向接触力曲线图

5）边界条件设置

将链环一端固定，另一端按上述载荷步长设置情况施加三向载荷，设置链环间接触摩擦，通过查阅相关文献将摩擦系数设为 0.15。

完成基础设置后，进行仿真分析。

2. 链环间接触特性分析

利用 Workbench 的后处理功能可观察到，在对链环模型进行瞬态分析时，随着链环间接触力的变化，链环的姿态也发生了明显变化，这与前文仿真中链环被冲击时刮板链发生扭转、移位的情况相同，说明通过设置链环间接触力，再利用瞬态分析进行煤块冲击工况中链环受力分析的方法是可靠的，链环姿态图如图 4-86 所示。图中标记出了最大应力和最小应力部件。

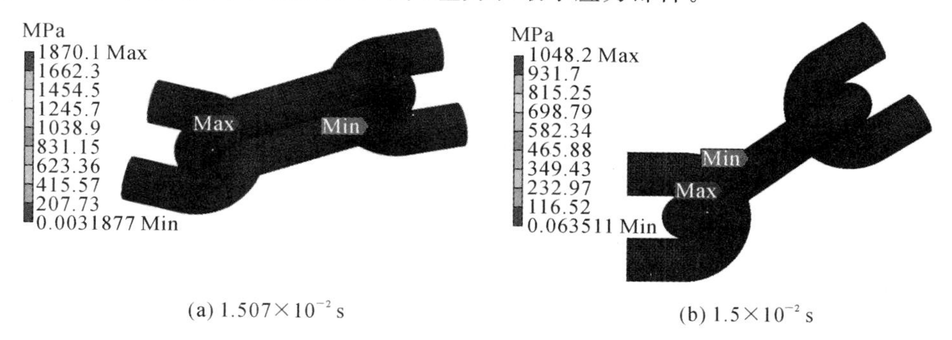

(a) 1.507×10^{-2} s　　(b) 1.5×10^{-2} s

图 4-86　链环姿态图

选取中间链环作为研究对象，分析该链环在受煤块冲击过程中的 Von Mises应力（范式等效应力）变化情况，其中链环间接触力最大（即时间为 1.5×10^{-2} s）时链环的应力场分布云图如图 4-87 所示。可以看到，在链环受到冲击瞬间，链环间接触力达到最大值时，链环被冲击侧平直段与弯曲段的交接处将会产生应力集中，且链环弯曲段的应力大于平直段的应力，应力最大值达到了 1048.2 MPa。

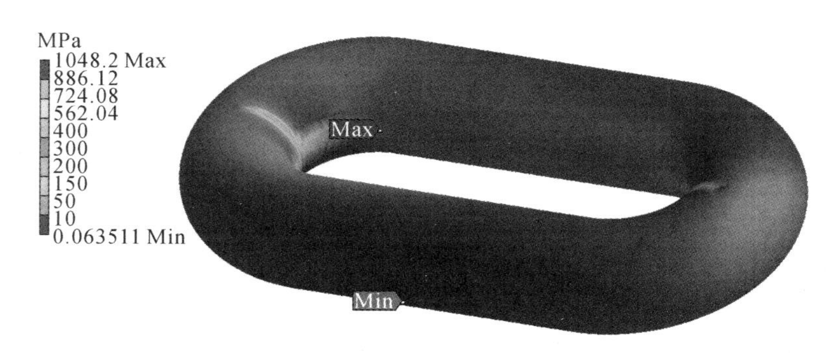

图 4-87　链环的应力场分布云图

在仿真过程中，预设的链环间接触力不是恒定不变的，链环会发生不同程度的扭转，不同时刻对应的链环姿态不同，导致链环间接触区域的应力场发生改变。将中间链环的两端分别定义为 a 端与 b 端，不同时刻不同姿态中链环接触区域的应力场分布云图如图 4-88 所示，这两个时刻对应的中间链环与前后链环的连接姿态分别如图 4-89(a)和图 4-89(b)所示。

根据图 4-88(a)(b)可以看出，在 1.5×10^{-2} s 时刻，链环 a 端、b 端与前后链环接触区域的应力场形状差异不大，均为一个较为明显的十字交叉形。通过观察应力场颜色可以发现，链环 a 端与 b 端应力场面积与平均数值的大小差异不大，结合图 4-89(a)两链环中轴线之间夹角为 34.6°可以得到结论：当前后链环中轴线之间的夹角角度较小时，链环接触区域的应力场分布情况不会产生较大变化。

根据图 4-88(c)(d)可以看出，在 1.7×10^{-2} s 时刻，链环 a 端与前链环接触区域的应力场形状发生了较为明显的变化，由原来典型的十字交叉形变为两段圆弧形，而 b 端与后链环接触区域的应力场形状基本没有变化，仍然为十字交

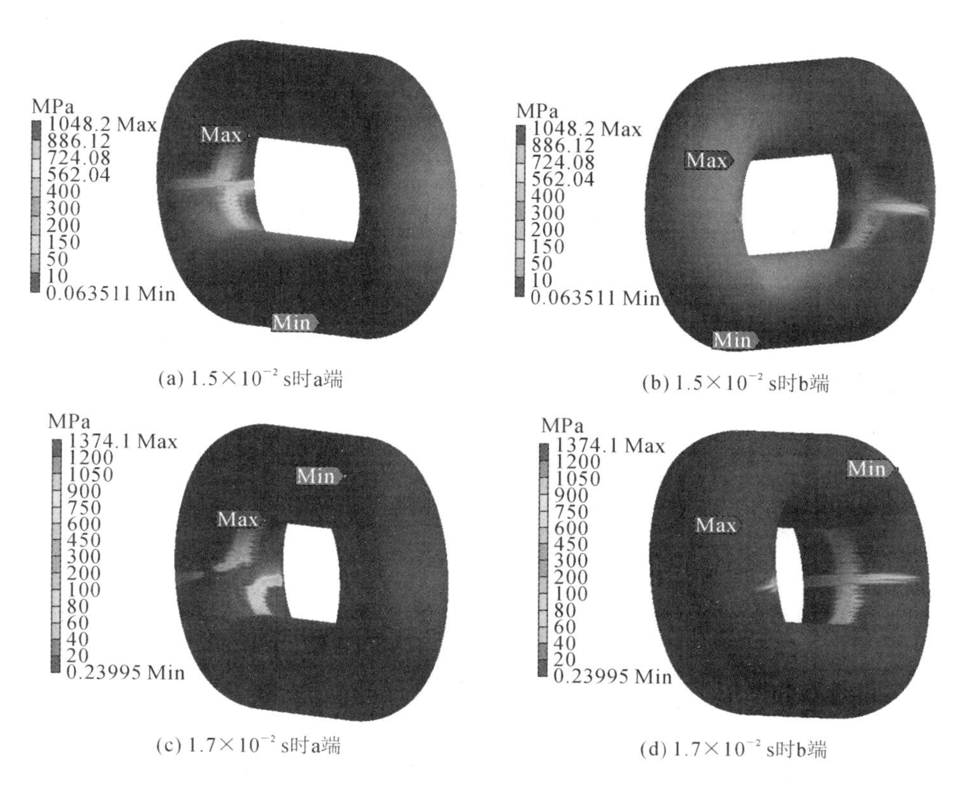

(a) 1.5×10⁻² s时a端　(b) 1.5×10⁻² s时b端

(c) 1.7×10⁻² s时a端　(d) 1.7×10⁻² s时b端

图 4-88　不同时刻不同姿态中链环接触区域的应力场分布云图

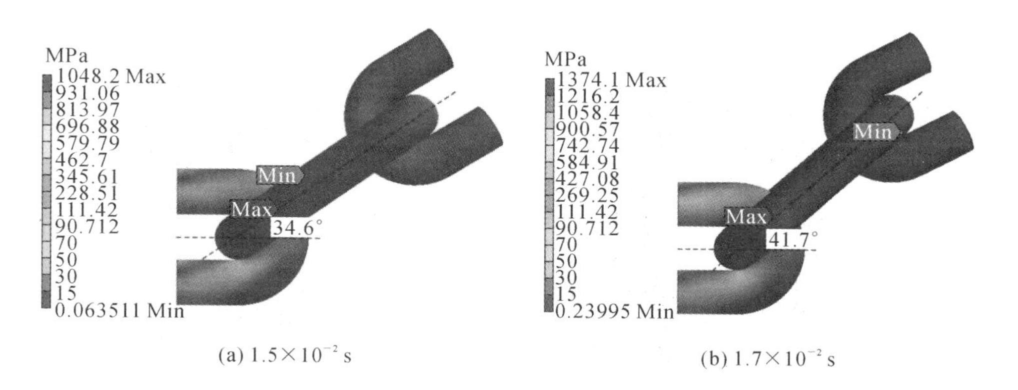

(a) 1.5×10^{-2} s　(b) 1.7×10^{-2} s

图 4-89　不同时刻中间链环与前后链环的连接姿态图

叉形，结合图 4-89(b)两链环中轴线之间夹角为 41.7°可以发现：该时刻与 1.5×10^{-2} s 时刻相比，中间链环与前链环的连接姿态发生了改变，二者中轴线的夹角明显增大。该现象表明:如果前后链环中轴线之间的夹角超过一定的数值,将会导致链环接触区域的应力场分布形状发生改变。虽然中间链环与后链环之间产生了一定的夹角,但是 1.7×10^{-2} 时刻链环 b 端与后链环接触区域的应力场形状同 1.5×10^{-2} s 时刻基本一致,同样表现为典型的十字交叉形,这也验证了前面得到的结论,即链环中轴线的夹角在一定范围内时,链环接触区域应力场形状不会改变。

通过上述分析,可发现链环间的角度对链环的应力场形状有影响,因此有必要针对前后链环中轴线之间的夹角大小对应力场形状的影响展开研究,明确中轴线之间夹角的数值为多大时,链环间接触区域的应力场形状会发生改变。由于链环之间夹角的增大是一个连续渐变的过程,因此不存在链环接触区域的应力场形状发生突变的时间节点,只能大致确定发生变化的角度范围。

观察仿真结果发现,在 $1.526\times10^{-2}\sim1.538\times10^{-2}$ s 发生了应力场形状的变化,两选定时刻对应的应力场分布云图如图 4-90 所示,两选定时刻对应的链环连接姿态图如图 4-91 所示。根据图 4-91 可以发现,当前后链环中轴线夹角为 36.4°～36.8°时,链环接触区域的应力场形状将会发生改变,前后链环中轴线夹角超过该范围时,应力场形状将会从典型的十字交叉形变为两段圆弧形。

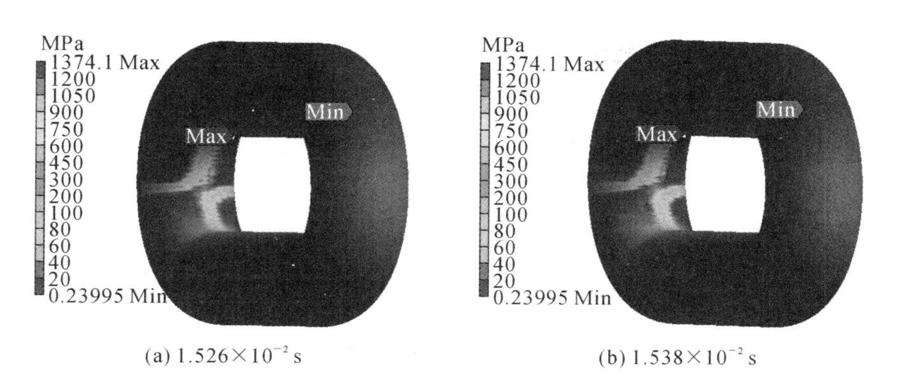

(a) 1.526×10^{-2} s　　(b) 1.538×10^{-2} s

图 4-90　两选定时刻对应的应力场分布云图

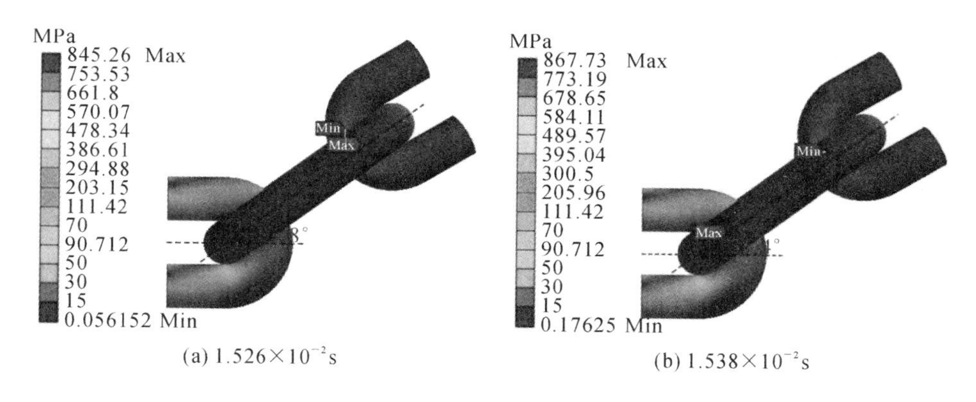

(a) 1.526×10^{-2}s　　(b) 1.538×10^{-2}s

图 4-91　两选定时刻对应的链环连接姿态图

4.5　链传动系统动力学特性影响因素分析

本节将采用第 3 章的命令流建模程序生成所需要的仿真模型，研究不同参数对链传动系统动力学特性的影响。

4.5.1　链轮转动速度对链传动系统动力学特性的影响

为了研究链轮转动速度对链传动系统动力学特性的影响，可对链轮施加不同的转速，链轮转速设置如表 4-22 所示。

表 4-22　链轮转速设置

工况	工况 1	工况 2	工况 3	工况 4
链轮转速/(rad/s)	5.74	4.78	3.83	2.87

如图 4-92 所示，对比四种转速工况下链轮与链环的接触力大小，分析可知：在一个接触周期内，转速为 5.74 rad/s 时，接触力有 3 个较大波峰，最大接触力发生在第一个波峰，大小为 176.2 kN，链轮转角为 3.70 rad；转速为 4.78 rad/s 时，接触力有 3 个较大波峰和 4 个小的波峰，最大接触力发生在第二个较大波峰，大小为 155.2 kN，此时链轮转角为 3.55 rad；转速为 3.83 rad/s 时，接触力有 3 个较大波峰和 5 个小的波峰，最大接触力发生在第三个较大波峰，大小为 170.3 kN，此时链轮转角为 4.12 rad；转速为 2.87 rad/s 时，接触力有 3 个较大

波峰和6个小的波峰，最大接触力发生在第二个较大波峰，此时链轮转角为3.93 rad。这说明当链轮转速增加时，链环与链轮的接触力波动增加，接触状态变得更加不稳定，平均接触力也增大，增大了链轮损坏的可能性，且链轮转速的变化导致最大接触力发生的位置也发生变化。

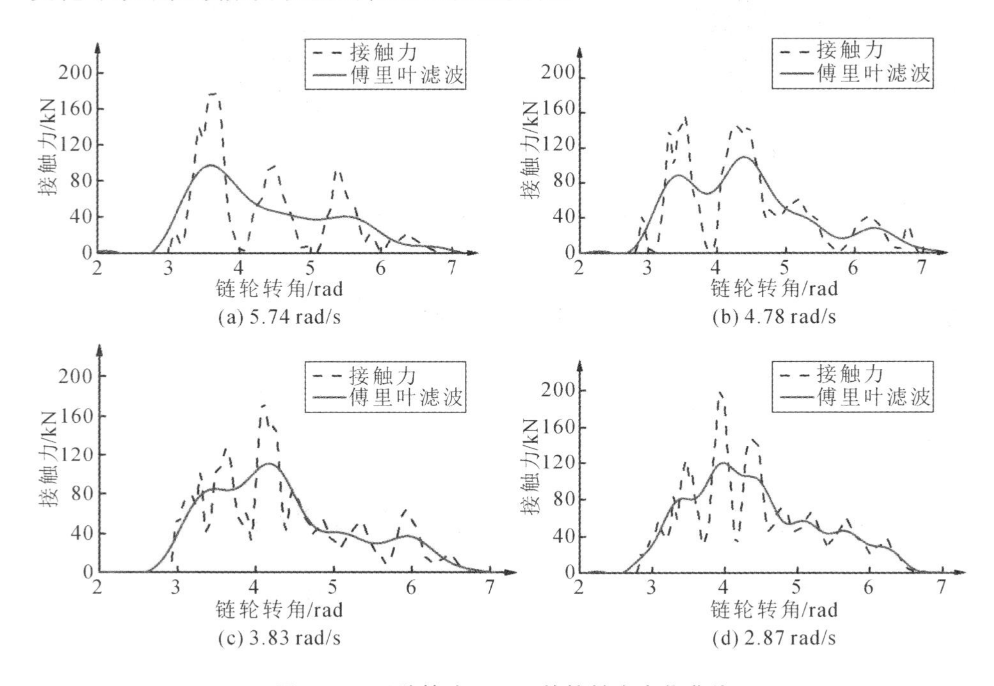

图 4-92 四种转速工况下的接触力变化曲线

图 4-93 链窝接触区域标记点

如图4-93所示，在链窝的接触区域从右到左按顺序选取了8个标记点，单元编号分别定义为a～h，标记点在四种不同转速工况下的有效应力如图4-94所示。观察可知，链轮转速为5.74 rad/s时，较大应力集中在a～e标记点区域，且主要集中在链轮转角为3.5～4.5 rad的区间内；其余转速工况下，链轮标记点较大应力集中在链轮转角为3.5～5 rad的区间内，而随着链轮转速的增加，紫色(见二维码中彩图)区域面积减小，结合接触力的变化，说明当链轮转速增加时，接触力变大，变形增大，导致受力面积增大。

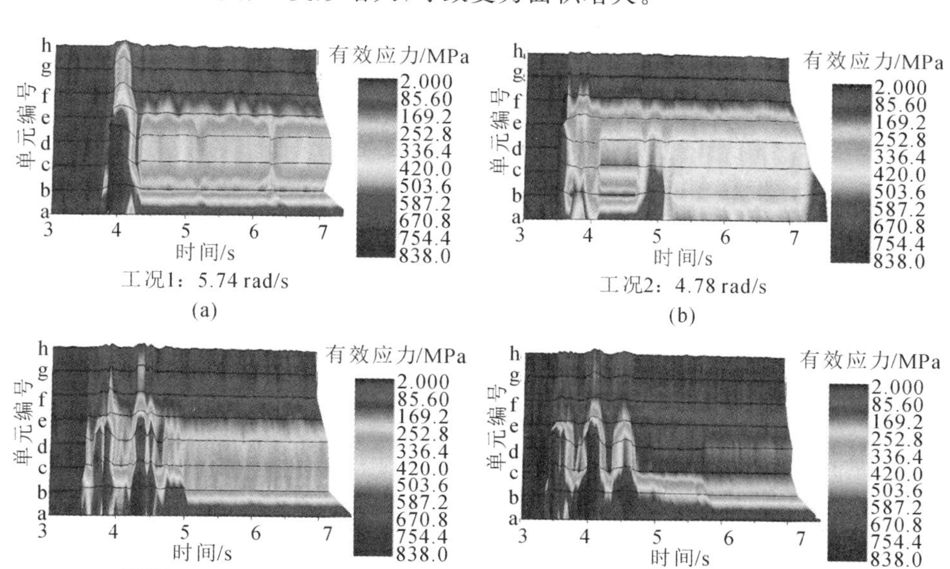

图 4-94　标记点在四种不同转速工况下的有效应力

4.5.2　链轮齿数对链传动系统动力学特性的影响

链轮齿数是多边形效应最重要的影响因素，并直接影响刮板输送机运行的平稳性。为分析链轮齿数对链传动系统动力学特性的影响，建立链轮齿数分别为 6、7、8、9 的链传动系统模型，如图 4-95 所示。为保证链条移动速度相同，分别施加 3.83 rad/s、3.29 rad/s、2.89 rad/s 和 2.57 rad/s 的转速，对有载侧链环施加 114.4 kN 拉力，空载侧施加 45 kN 的拉力，导入 LS-DYNA 求解器中求解，得到链传动系统的有限元数值仿真结果。

图 4-96 所示为四种链轮齿数的链环在 x 方向（运行方向）速度的变化曲线。观察可知，四种链轮齿数的链环速度都在 800 mm/s 上下范围内波动，但随着链轮齿数的增加，链环速度波动减小，运动变得相对稳定。这说明在机架高度满足要求的条件下，齿数较多的链轮更能保证刮板链运动的稳定性，但是考虑到空间结构、扭矩大小和链轮啮合磨损等因素，实际使用时，链轮的齿数一般保持在一个合理的范围内，不会无限制增大。

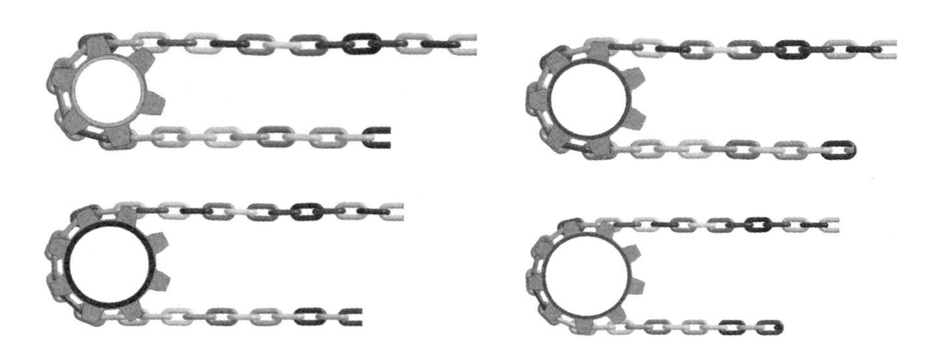

图 4-95　四种链轮齿数的链传动系统模型

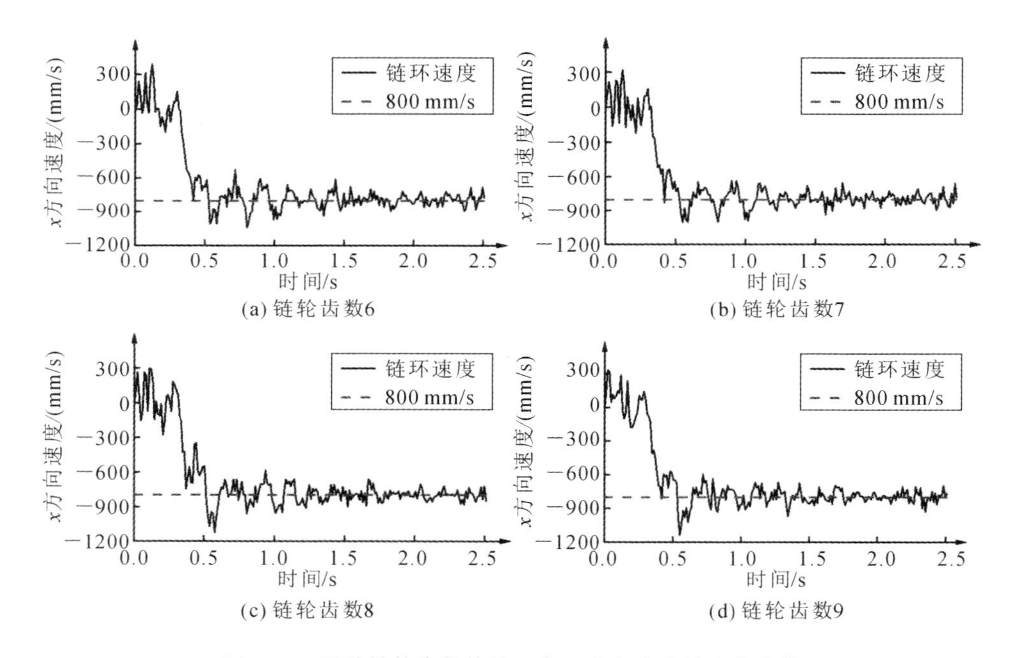

图 4-96　四种链轮齿数的链环在 x 方向速度的变化曲线

四种链轮齿数的链环与链轮的接触力变化曲线如图 4-97 所示。当链轮齿数为 6 时，1.444 s 接触力达到最大值 177.5 kN；链轮齿数为 7 时，1.483 s 接触力达到最大值 183.0 kN；链轮齿数为 8 时，1.466 s 接触力达到最大值 144.2 kN；链轮齿数为 9 时，1.479 s 接触力达到最大值 154 kN。另外，可以看出，随着链轮齿数的增加，链轮转到接触力最大值位置后，接触力的减小趋势愈加平缓。

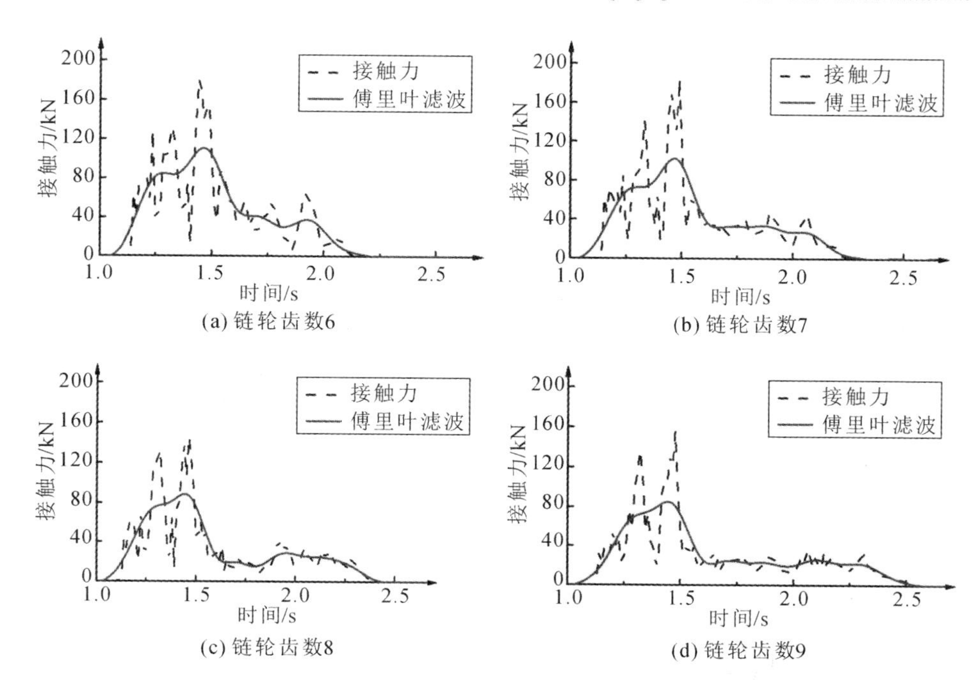

图 4-97　四种链轮齿数的链环与链轮的接触力变化曲线

4.5.3　载荷对链传动系统动力学特性的影响

为了研究载荷对链传动系统动力学特性的影响，可对模型的链环分别施加0.75 倍、1.0 倍、1.25 倍和 1.5 倍载荷，进行仿真分析，模型施加载荷参数如表4-23 所示。利用 LS-PrePost 后处理软件分析链环间 x 方向接触力和链环与链轮啮合的接触力，以及链轮摩擦能量(摩擦能)的变化。

表 4-23　模型施加载荷参数

工况	0.75 倍	1.0 倍	1.25 倍	1.5 倍
链环 Part2 载荷/kN	85.8	114.4	143	171.6
链环 Part3 载荷/kN	33.75	45	56.25	67.5

图 4-98 所示为四种载荷下链环 x 方向接触力的变化曲线。由图可知，在不同载荷作用下，链环 x 方向接触力在相应的载荷力周围上下波动：0.75 倍载荷时，接触力在 42.7～129.9 kN 范围内波动；1.0 倍载荷时，接触力在 72.3～

177.7 kN 范围内波动;1.25 倍载荷时,接触力在 81.6~202.9 kN 范围内波动;1.5 倍载荷时,接触力在 110.8~239.8 kN 范围内波动。随着载荷的增大,接触力的波动范围也逐渐增大,说明随着链传动系统载荷的增加,链环间的接触不稳定性增加。

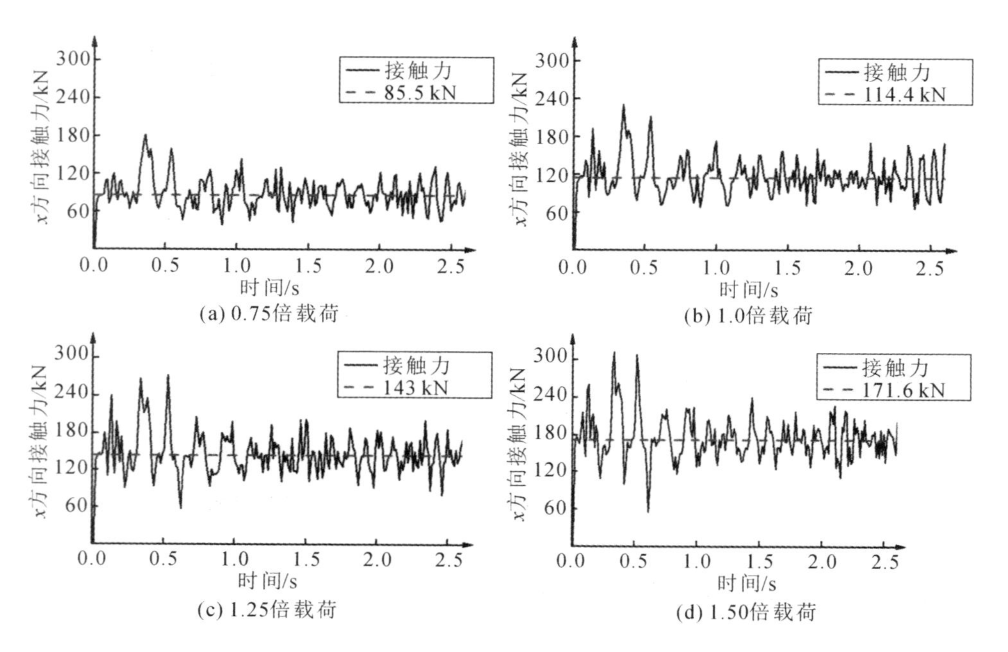

图 4-98 四种载荷下链环 x 方向接触力的变化曲线

如图 4-99 所示,分析链环与链轮啮合的接触力在不同载荷作用时变化的规律,接触力在 1.5 s 左右达到最大值,2.3 s 左右减小至 0。由图可知,0.75 倍载荷作用下,接触力在 1.465 s 时达到最大值 111.7 kN;1.0 倍载荷作用下,接触力在 1.439 s 达到最大值 180.1 kN;1.25 倍载荷作用下,接触力在 1.488 s 达到最大值 244.5 kN;1.5 倍载荷作用下,接触力在 1.452 s 作用下达到最大值 317.7 kN。另外,可以看出啮合过程中接触力均存在两个较大波峰,随着载荷的增大,两个波峰之间的差值也逐渐增大,链环与链轮啮合的接触力波动也增大。

辽宁工程技术大学 Zhai Jianhua 学者的研究表明,平环的圆外磨损较大,而立环的圆外磨损较小,这主要是因为平环经过机头、机尾时与链轮的啮合中存在相对滑动摩擦。图 4-100 所示为四种载荷下链环与链轮啮合时摩擦能的变

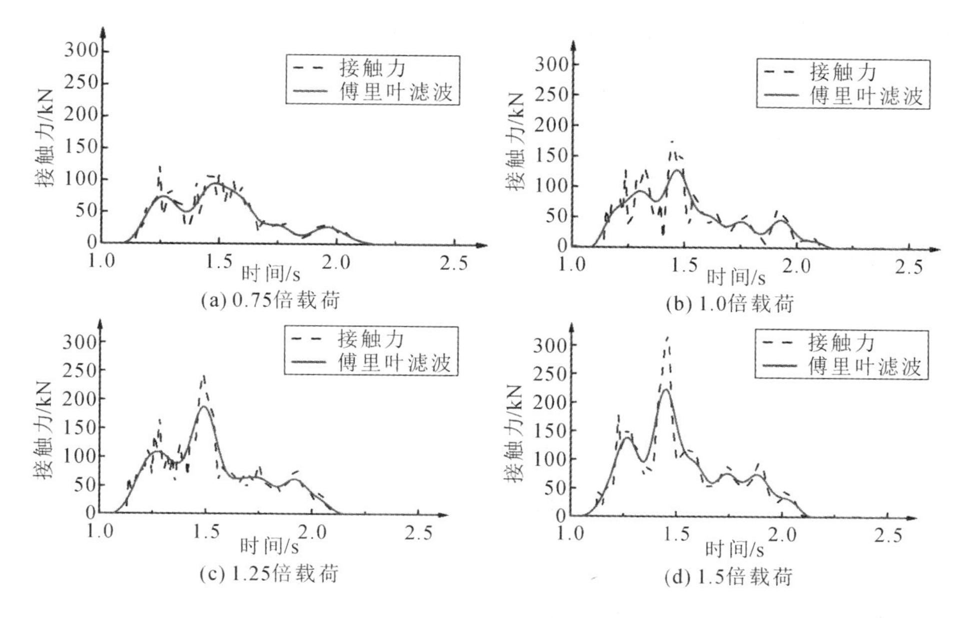

图 4-99　四种载荷下链环与链轮啮合的接触力的变化曲线

化，模型的载荷增大，摩擦能也随之增大，链轮的磨损加剧。在重载作用下，链轮表面的材料特性显得尤为重要，在设计时应重点考虑。但随着载荷的增加，摩擦能的增加量逐渐减小，说明随着载荷的增加，载荷对摩擦能的影响在减小。

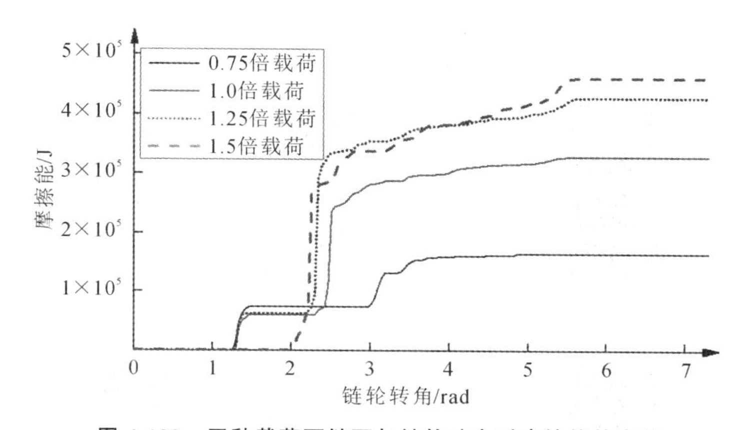

图 4-100　四种载荷下链环与链轮啮合时摩擦能的变化

4.5.4　链轮结构对链传动系统动力学特性的影响

如图 4-101 所示，链环与链轮啮合存在三种接触状态，理想状态下，链轮与链环的接触为线接触，当链轮结构改变或链环在载荷作用下结构发生变化时，二者的接触变为点接触。为了分析链轮结构对链传动系统动力学特性的影响，人为地改变链轮结构，对链窝平面圆弧半径为 52 mm、51 mm、49 mm 和 48 mm 的链传动系统模型进行数值仿真。

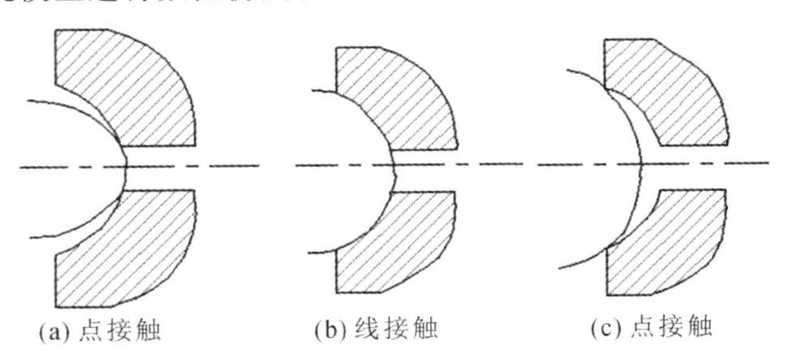

图 4-101　三种接触状态

如图 4-102 所示，对 1.44 s 时不同链轮结构的链轮应力进行分析，可以看到，当链窝平面圆弧半径不同时，链环与链窝的接触区域不同，接触单元的有效应力也不同。当链窝平面圆弧半径大于圆环链最大圆弧半径时，接触区域集中在链窝中心的较小区域；当链窝圆弧半径小于圆环链最大圆弧半径时，接触区域较大，链轮上接触区域的单元有效应力相对较小。尤其是在重载条件下，链轮的链窝平面圆弧半径应取小于圆环链最大圆弧半径的数值，以保证接触区域较大，延长链轮的使用寿命并增大链轮的承载能力。

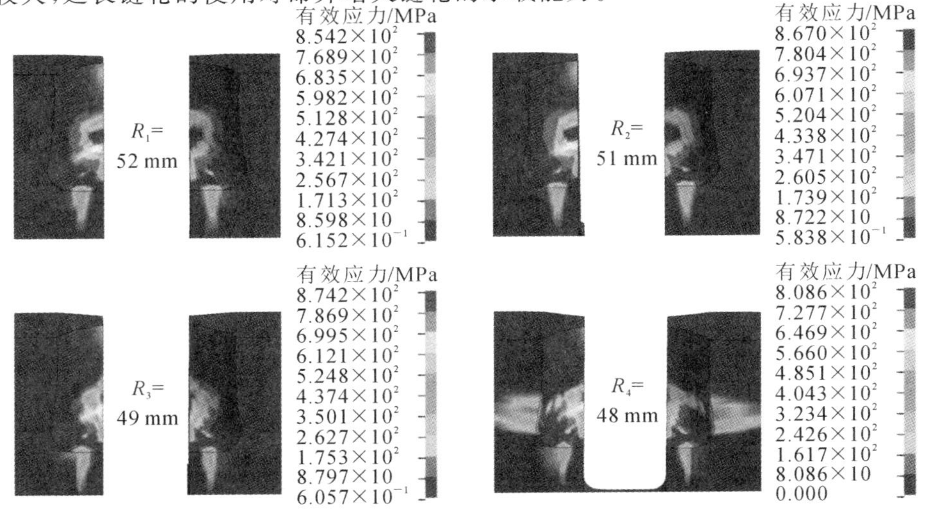

图 4-102　不同链轮结构的链轮应力

如前所述，同样选取 a～h 共 8 个标记点（标记单元），查看链轮结构改变时，链窝标记点的有效应力变化。观察图 4-103 可知，链窝平面圆弧半径为 52 mm和 51 mm 时，应力图红色区域远大于链窝平面圆弧半径为 49 mm 和 48 mm时，说明此链轮结构下，链窝标记点的有效应力一直处于较大状态，且 a、b、c、d 单元的有效应力远大于其余单元的有效应力，而当链轮链窝平面圆弧半径较小时，链窝标记点的有效应力较小，各个单元之间的有效应力差距也相对较小，较为符合重载条件下的理想接触状态。

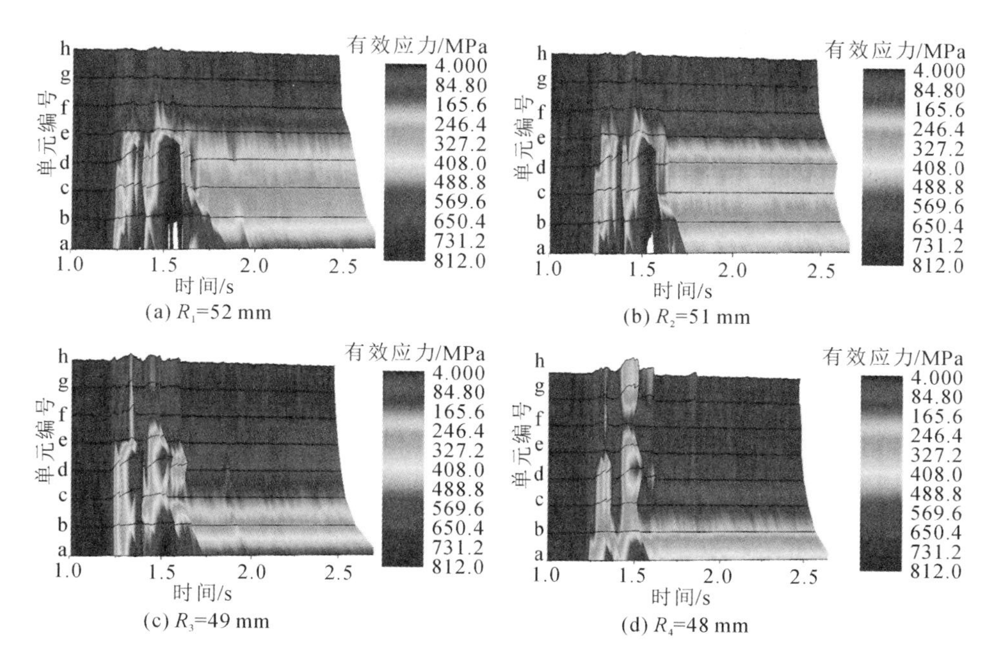

(a) R_1=52 mm　(b) R_2=51 mm　(c) R_3=49 mm　(d) R_4=48 mm

图 4-103　链窝标记点在不同链轮结构时的有效应力

图 4-104 和图 4-105 显示了 a、b、c 单元在四种链轮结构仿真中，x 方向和 y 方向（重力方向）的应力变化。从图中可以看到，链窝平面圆弧半径为 48 mm 时的 x、y 方向应力小于其余链轮结构，为重载条件下较为理想的一种接触状态。

如图 4-106 所示，运用 LS-DYNA 数值仿真得到四种链轮结构对应的链环与链轮啮合的接触力。可以看到，1.452 s 时接触力分别达到其啮合过程的最大值，分别为 187.4 kN、198.0 kN、182.0 kN、161.5 kN，其中链窝平面圆弧半径为

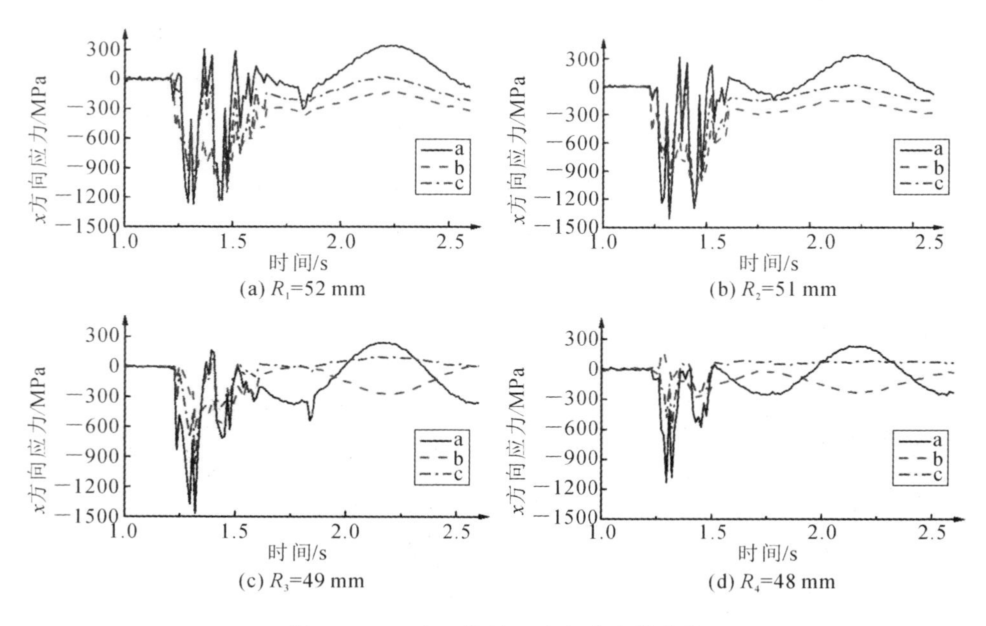

(a) R_1=52 mm (b) R_2=51 mm (c) R_3=49 mm (d) R_4=48 mm

图 4-104 a、b、c 单元 x 方向应力的变化

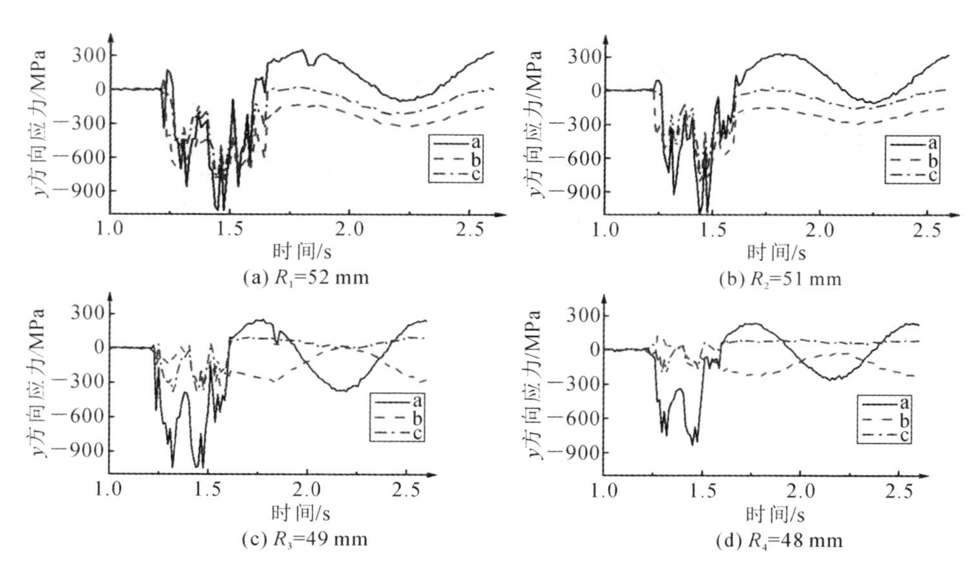

(a) R_1=52 mm (b) R_2=51 mm (c) R_3=49 mm (d) R_4=48 mm

图 4-105 a、b、c 单元 y 方向应力的变化

48 mm时最大接触力最小，其余接触瞬间的情况也和 1.4525 时类似，这说明链轮上的链窝结构对接触力的影响较大，设计时可以根据负载情况进行考虑。

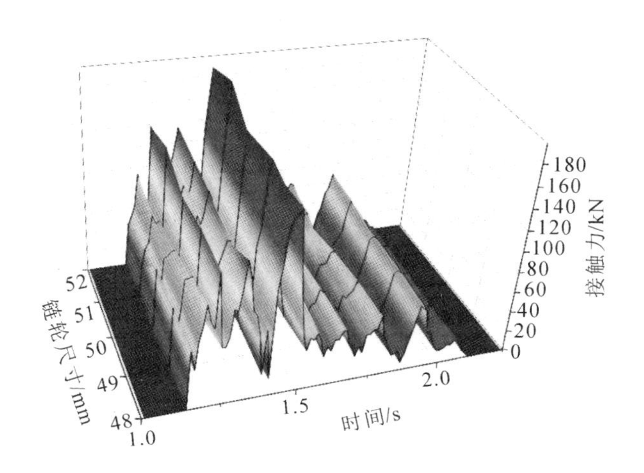

图 4-106 四种链轮结构对应的链环与链轮啮合的接触力

4.6 链传动系统关键零部件疲劳寿命分析

在煤矿井下恶劣的工作环境中，受到采煤机落煤量的影响，刮板输送机载货量时刻发生变化，由此引起的链轮、链环的载荷变化较大，极易引发疲劳破坏。疲劳破坏是指零件结构因重复受到低于屈服极限或弹性极限的载荷作用而发生破坏的现象。疲劳破坏往往具有较强的突发性，在破坏发生之前一般不易发现，一旦发生重要零件结构破坏，往往会造成重大损失，影响生产安全，所以，疲劳寿命问题是人们关注的工程重点问题之一。通过有限元仿真分析可知，刮板输送机链轮、链环所受载荷的峰值要小于链轮和链环材料的弹性极限，同时可以发现，链轮与链环所受载荷具有循环载荷的特征，因此，疲劳破坏是刮板输送机断链故障的主要原因之一。

对刮板输送机链传动系统关键零部件进行疲劳寿命分析，有助于提前发现链轮、链环寿命薄弱的关键环节，可以为提前优化、提前预防及检修监测提供理论参考。因此，疲劳寿命分析对于煤炭安全生产具有重要意义。

4.6.1 疲劳寿命分析理论基础

1. 疲劳寿命分析的方法

疲劳破坏问题最早由德国开始研究，艾伯特(W. A. Albert)在 1829 年通过疲劳试验，对疲劳破坏的原因进行了论述。随着研究的不断深入和理论的不断完善，目前，在工程中应用较为广泛的疲劳寿命分析方法主要有：用于高周疲劳寿命计算的名义应力法（S-N 曲线）、用于低周疲劳寿命预测的局部应力应变法和疲劳裂纹扩展寿命预估法。

名义应力法是目前工程中应用最为广泛的一种疲劳寿命分析方法，适用于高周疲劳的寿命计算，要求零件结构的峰值载荷小于其材料的强度极限，疲劳寿命（用循环次数表示）一般高于 $10^4 \sim 10^5$ 次。名义应力法分析流程示意图如图 4-107 所示。首先，通过试验的方式得到零件结构危险部位的载荷-时间历程（应力-时间历程），如果试验条件有限，可以采用虚拟样机仿真的方法代替，对载荷-时间历程采取雨流计数法，目的是获得载荷大小和频次之间的关系，得到可以用于疲劳分析的载荷谱；然后，通过等幅应力疲劳试验获得材料的 S-N 曲线，该曲线是材料的固有属性，代表了材料的名义应力与应力失效循环次数之间的关系，而材料的 S-N 曲线还需要进行修正，主要是考虑到材料与零件结构在疲劳寿命上的差异，因为材料经过加工制造以后，其形状尺寸、表面工艺等都会对疲劳寿命产生一定的影响；最后，结合疲劳累积损伤理论对零件结构危险部位的疲劳寿命进行计算。

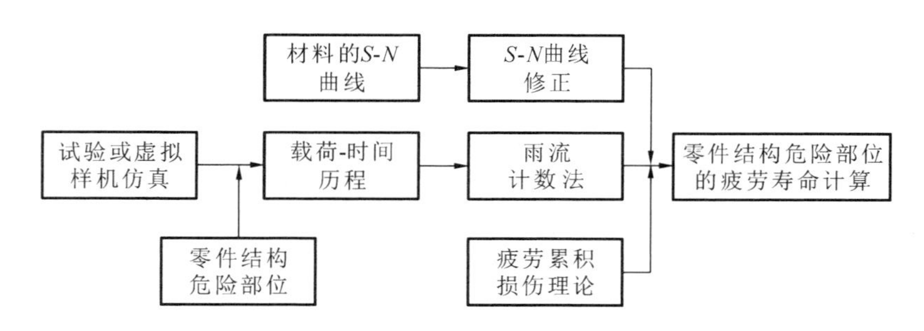

图 4-107　名义应力法分析流程示意图

局部应力应变法是一种基于局部应变变化的低周疲劳寿命分析方法。当零件结构发生塑性变形时需要考虑塑性变形对疲劳寿命的影响，该方法适用于以塑性变形为主的低周破坏，局部应力应变法分析流程示意图如图 4-108 所示。局部应力应变法默认，如果零件结构的材料和危险部位的应变变化相同，那么零件结构拥有相同的疲劳寿命。

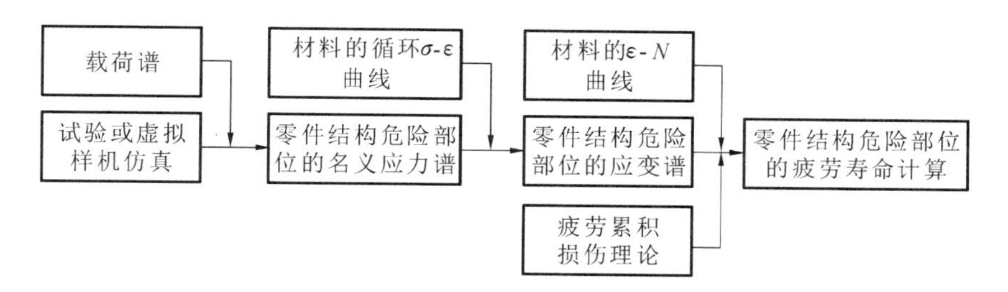

图 4-108 局部应力应变法分析流程示意图

疲劳裂纹扩展寿命预估法用于预测带有初始裂纹的零件结构的剩余寿命。该方法基于线弹性断裂力学理论，具有较高的工程应用价值，通过剩余寿命预测，可以尽可能发挥零件结构的性能，节约资源。

2. 疲劳寿命分析的流程

刮板输送机链传动系统的关键零部件包括链轮、平环和立环。目前针对刮板输送机进行的疲劳试验相对较少，主要原因是疲劳试验的周期较长，需要依靠大量的资金、人员支持。虚拟样机技术的发展为这一问题提供了新的解决途径，根据刮板输送机的实际工况和有限元仿真分析结果，刮板输送机在满载工况下运行时，链轮的最大等效应力约为 550 MPa，链环的最大等效应力约为 1000 MPa，分别小于链轮材料和链环材料的强度极限 596 MPa 和 1206 MPa。链传动系统的载荷峰值均小于材料的强度极限，属于高周疲劳范围，因此，选择名义应力法对链传动系统关键零部件进行疲劳寿命分析。

链传动系统关键零部件疲劳寿命分析流程示意图如图 4-109 所示：首先将刮板输送机井下不同的复杂工况简化为满载、半载和空载工况；再利用链传动系统的有限元模型进行虚拟载荷测试；根据链轮、平环及立环的应力云图（应力场分布云图），确定危险部位后提取危险点载荷-时间历程；然后采取雨流计数法，并按不同工况进行载荷叠加；最后根据相应的疲劳累积损伤理论和材料的 S-N 曲线计算疲劳寿命。

4.6.2 链环与链轮疲劳寿命分析

由于刮板输送机实际工况复杂、载荷多变，因此在进行疲劳寿命分析时，需要对实际工况进行简化，将刮板输送机的实际工况简化为空载工况、半载工况

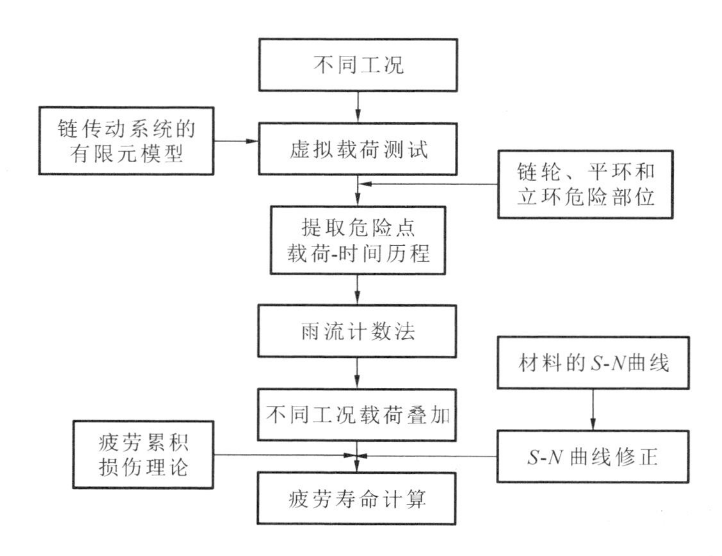

图 4-109　链传动系统关键零部件疲劳寿命分析流程示意图

和满载工况，再利用前文所建立的刮板输送机链传动系统的有限元模型分别进行这三种工况的虚拟样机仿真。

1. 危险点载荷-时间历程的提取

通过进行虚拟样机仿真测试，分别得到满载、半载和空载三种不同工况下链轮、平环、立环的应力云图及应力(载荷)最大单元的时间历程。图 4-110 所示为满载工况下链轮应力最大时刻的应力云图，图 4-111 所示为不同工况下链轮应力最大单元 28379 的应力-时间历程。

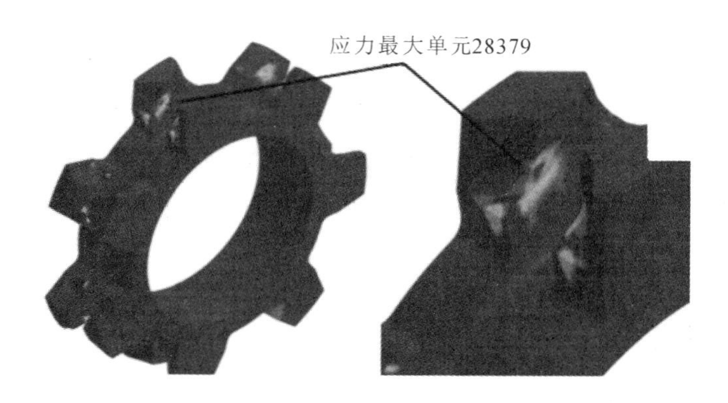

图 4-110　满载工况下链轮应力最大时刻的应力云图

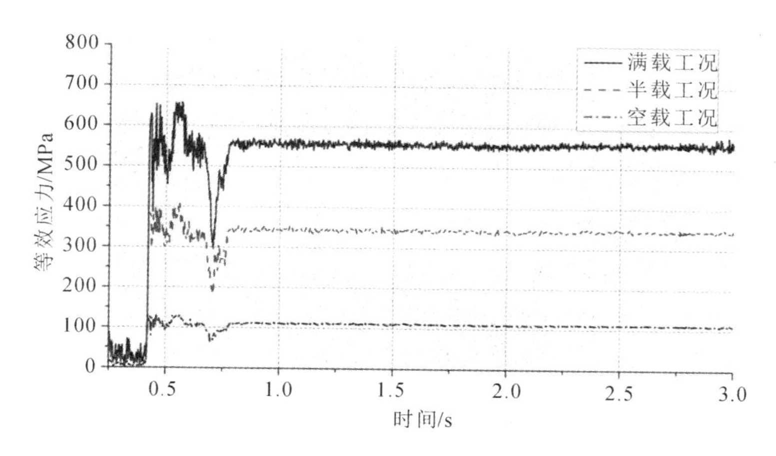

图 4-111 不同工况下链轮应力最大单元 28379 的应力-时间历程

由图 4-110 可知,链轮应力最大单元 28379 位于链窝齿侧处,该位置与平环后端圆环面相接触,传递较大接触力,同时该位置的接触面积较小,从而产生了较大的接触应力。由图 4-111 可以看出,不同工况下的应力最大单元的应力值相差较大,满载工况下的应力最大单元 28379 的应力最大值约为 650 MPa,半载工况下的约为 400 MPa,空载工况下的仅为 100 MPa 左右,平稳运行后应力最大单元的应力值基本稳定,这是由于此时的平环已经完全啮入链窝,形成稳定的啮合接触状态。

图 4-112 所示为满载工况下观测平环应力最大时刻的位置,图 4-113 所示为满载工况下观测平环应力最大时刻的应力云图,图 4-114 所示为不同工况下观测平环应力最大单元 1443923 的应力-时间历程。

图 4-112 满载工况下观测平环应力最大时刻的位置

图 4-113 满载工况下观测平环应力最大时刻的应力云图

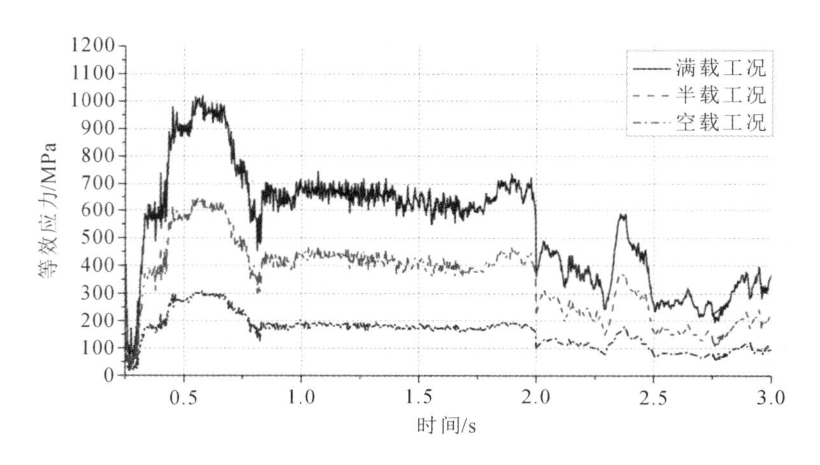

图 4-114 不同工况下观测平环应力最大单元 1443923 的应力-时间历程

由图 4-112 可以看出，观测平环应力最大时刻出现在其完全进入啮合，后一个平环即将进入啮合的时刻，在半载与空载工况下，观测平环应力最大时刻的位置也基本相同。由图 4-113 可知，在观测平环前端圆弧底面与链窝平面相接触位置出现应力最大单元，主要是由于平环前端圆弧底面与链窝平面接触时的接触面积较小，应力值较大。通过图 4-114 可知在满载、半载和空载工况下观测平环应力最大单元的应力值变化情况，随着载荷的增加，最大应力单元 1443923 的应力值明显增加，但是其变化趋势基本相同，在观测平环啮入链窝初期，接触力(等效应力)变化较大，产生较大波动，0.8 s 之后，观测平环与链窝形成稳定的啮合接触状态，接触力基本保持平稳，2 s 以后，观测平环开始脱离啮合，接触力减小，由于存在残余应力，单元应力没有减小为0。

图4-115所示为满载工况下观测立环应力最大时刻的位置，图4-116所示为满载工况下观测立环应力最大时刻的应力云图，图4-117所示为不同工况下观测立环应力最大单元1019511的应力-时间历程。

图4-115　满载工况下观测立环应力最大时刻的位置

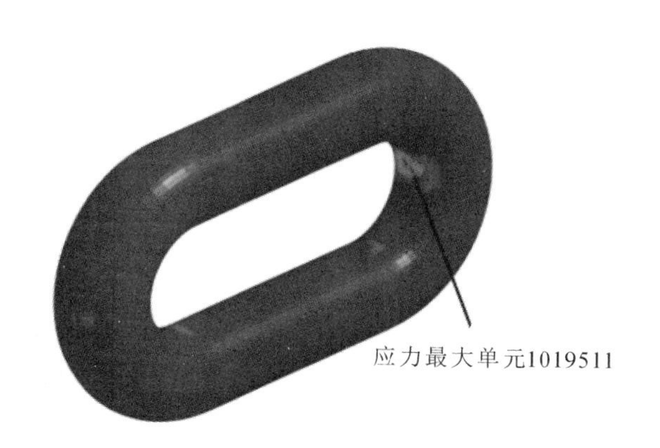

图4-116　满载工况下观测立环应力最大时刻的应力云图

由图4-115可知，观测立环应力最大时刻的位置位于前一个平环完全进入啮合，后一个平环即将进入啮合时的位置，半载和空载工况下也基本相同。图4-116表明，观测立环的应力集中位置在链环圆环面内侧与平环相接触处，应力最大单元为1019511。满载工况下应力最大单元的应力值约为750 MPa，较半载工况下增加了67%，空载工况对应的最大应力值约为250 MPa。受到链传动系统多边形效应的影响，立环的应力最大单元的应力值变化幅度较大，应力的平均值随着载荷的增加而明显增加。

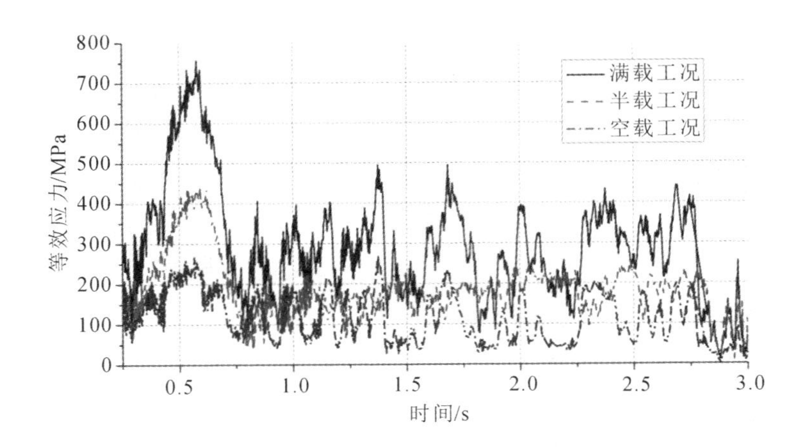

图 4-117　不同工况下观测立环应力最大单元 1019511 的应力-时间历程

2. 雨流计数法

通过有限元仿真分析提取危险位置的载荷-时间历程，但是该载荷-时间历程数据不能直接用于疲劳寿命计算，还需要提取其中影响疲劳寿命的载荷循环，雨流计数法就是将随机的、无规则的载荷-时间历程转变为一系列载荷循环的一种方法，该方法在工程中应用较为广泛。雨流计数法最早由 Endo 和 Matsuiski 提出，该方法在统计过程中对载荷的变化趋势予以考虑，同时又不会丢失任何小的交变信号，保证了载荷-时间历程的所有部分都参与统计，并且不会重复计数。雨流计数法的另一个优点就是便于通过编程实现，结合计算机技术可以轻松实现数据的自动化处理，所以雨流计数法得到了越来越广泛的应用。

以载荷-时间历程为例对雨流计数法的一般流程进行说明：首先根据时间历程曲线的极值点对曲线进行简化，将其转变为可直接用于雨流计数的折线图，如图 4-118 所示；然后分析每一个数据点 X，由 4 个数据点确定一个载荷循环。具体的算法如下。如果 X 是极大值点，当满足 $S_X \geqslant S_{X-2}$ 且 $S_{X-1} \geqslant S_{X-3}$ 时，那么对 S_{X-2} 和 S_{X-1} 即可提取一个完整的载荷循环。如果 X 是极小值点，当满足 $S_X \leqslant S_{X-2}$ 且 $S_{X-1} \leqslant S_{X-3}$ 时，那么对 S_{X-2} 和 S_{X-1} 即可提取一个完整的载荷循环。图 4-118 中 B 点和 C 点构成了一个载荷循环，E 和 F 点构成了一个载荷循环，剩余点 A、D 和 G 则需要进行重新排序，再次进行逻辑判断。

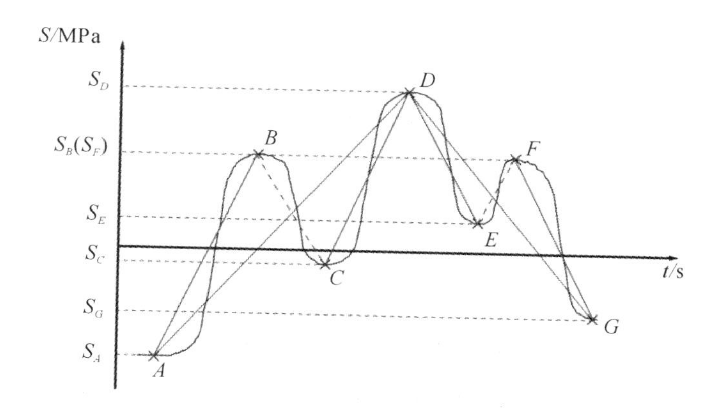

图 4-118 雨流计数示意图

在进行重新排序时，从绝对值最大的数据点开始，并在末尾位置进行复制，数据点重排后的雨流计数示意图如图 4-119 所示，可以看出 G 点不再是转折点，此时只需要考虑剩余的 D、A 和 D' 点即可。

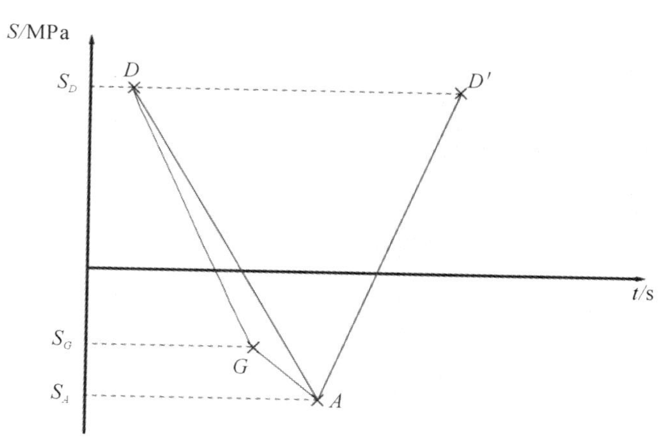

图 4-119 重排后的雨流计数示意图

对重排后的数据点再次重复进行以上逻辑判断，最后雨流计数的结果如表 4-24 所示，雨流计数结果可以用极差和均值、最大值和最小值、From-To 等多种方法表示。表 4-24 采用最大值和最小值的方法对雨流计数结果进行表示。

表 4-24　雨流计数的结果

载荷循环编号	最大值	最小值
1	S_B	S_C
2	S_F	S_E
3	S_D	S_A

图 4-120 所示为利用 nCodeDesignLife(后简称 DesignLife)疲劳寿命分析软件进行雨流计数的基本流程。DesignLife 是一款专业的疲劳分析软件,可以进行应力-疲劳寿命计算、应变-疲劳寿命计算、裂纹扩展分析等,也可以进行不同参数对疲劳寿命敏感性的分析,同时还具备实验数据处理分析的能力。

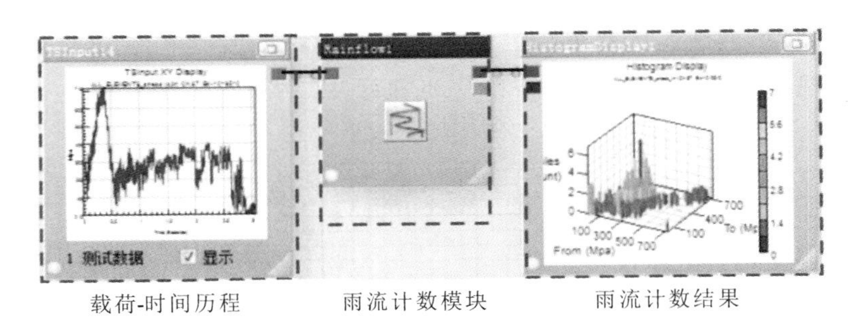

图 4-120　雨流计数的基本流程

为了便于数据分析,需要将有限元分析结果中的载荷-时间历程转换为 DesignLife 所能识别的 s3t、dac 等数据格式。DesignLife 提供了针对 ASCII 格式文件的转换向导 ASCII Translate,可以实现对 txt、csv 等文件的转换,但需要指定标题行、单位行、数据的通道数目等信息,同时 ASCII Translate 具有输入文件的预览功能,便于用户进行相关参数的指定。在对数据进行处理时,DesignLife 采用设定采样率的方式确定时间长度。例如,有限元分析结果的 csv 文件中数据点约为 1200 个,根据仿真时间为 3 s,可将采样率设置为 400。

将基本数字信号处理区中的雨流计数模块直接拖到工作区,用管道将载荷-时间历程的输出端与载荷雨流计数的输入端相连接,从而实现数据传递。在属性参数中,可以设定载荷雨流计数的门限值,低于门限值的载荷将被忽略,此处设置的门限值为 0,即所有载荷都参与雨流计数。

雨流计数的结果采用直方图的形式进行显示，雨流计数直方图的表示方式有极差(range)-均值(mean)类型、最大值(max)-最小值(min)和From-To类型等，其中极差-均值分别代表了每个载荷循环中载荷最大值与最小值的差值（用S_{range}表示）、最大值与最小值的算术平均值（用S_{mean}表示）。计算式为

$$S_{range} = S_{max} - S_{min} \tag{4-1}$$

$$S_{mean} = (S_{max} + S_{min})/2 \tag{4-2}$$

式中：S_{max}表示每个载荷循环中的最大值；S_{min}表示每个载荷循环中的最小值。

对满载、半载和空载三种工况下，链轮、平环和立环的最大应力单元的载荷-时间历程进行雨流计数，对计数结果采用极差-均值直方图进行表示，其中满载工况下的雨流计数结果如图4-121至图4-123所示，利用雨流计数直方图可以看出载荷-时间历程中载荷循环的次数，以及每个载荷循环的极差、均值等信息。

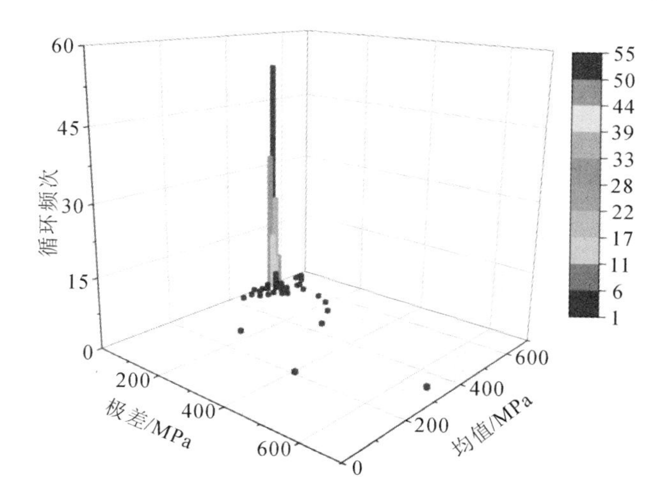

图4-121 满载工况下链轮应力最大单元28379的载荷-时间历程雨流计数结果

满载、半载和空载工况是对刮板输送机实际运行工况的简化，在对链传动系统关键零部件进行疲劳寿命分析时，需要将不同工况下的载荷雨流计数结果按照一定比例进行叠加，形成复合工况下的载荷雨流矩阵，载荷雨流矩阵的叠加公式为

$$R = \sum_{i=1}^{n} k_i R_i \tag{4-3}$$

式中：k_i为比例系数；R_i为雨流矩阵值。

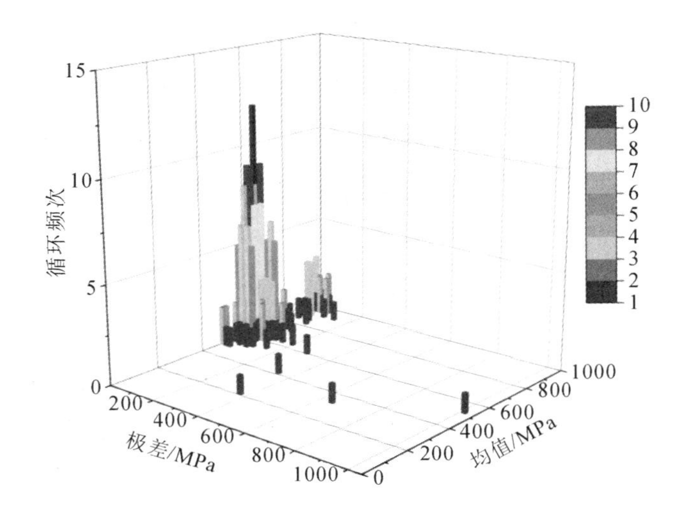

图 4-122　满载工况下观测平环应力最大单元 1443923 的载荷-时间历程雨流计数结果

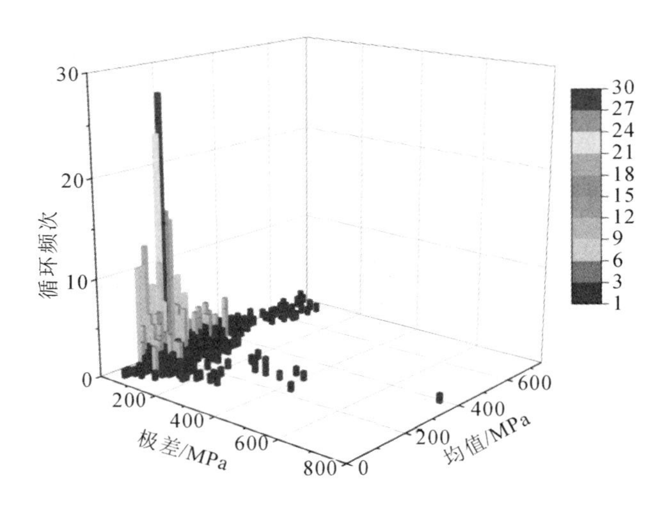

图 4-123　满载工况下观测立环应力最大单元 1019511 的载荷-时间历程雨流计数结果

不同工况在刮板输送机的寿命周期中所占的比例不同，假设空载工况占10%，半载工况占 40%，满载工况占 50%，则叠加后得到可以直接用于疲劳寿命分析的载荷雨流矩阵直方图，如图 4-124 至图 4-126 所示。

在图 4-124 至图 4-126 中均包含空载工况、半载工况和满载工况的载荷雨流矩阵，三种工况按照 1 ∶ 4 ∶ 5 的比例进行叠加，总时间仍然为 3 s，即总载荷雨流矩阵代表链传动系统在复合工况下运行 3 s 时间所承受的循环载荷。

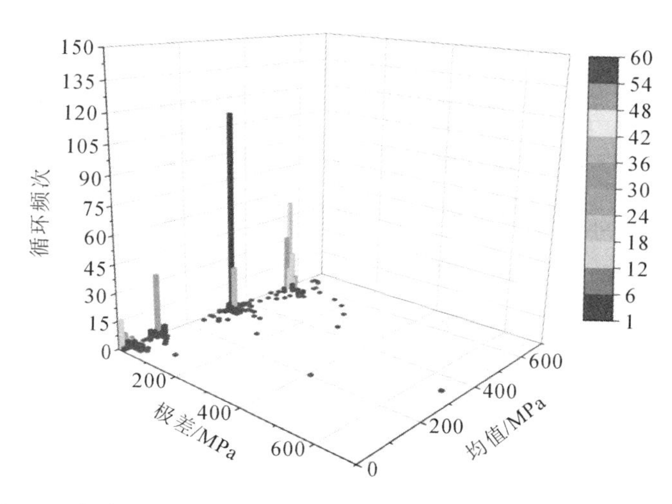

图 4-124 复合工况下链轮应力最大单元 28379 的载荷雨流矩阵直方图

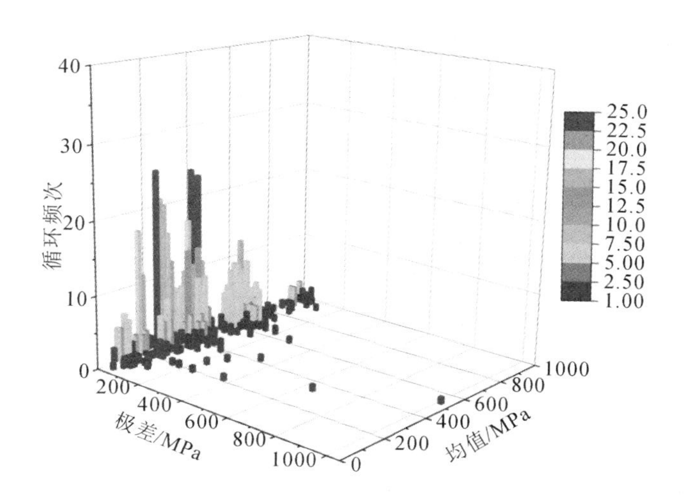

图 4-125 复合工况下观测平环应力最大单元 1443923 的载荷雨流矩阵直方图

3. 材料 S-N 曲线的近似估计

S-N 曲线的一般表达式为

$$S^m N = c \tag{4-4}$$

式中:m 和 c 是疲劳寿命测试中与材料、加载方式等相关的参数;S 为零件所承受的最大交变应力;N 为循环次数。

对式(4-4)取对数,可以得到

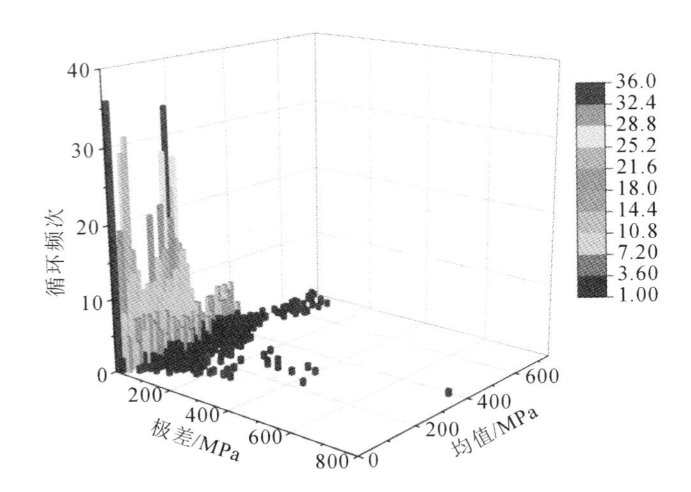

图 4-126　复合工况下观测立环应力最大单元 1019511 的载荷雨流矩阵直方图

$$m\lg S + \lg N = \lg c \tag{4-5}$$

令 $X = \lg c/m$，$Y = -1/m$，代入式(4-5)，整理可以得到 S 和 N 的关系式：

$$\lg S = X + Y\lg N \tag{4-6}$$

由式(4-6)可知，在高周疲劳区，应力值 S 与寿命 N(即循环次数)之间是一种对数线性关系。

受到条件的限制，无法通过试验获得链轮和链环材料的真实 S-N 曲线，但可以通过材料的强度极限 S_0 和疲劳极限 S_f 的数据，对材料的 S-N 曲线进行偏保守的近似估计。此处所研究的疲劳特性主要是针对高周疲劳条件下的，对于 $N<10^3$ 时的应力状态不予考虑，一般假设 $N=10^3$ 时的应力值 $S_3=0.9S_0$。对于金属材料，一般认为 $N=10^7$ 时对应的应力值 S_7 即为疲劳极限 S_f，考虑到估计 S_f 时误差的影响，引入修正系数 k_f 进行估计，即

$$S_7 = S_f = k_f S_0 \tag{4-7}$$

由 S-N 曲线的一般表达式(4-4)可得

$$(0.9S_0)^m 10^3 = (k_f S_0)^m 10^7 = c \tag{4-8}$$

根据式(4-8)可以求得 S-N 曲线中的参数：

$$m = 4/\lg(0.9/k_f), \quad c = (0.9S_0)^m 10^3 \tag{4-9}$$

链轮材料为 35CrMo，其抗拉强度极限约为 763 MPa，链环的材料为

23MnNiMoCr54，其抗拉强度极限约为 1335 MPa。在链传动系统运行过程中，链环和链轮承受的载荷主要是拉压载荷，所以修正系数 $k_f=0.35$，可以得到链轮材料的疲劳极限约为 267 MPa，链环材料的疲劳极限约为 467 MPa，采用该方法进行 S-N 曲线的近似估计，仅适用于高周疲劳区域，即 $N=10^3\sim10^7$ 的循环次数之间。根据拉伸强度极限估计，链轮、链环材料的估计 S-N 曲线如图 4-127所示。

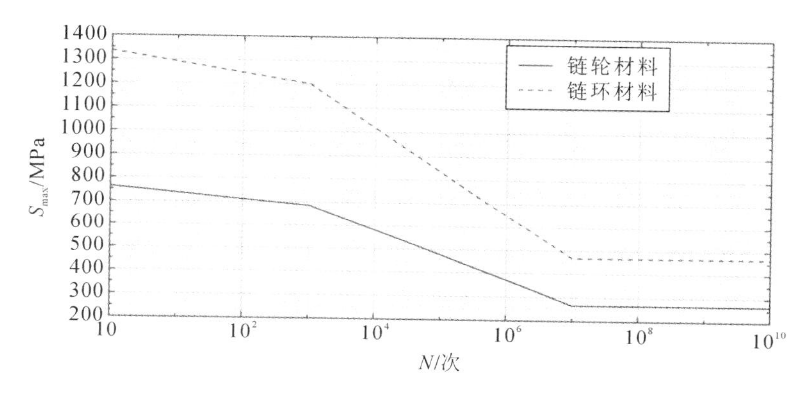

图 4-127 链轮、链环材料的估计 S-N 曲线

在材料加工制造成零件结构的过程中，形状、表面质量等会发生变化，导致材料与零件结构在疲劳寿命上存在一定的差异，这时需要对材料的 S-N 曲线进行一定修正，以得到适用于零件结构的 S-N 曲线。零件结构的 S-N 曲线可通过引入修正系数，或者直接通过零件结构的疲劳试验得到。通过疲劳试验的方法最为真实可靠，但是零件结构在外形、尺寸等方面存在较大差异，无法对各尺寸的零件逐一进行试验，所以工程上一般不会采用疲劳试验的方法，而是通过引入修正系数对材料的 S-N 曲线进行修正，一般利用式(4-10)进行修正：

$$S_a=\frac{\sigma_a}{K_g} \tag{4-10}$$

式中：S_a 为零件结构的 S-N 曲线的应力；σ_a 为材料的 S-N 曲线的应力；K_g 为强度衰减因子，与零件结构的外形、尺寸、表面质量等因素有关。

4. 疲劳寿命计算结果

图 4-128 所示为在 DesignLife 中采用 Stress Life(疲劳寿命)模块进行疲劳寿命分析时的流程图，需要将图 4-124 至图 4-126 的载荷谱块输入 DesignLife

中的 Stress Life 模块，根据链轮和链环材料的估计 S-N 曲线，设置 Stress Life 模块材料参数，采用 Meta Data Display 模块连接 Stress Life 模块的 Fatigue results 输出端，进行疲劳寿命计算结果的显示，Histogram Display 模块连接 Stress Life 模块的 Damage Histogram output 输出端，方便对损伤直方图进行显示。

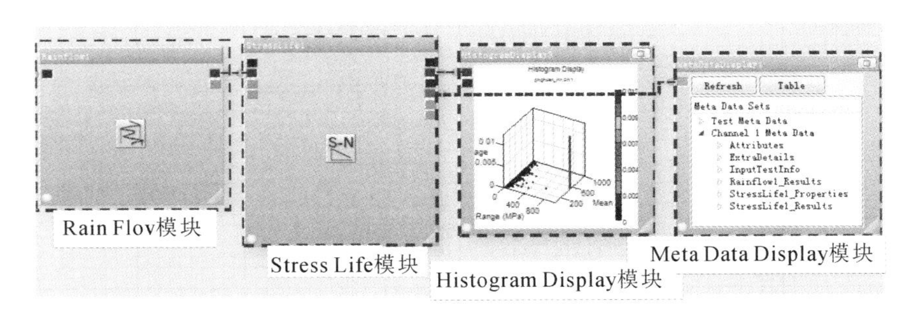

图 4-128 DesignLife 疲劳寿命分析流程图

在 Stress Life 模块的高级选项中选用古德曼(Goodman)模型对平均应力进行修正，该模型在工程上应用较为广泛。选择线性疲劳累积损伤理论进行疲劳寿命计算，链轮、观测平环和观测立环危险部位的损伤直方图分别如图 4-129 至图 4-131 所示，链轮、观测平环和观测立环危险部位的疲劳寿命计算结果如表 4-25 所示。

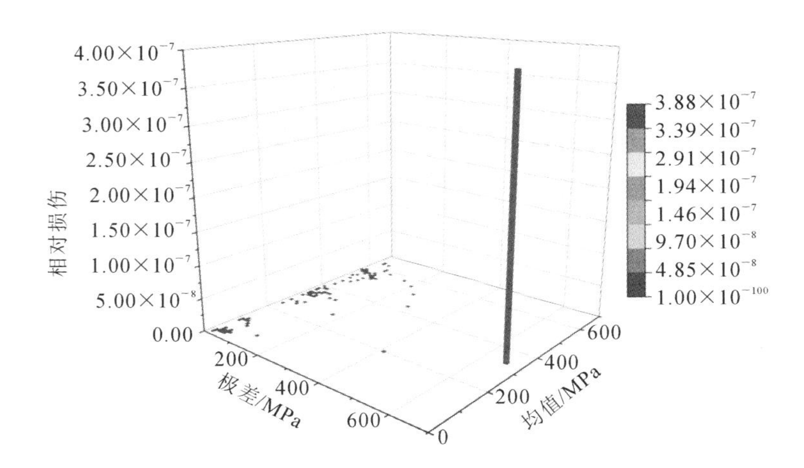

图 4-129 复合工况下链轮危险部位的损伤直方图

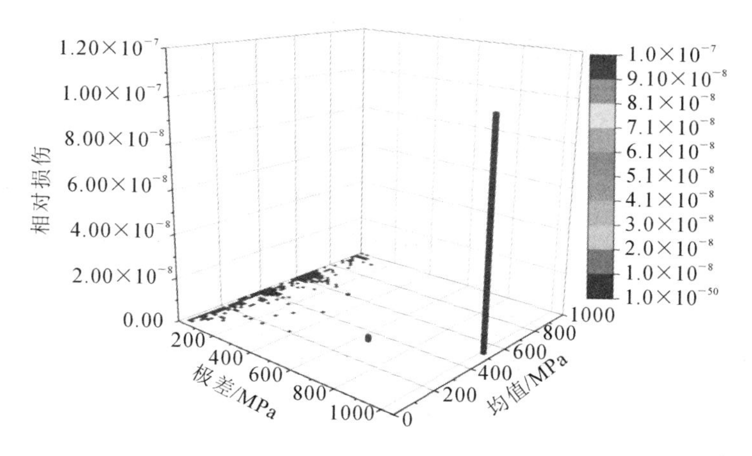

图 4-130　复合工况下观测平环危险部位的损伤直方图

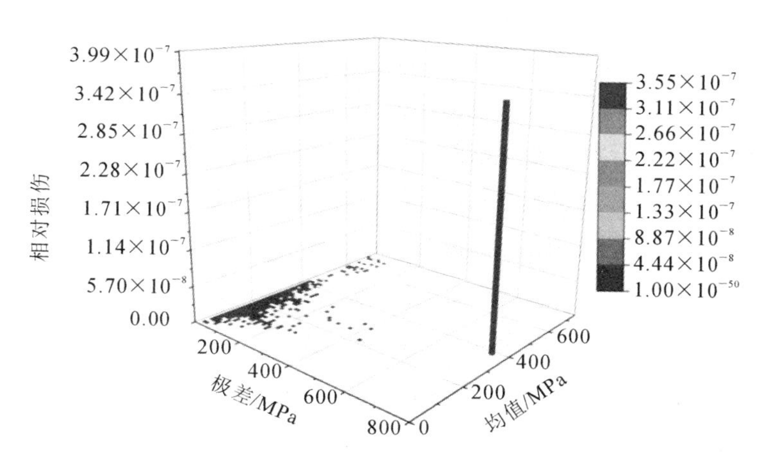

图 4-131　复合工况下观测立环危险部位的损伤直方图

由图 4-129 至图 4-131 可知,对链轮损伤最大的载荷循环极差为 650 MPa,均值约为 320 MPa,对观测平环损伤最大的载荷循环的极差为 1010 MPa,均值约为 320 MPa,对观测立环损伤最大的载荷循环的极差约为 780 MPa,均值约为 390 MPa。可以看出几乎所有的疲劳损伤都是由某个幅值很大的循环引起的,这种现象也说明了,大多数的疲劳损伤均是由有限的载荷循环所造成的。

表 4-25 危险部位的疲劳寿命计算结果

零件名称	循环次数	运行时间/h
链轮	6.204×10^5	1551
观测平环	8.818×10^5	2257
观测立环	7.887×10^5	1997

由表 4-25 可以看出，链传动系统中链轮的疲劳寿命最低，链窝危险部位的疲劳寿命约为 1551 h，如果假设刮板输送机每天运行 18 h，则可以得到链轮的使用时间约为 86 天，观测平环的疲劳寿命最长，安全使用寿命约为 125 天，观测立环的运行寿命约为 110 天。

4.6.3 疲劳寿命敏感性分析

疲劳寿命计算结果具有一定的随机性，本质上具有统计特性，即使对同一批次的相同零件进行疲劳寿命试验，得到的试验结果也往往不同。基于疲劳寿命分析结果的这种特点，借助 DesignLife 计算不同输入参数对疲劳寿命的影响，对链轮、平环和立环进行不同条件下的疲劳寿命计算，得到疲劳寿命对不同输入参数的敏感性。

1. 过载敏感性分析

刮板输送机的载荷受到落煤量的影响，具有很大的随机性，且极易出现过载工况。为了研究过载工况对疲劳寿命的影响，可设置 Stress Life 模块中的载荷缩放因子(scale factor)来模拟过载工况，对每个载荷循环乘以一定的比例系数(即载荷缩放因子)，即可模拟过载时的载荷循环情况。通过设置不同的载荷缩放因子，得到链轮、平环和立环的过载敏感性曲线，如图 4-132 所示。

由图 4-132 可知，零件的疲劳寿命随着过载量的增加近似呈现指数降低的趋势。以平环的疲劳寿命分析结果为例：当载荷缩放因子为 1，即无超载量时，平环的疲劳寿命约为 125 天；当载荷缩放因子为 1.1，即超载量为 10%时，平环的疲劳寿命缩减为 60 天左右；当载荷缩放因子为 1.2，即超载量达到 20%时，平环的疲劳寿命仅为 26 天，使用寿命大大缩短。由过载敏感性曲线可知，链轮与立环均具有相似的变化趋势，可见，刮板输送机在过载工况下运行时，链轮、

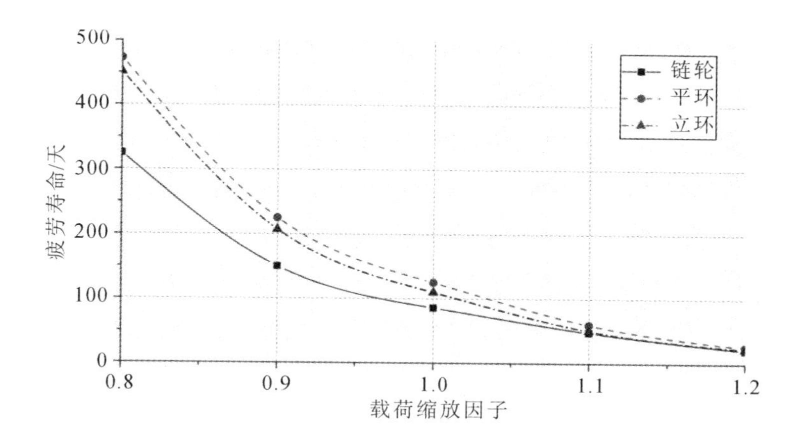

图 4-132 过载敏感性曲线

平环和立环的疲劳寿命会大幅缩短。

2. 残余应力敏感性分析

零件的加工制造过程通常会引入残余应力,残余应力会影响零件的疲劳损伤速度。残余应力分为残余拉应力和残余压应力,其中残余压应力有助于提高零件表面强度,延长疲劳寿命;残余拉应力则恰好相反,它会加快疲劳损伤。在疲劳寿命计算 Stress Life 模块中设置对应参数,来模拟残余拉应力对疲劳寿命造成的影响,得到残余应力敏感性曲线,如图 4-133 所示。

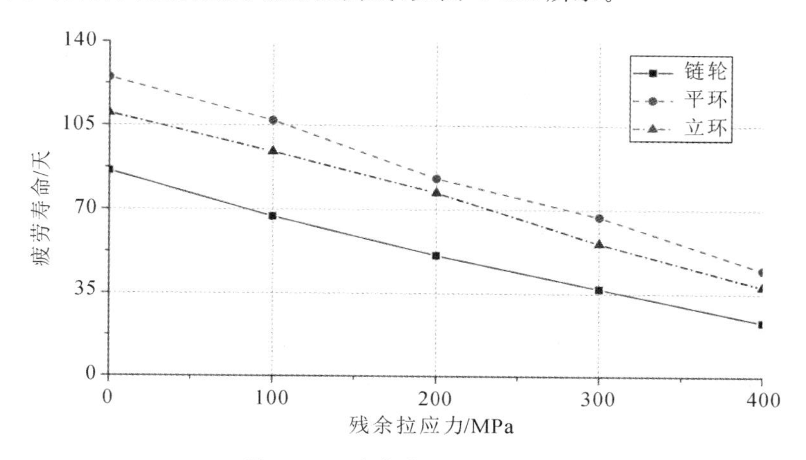

图 4-133 残余应力敏感性曲线

由图 4-133 可知,零件的疲劳寿命随着残余拉应力的增加大致呈现线性递减的变化趋势。以平环的疲劳寿命计算结果为例:当残余拉应力为 0,即不考虑残余拉应力时，平环的疲劳寿命约为 125 天；当残余拉应力为 100 MPa 时，平环的疲劳寿命约为 107 天，使用寿命减少了约 14%；当残余拉应力为 200 MPa 时，平环的疲劳寿命计算结果为 83 天，使用寿命减少了约 34%。通过对比残余应力敏感性曲线可知，链轮和立环具有相似的变化趋势。

3. 表面处理方式敏感性分析

合理的表面处理方式会强化零件表面的力学性能，有助于减缓疲劳损伤，延长零件的疲劳寿命，但是表面处理仅适用于高周疲劳损伤，对于大载荷引起的低周疲劳损伤不适用。通过仿真分析可知，链传动系统的关键零部件的疲劳损伤均属于高周疲劳损伤，因而合理的表面处理会延长零件的疲劳寿命。以不做处理、喷丸处理、氮化处理三种表面处理方式为例，研究表面处理方式对疲劳寿命的影响。表面处理方式敏感性统计结果如图 4-134 所示。

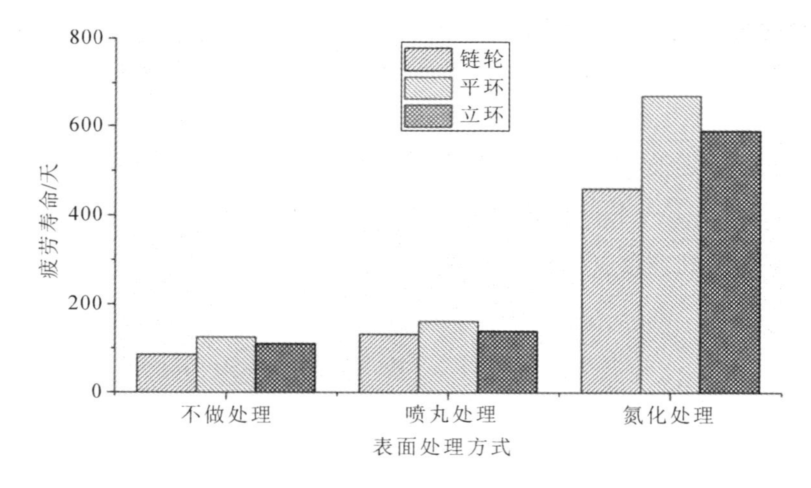

图 4-134　表面处理方式敏感性统计结果

由图 4-134 可知，不同的表面处理方式会对链传动系统零件的疲劳寿命产生较大的影响。以平环的疲劳寿命计算结果为例：在不做处理的情况下，其疲劳寿命约为 125 天；对其进行喷丸处理后的疲劳寿命变为 161 天，寿命增加了约 29%；氮化处理后，平环的疲劳寿命变为 670 天，疲劳寿命大大增加。表面处理后，疲劳寿命均有所增加，这是由于喷丸处理后，零件表面会形成压应力，在一定程度上减缓了疲劳损伤，而氮化处理后，零件表面会形成高耐磨性、耐疲劳性的保护层，延长了零件的疲劳寿命。

第5章 刮板输送机动态性能试验研究与测试手段

现有的关于刮板输送机，尤其涉及重型、超重型刮板输送机的动力学特性试验研究中，大多针对刮板输送机的单个子系统，如减速器传动系统、链轮-链条啮合传动系统等进行单独研究。由于刮板输送机长运距工作的特殊工作特点，采用单个子系统进行试验研究可以在最大程度上降低试验的成本，但刮板输送机是一个复杂的、高度耦合的多体动力学系统，仅其链传动系统就由链轮-链条啮合、链条-刮板-中部槽耦合摩擦组成，对单个子系统的动力学特性进行试验研究并不能完全反映刮板输送机真实的动力学特性，尤其是在煤矿井下各种复杂、恶劣的工况下。因此，在实际工况下，对刮板输送机整机进行动力学特性试验就显得十分有必要。

本章搭建了刮板输送机动力学特性试验台，以SGD-320/17B型刮板输送机为基础，对其机体进行了改进：缩短了中部槽长度及刮板间距，在中部槽底部安装了支撑钢板及液压千斤顶，用以模拟地形起伏特征；将其电动机由普通电动机改为变频电动机，并适当加大了电动机功率；安装了对刮板输送机的链速进行调节的变频器，以便对不同链速下刮板输送机的动力学特性进行研究；在机头链轮轴、机尾链轮轴安装了测速装置，模拟前后链轮在不同工况下的速度波动和差异；受限于链轮轴的空间结构，在电动机与减速器的联轴器上安装了动态信号无线采集传感器，采集刮板输送机在运行过程中机头和机尾的链轮转速，在链环、中部槽、刮板上安装了采集振动信号的加速度传感器，以便分析真实工况下刮板输送机的动力学特性。本章还针对试验过程及实际工况中经常出现的卡链、断链问题进行了原因分析，并提出了相应的改进措施，同时对刮板输送机的测试手段进行了描述。

5.1 试验台搭建

本章所搭建的刮板输送机动力学特性试验台如图 5-1 所示，其主要由机械模块（刮板输送机试验台本体）、电气控制模块（实现刮板输送机的无级调速和正反转控制）、测量模块（对机头、机尾链轮转速及链环的振动进行采集、提取和分析）组成，试验台的搭建过程和各模块的详细作用介绍如下。

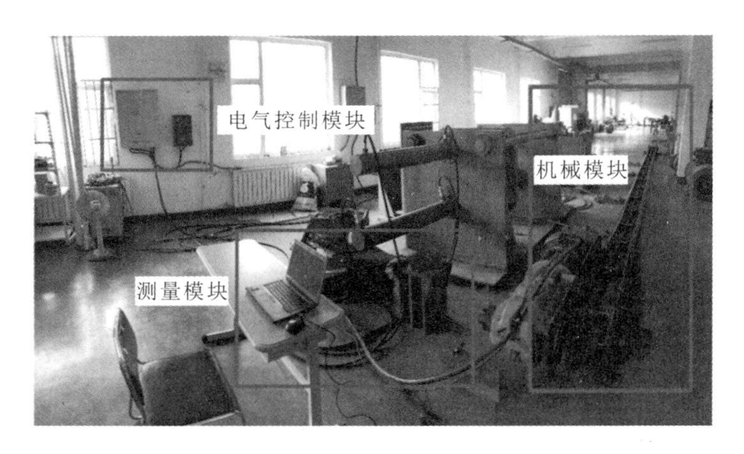

图 5-1　刮板输送机动力学特性试验台

5.1.1 机械模块

刮板输送机动力学特性试验台的机械模块如图 5-2 所示，主要包括改进的 SGD-320/17B 型刮板输送机、液压千斤顶和支撑钢板（见图 5-3）等辅助元件。如图 5-4 所示，大块煤冲击装置可以实现冲击工况的仿真试验，由门架、手摇绞车、钢丝绳、冲击平台、电控锁等几部分组成。大块煤通过人工的方式加载到大块煤冲击装置的冲击平台上，冲击平台下方设置电控锁，通过远程控制，电控锁缩回，冲击平台下底板打开，使大块煤冲击到下方的刮板输送机上。冲击平台通过手摇绞车上下移动，使大块煤能够在任意高度掉落。本大块煤冲击装置能够实现的落煤高度为 40～220 cm，能够模拟实际工况，同时大块煤冲击装置下方设置了四个行走轮，能够使本装置沿着刮板输送机运行方向前后移动，从而能够调整煤块冲击的位置。

图 5-2 试验台的机械模块

图 5-3 液压千斤顶和支撑钢板

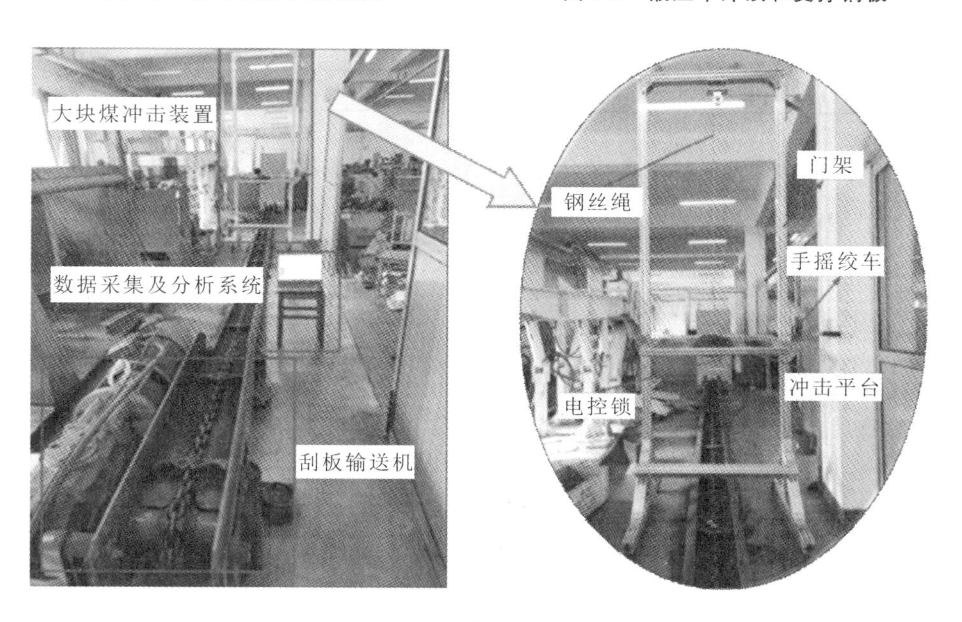

图 5-4 大块煤冲击装置

SGD-320/17B 型刮板输送机的设计工作长度为 80 m，设计电动机功率为 17 kW，受限于实验室空间，无法按照其原始长度进行安装，因此将试验台的安装长度调整为 12 m，每节中部槽的长度由原来的 1.2 m 缩短为 0.6 m，并适当调整了刮板间距。此外，考虑到变频器在变频调速时，尤其是低频状态下功率损失较为严重的情况，将该型刮板输送机的电动机功率由 17 kW 提高到 18.5 kW。试验台主要技术参数如表 5-1 所示。

表 5-1　试验台主要技术参数

技术参数	参数数值
电动机额定功率/kW	18.5
变频电动机转速/(r/min)	1470
刮板输送机工作长度/m	12
中部槽尺寸/(长×宽×高,mm×mm×mm)	600×320×156
额定链速/(m/s)	0.59
链条规格/(mm×mm)	ϕ14×50
圆环链破断力/kN	>250
减速器传动比	24.95
工作电压/V	380
液压千斤顶调节高度/mm	85～350
刮板输送机最大水平弯曲角度/(°)	3

刮板输送机理想的工作条件为“三平一直”，即：煤壁、刮板输送机、液压支架三者平行，刮板输送机铺直。但在实际工作环境中，刮板输送机底部经常出现高低起伏不平的情况，且经常伴随着液压支架底部推移千斤顶从而推移中部槽的情况，这些复杂的工况在一定程度上恶化了刮板输送机的动力学特性，现有的仿真分析和试验通常也忽略了这一点。为了详细研究地形状况对刮板输送机动力学特性的影响，在中部槽的底部安装了支撑钢板和液压千斤顶，如图 5-3 所示，实现了中部槽的水平弯曲和垂直弯曲，最大限度地模拟了刮板输送机的实际工况，为准确获取刮板输送机的动力学特性奠定了基础。

图 5-5　限矩保险螺栓安装位置

为了防止在启动或卡链过程中，链轮轴扭矩过大导致电动机“堵转”，减速器第四轴采用空心轴设计，并在此处安装了限矩保险螺栓，如图 5-5 所示。动力传递到空心轴后，经限矩保险螺栓传递到与机头链轮固连的轴上，在发生卡链、启动力矩过大、刮板链刮卡等情况时，限矩保险螺栓将被切断，这样电动机的动力就无法传递给机头链轮，从而保护了整个试验台。

5.1.2　电气控制模块

为了模拟不同链速对刮板输送机动力学特性的影响，试验台中采用了18.5 kW的变频电动机，配套了上海启变电气有限公司生产的QBN9000-30型高性能通用矢量变频器，实现了刮板输送机的无级调速和正反转控制。

同电动机直接驱动刮板输送机的启动相比，采用变频器之后，刮板输送机的启动特性得到了明显提升，基本避免了启动过程中的卡链、电动机堵转等问题。

为了避免电路中的谐波信号、电压波动对变频器、电动机及信号采集设备的影响，在变频器的输入和输出侧分别安装了输入电抗器、输入噪声滤波器及输出电抗器和输出滤波器，电源（三相交流电源）由漏电保护器接出后，经电磁继电器流入输入电抗器和输入噪声滤波器，然后流向变频器，从变频器流出后经输出噪声滤波器和输出电抗器，与电动机相连。电气控制模块原理图和实物图分别如图5-6和图5-7所示。

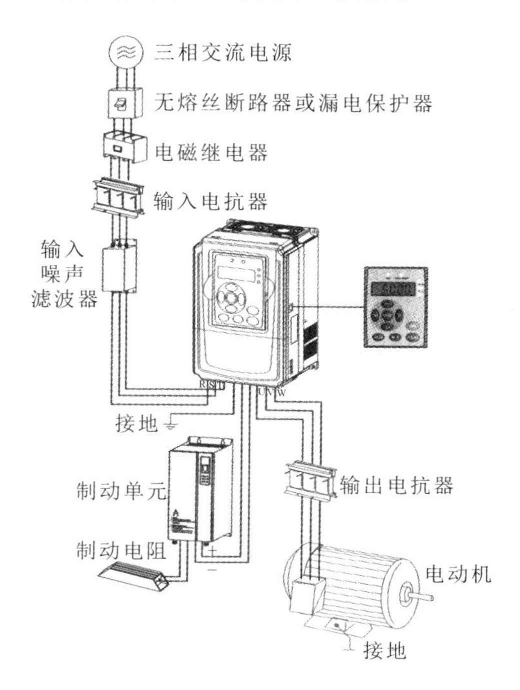

图5-6　电气控制模块原理图

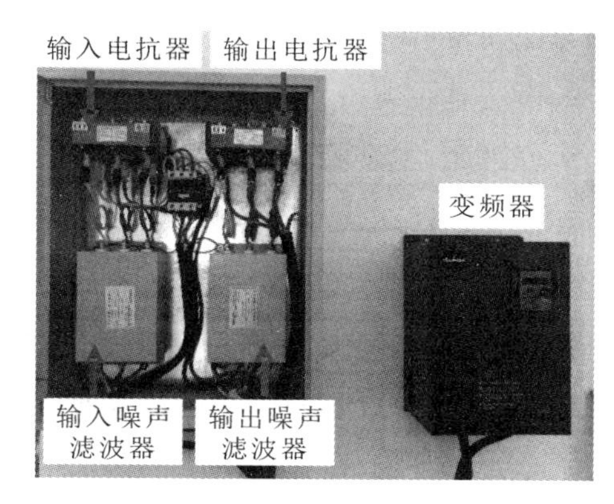

图5-7　电气控制模块实物图

输入电抗器主要用来限制电网电压突变和操作过电压引起的电流冲击、平滑电源电压中包含的尖峰脉冲，或平滑桥式整流电路换相时产生的电压缺陷，有效地保护变频器和改善功率因数，它既能阻止来自电网的干扰，又能减少整流单元产生的谐波电流对电网的污染；输出电抗器主要作用是补偿长线分布电容的影响，并能有效抑制输出谐波电流，提高输出高频阻抗，减少高频漏电流，起到保护变频器、减小设备噪声的作用。输入和输出噪声滤波器则用来抑制和消除试验台中的强电磁干扰与电火花干扰，保证系统的安全运行及数据采集模块的可靠工作。试验台安装了上述电气设备后，具有以下优点：

（1）降低了线路中的电压波动，避免了电压异常导致刮板输送机工作异常的情况；

（2）减少了刮板输送机启动过程中对电网的冲击，有效减少了无功损耗，增加了电网的有效功率；

（3）实现了刮板输送机的“软启动”，减少了机械部件在启动瞬间的冲击和磨损，提高了系统的工作稳定性；

（4）变频器可以与可编程控制器(programmable logical controller，PLC)和计算机实现通信控制，通过 PLC 编程或上位机编程自由设置启动模式。

5.1.3 测量模块

通过第 4 章的仿真分析可知，反映刮板输送机动力学特性的物理参数主要有链环-链轮啮合的接触力、链环速度、链条张力等，链环速度(或链轮转速)可直接测得，而啮合的接触力通常无法直接测得，对于链条张力的测量，目前通用的做法是在链条出厂之前，将张力传感器预埋在链环中，但安装和调整难度较大。因此，本试验决定采集机尾链轮转速来描述不同工况下刮板输送机整机的动力学特性变化情况。测量模块采用江苏东华测试技术股份有限公司(简称东华测试)的 DH5905 动态信号无线采集传感器，配套相应的数据采集和分析软件。而对于链环、刮板、中部槽的振动特性，在本试验中采用加速度传感器进行测量，并通过配套的软件进行数据的读取。

1. 硬件部分

DH5905 动态信号无线采集传感器可用于空间狭小或有线传输不便等情况

下的旋转轴应变、扭矩、轴功率等物理量的测量。测试系统采用 Wi-Fi 无线通信技术，可实时完成对旋转轴扭矩、轴功率信号的调适、采集，并将数据无线传输至计算机实时存储和显示。该测试系统的主要技术指标如表 5-2 所示。

表 5-2　DH5905 动态信号无线测试系统的主要技术指标

技术指标	参数数值
采样速率/Hz	4000、2000、1000、500、200、100、50、20、10
满度值/$\mu\varepsilon$	±50000、±20000、±10000
系统不确定度	不大于 0.5%red±3$\mu\varepsilon$
桥路方式	全桥、半桥
无线通信距离/m	20
转速测量范围/(r/min)	30～30000
转速测量精度	小于 0.05%±1r
转轴比	0.01～100
转速输入信号范围	TTL(transistor-transistor logic，晶体管-晶体管逻辑)、CMOS(complementary metal oxide semiconductor，互补金属氧化物半导体器件)脉冲序列

为了采集刮板输送机在不同工况下电动机中的电流变化，在电动机的一相中安装了采集相电流的电流互感器，如图 5-8 所示。所用电流互感器的量程为 0～50 A，输出信号为 4～20 mA 的电流，运用 Tektronix 公司的示波器测出电动机运行过程中该相电流信号并保存为 csv 格式的数据文件以供分析，如图 5-9 所示。

图 5-8　电流互感器

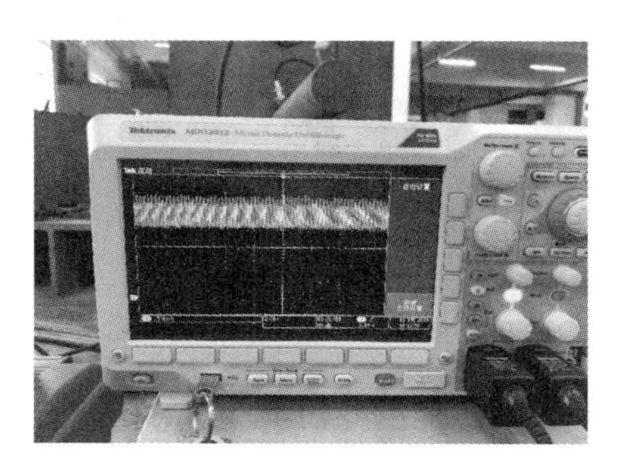

图 5-9　Tektronix 公司的示波器

转速测量装置的安装：由于要同时测量机头、机尾链轮的转速变化和差异情况，因此在机头链轮轴和机尾链轮轴上分别固定反光片，采用激光发射器采集反光片的脉冲频率。为保证采集精度，在机头链轮轴上以45°均布安装了8片反光片（脉冲数为8），如图5-10所示；在机尾链轮轴上以60°均布安装了6片反光片（脉冲数为6），如图5-11所示。

图5-10　机头反光片位置

图5-11　机尾反光片位置

图5-12　加速度传感器示意图

在动态信号无线采集传感器的工作过程中，采集模块在接通电源后将自动发射无线信号，计算机连接该无线热点后，可在配套的DH5905动态测试软件中接收到所采集的应变信号。由于1个采集模块只能采集1个转速通道，因此机头、机尾的转速信号由两个转速通道分别同时测得，再将测得的转速进行分析和处理，获取机头、机尾链轮在各种运行工况中的波动情况和转速差。

图5-12所示为加速度传感器示意图，该传感器的品牌是维特智能，型号为BWT901BLECL5.0，可以测量三个方向的加速度信号，表5-3为加速度传感器的参数。

表 5-3 加速度传感器的参数

参数	参数信息
工作电流/mA	15
输出频率/Hz	0.2～200
与上位机连接方式	蓝牙

2. 软件部分

图 5-13 所示为配套的 DHDAS 动态信号采集分析系统主界面，该系统由东华测试自主开发，包括底层驱动程序、通信协议等，集数据采集、基本分析、阶次分析、现场动平衡、冲击波形检测、试验模态分析、声学分析等多种工程应用与分析于一体，采用模块化管理机制，使用简单便捷。图 5-14 所示为加速度传感器配套的加速度信号采集系统界面。

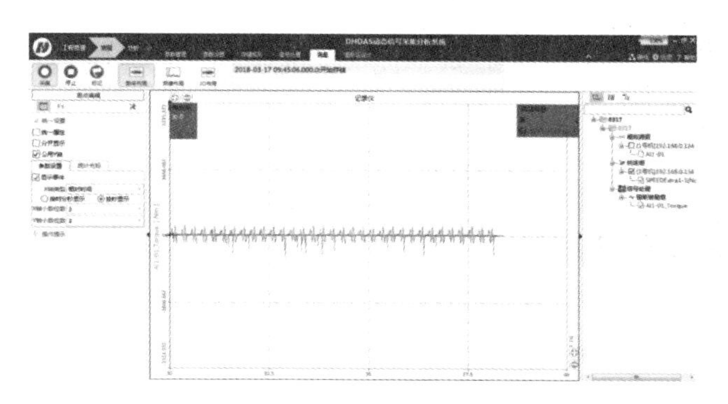

图 5-13 DHDAS 动态信号采集分析系统主界面

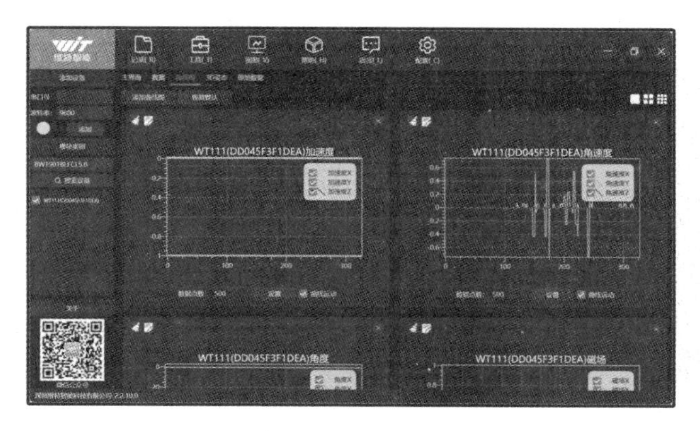

图 5-14 加速度信号采集系统界面

5.2 研究分析方法

本节分别提出了基于机头、机尾链轮转速差的动态性能分析方法，基于特殊点法的链环动态性能研究方法和基于中部槽振动特性的故障检测方法。

转速测量装置的安装如图 5-10 、图 5-11 所示，测量机头、机尾链轮在不同工况下的转速差来对其动态性能进行评估。

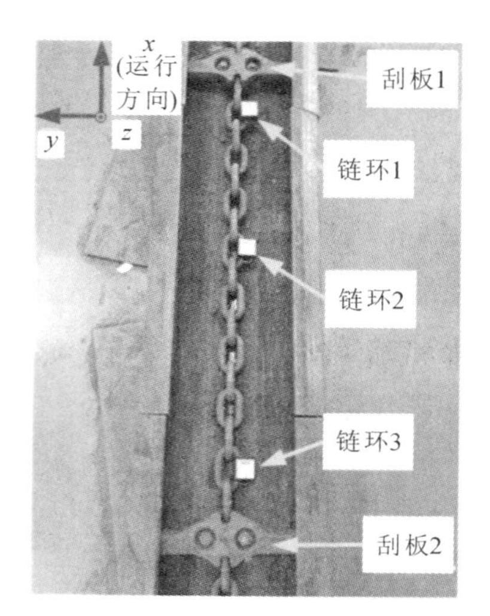

图 5-15　刮板链组件

链传动系统的一股链条被刮板划分成多段，每一段都可以认为是一个刮板链组件，如图 5-15 所示。因此，若得知了一个刮板链组件的动力学特性，便可以知道整股链条的动力学特性。基于上述思路，将加速度传感器贴在链环组的链环 1、链环 2、链环 3 处，刮板链组件的前侧刮板定义为刮板 1，后侧刮板定义为刮板 2。并规定链传动系统的输煤方向为 x 向（运行方向），重力方向为 z 向（纵向），垂直于 x 向和 z 向的方向为 y 向（横向）。

基于中部槽振动特性的故障检测方法：如图 5-16 所示，将传感器安装在不同位置的中部槽上，检测不同位置中部槽的振动异同性，并进一步确定出能够准确反映刮板输送机动态性能的中部槽位置。

(a)机头部

(b)中部

(c)机尾部

图 5-16　不同位置的中部槽

基于前文的理论和仿真分析可知，影响刮板输送机动力学特性的各因素中，链速、地形、载荷的影响最为突出，因此主要对这三个因素下刮板输送机的动力学特性进行试验和分析。

5.2.1 链速

利用变频器的调速特性，分别在 2 Hz、4 Hz、6 Hz、8 Hz、10 Hz、12 Hz、14 Hz、16 Hz、18 Hz、20 Hz 频率下进行试验，并同时采集机头链轮转速、机尾链轮转速的变化情况。各频率与电动机转速、机头链轮理论转速、链速的对应表如表 5-4 所示。

表 5-4　各频率与电动机转速、机头链轮理论转速、链速的对应表

变频器设定频率/Hz	电动机转速/(r/min)	机头链轮理论转速/(r/min)	链速/(m/s)
2	58.8	2.36	0.0236
4	117.6	4.71	0.0471
6	176.4	7.07	0.0707
8	235.2	9.43	0.0943
10	294.0	11.78	0.1178
12	352.8	14.14	0.1414
14	411.6	16.50	0.1650
16	470.4	18.85	0.1885
18	529.2	21.21	0.2121
20	588.0	23.57	0.2357

5.2.2 地形

在刮板输送机的工作过程中，其水平方向因承受液压支架底部推移千斤顶的推移作用而发生水平弯曲，垂直方向上由于工作面底板的高低起伏而发生垂直弯曲，因此在实际工况下，刮板输送机往往在“水平弯曲＋垂直弯曲”的复合工况下工作。基于此，试验中分别模拟了平直工况、水平弯曲(3°)工况、垂直弯曲(3°)工况、水平弯曲＋垂直弯曲复合工况，对这 4 种工况分别进行试验并采集相应的数据进行分析。刮板输送机 4 种典型地形工况的试验台构型如图 5-17 所示。

(a) 平直工况

(b) 水平弯曲工况

(c) 垂直弯曲工况

(d) 水平弯曲+垂直弯曲工况

图 5-17　刮板输送机 4 种典型地形工况的试验台构型

5.2.3　载荷

试验台的原型机 SGD-320/17B 型刮板输送机的设计电动机功率为 17 kW，设计工作长度为 80 m，设计运量为 40 t/h。本试验台将工作长度缩短为 12 m 且电动机功率加大为 18.5 kW，采集了空载和有载工况下的动力学特性数据进行对比分析。有载工况下，在刮板输送机的运行过程中采用人工铲煤的方式模拟采煤机割煤从而完成载荷的加载，如图 5-18 所示。

图 5-18　刮板输送机试验台有载工况

5.3 链速对动力学特性的影响分析

5.3.1 机头、机尾链轮转速分析

将所采集的机头、机尾链轮转速的波形信号汇总，如图5-19所示，从图中可以看出：随着链速的提升，链轮-链条啮合传动的多边形效应逐渐明显，机头和机尾的链轮转速波动更为明显；且除前3组(图5-19(a)(b)(c))外，其余7组数据中机尾链轮转速均在某时间点发生阶跃，其特征为短时间内转速大幅上升至正常值的数十倍，原因为刮板在运行过程中与中部槽和链轮发生了剧烈摩擦，其外表被磨削，在被激光笔照射时产生反光信号干扰了激光笔正常采集转速信号。

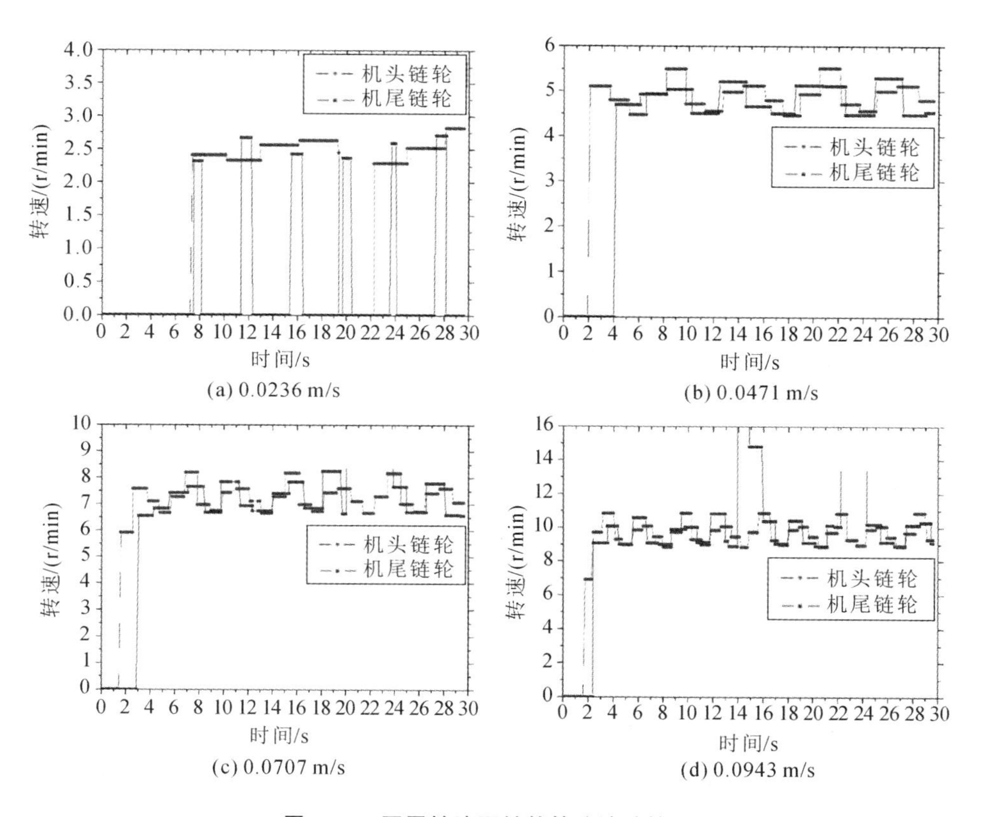

图5-19　不同链速下链轮转速波动情况

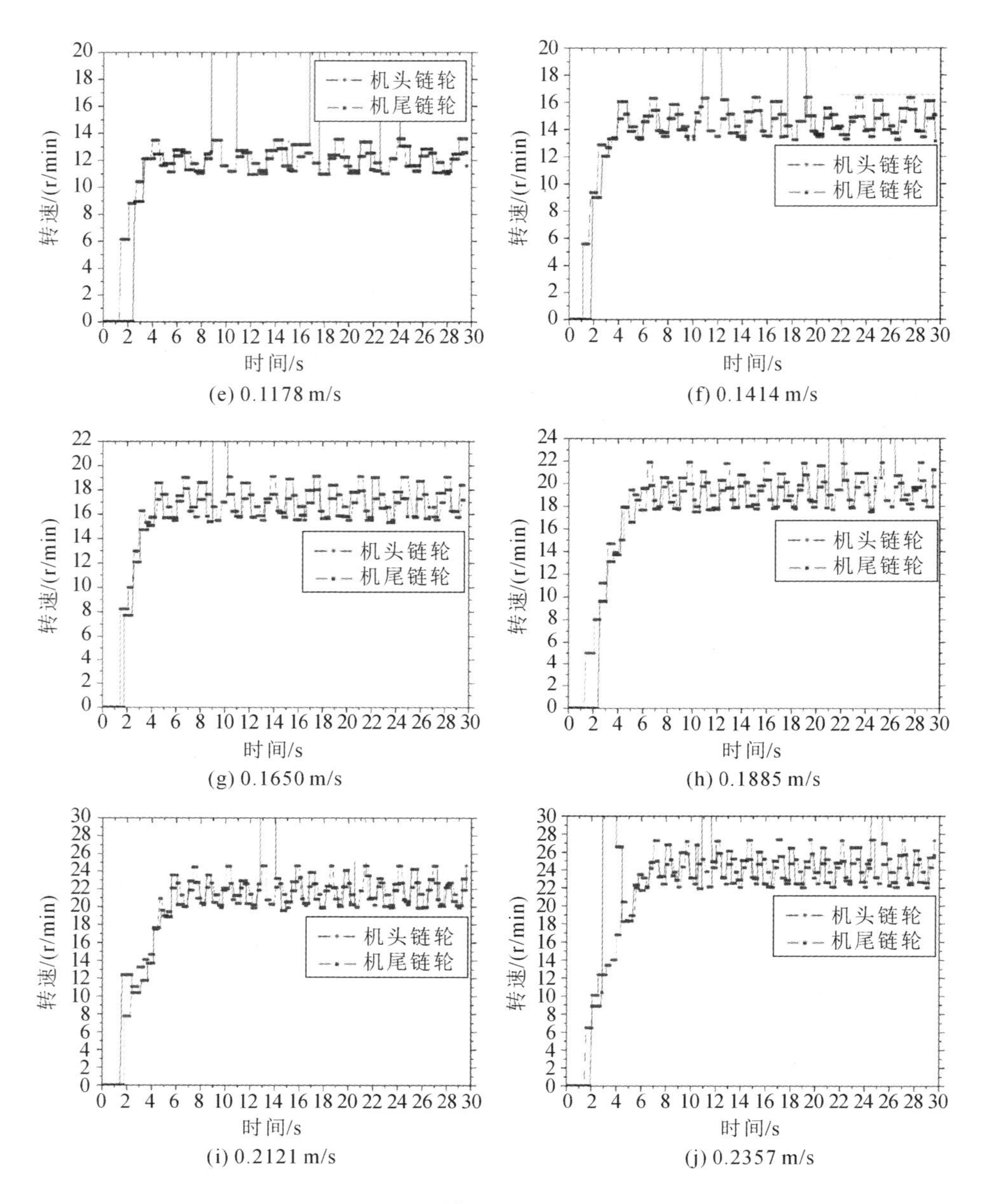

(e) 0.1178 m/s

(f) 0.1414 m/s

(g) 0.1650 m/s

(h) 0.1885 m/s

(i) 0.2121 m/s

(j) 0.2357 m/s

续图 5-19

在过滤掉机尾链轮转速中的干扰值之后，重新统计各链速下机头、机尾链轮平稳运行过程中的转速平均值，并计算机头、机尾链轮的转速差，如表 5-5 所示。

表 5-5 各链速下机头、机尾链轮转速相关数据

链速/(m/s)	机头链轮转速理论值/(r/min)	机头链轮转速平均值/(r/min)	机尾链轮转速平均值/(r/min)	转速差/(r/min)	转速差/机头链轮转速平均值×100%/(%)
0.0236	2.36	2.394	2.376	0.018	0.752
0.0471	4.71	4.752	4.710	0.042	0.884
0.0707	7.07	7.170	7.104	0.066	0.921
0.0943	9.43	9.480	9.534	−0.054	−0.570
0.1178	11.78	11.892	11.802	0.090	0.757
0.1414	14.14	14.418	14.310	0.108	0.749
0.1650	16.50	16.566	16.656	−0.090	−0.543
0.1885	18.85	19.230	19.104	0.126	0.655
0.2121	21.21	21.768	21.558	0.210	0.965
0.2357	23.57	23.922	23.790	0.132	0.552

由表中数据可知，机头链轮的实际转速（平均值）均高于理论转速，而机尾链轮转速与机头链轮转速平均值的转速差随链速的提升变化较小，最大转速差百分比为0.965。如前文所述，产生转速差的原因一方面是链条存在松边链和紧边链，另一方面则是链轮-链条啮合的多边形效应会造成转速波动。

5.3.2 电流波动信号分析

采集刮板输送机平稳运行过程中不同链速下电动机的相电流信号，如图5-20所示。

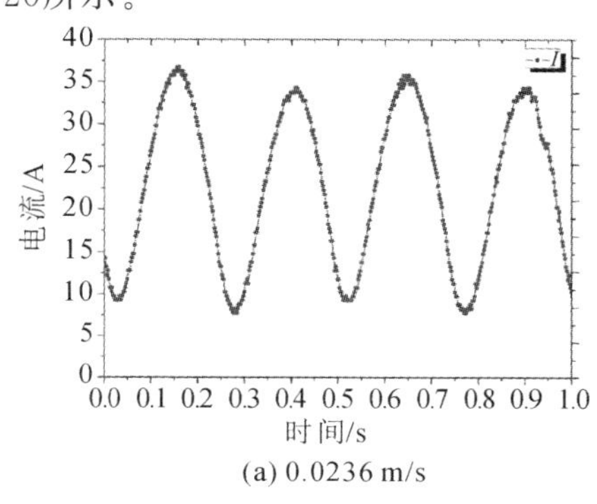

(a) 0.0236 m/s

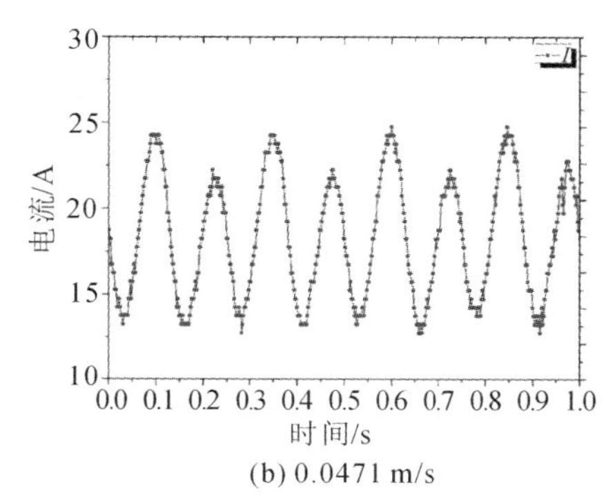

(b) 0.0471 m/s

图 5-20 不同链速下电动机的相电流信号

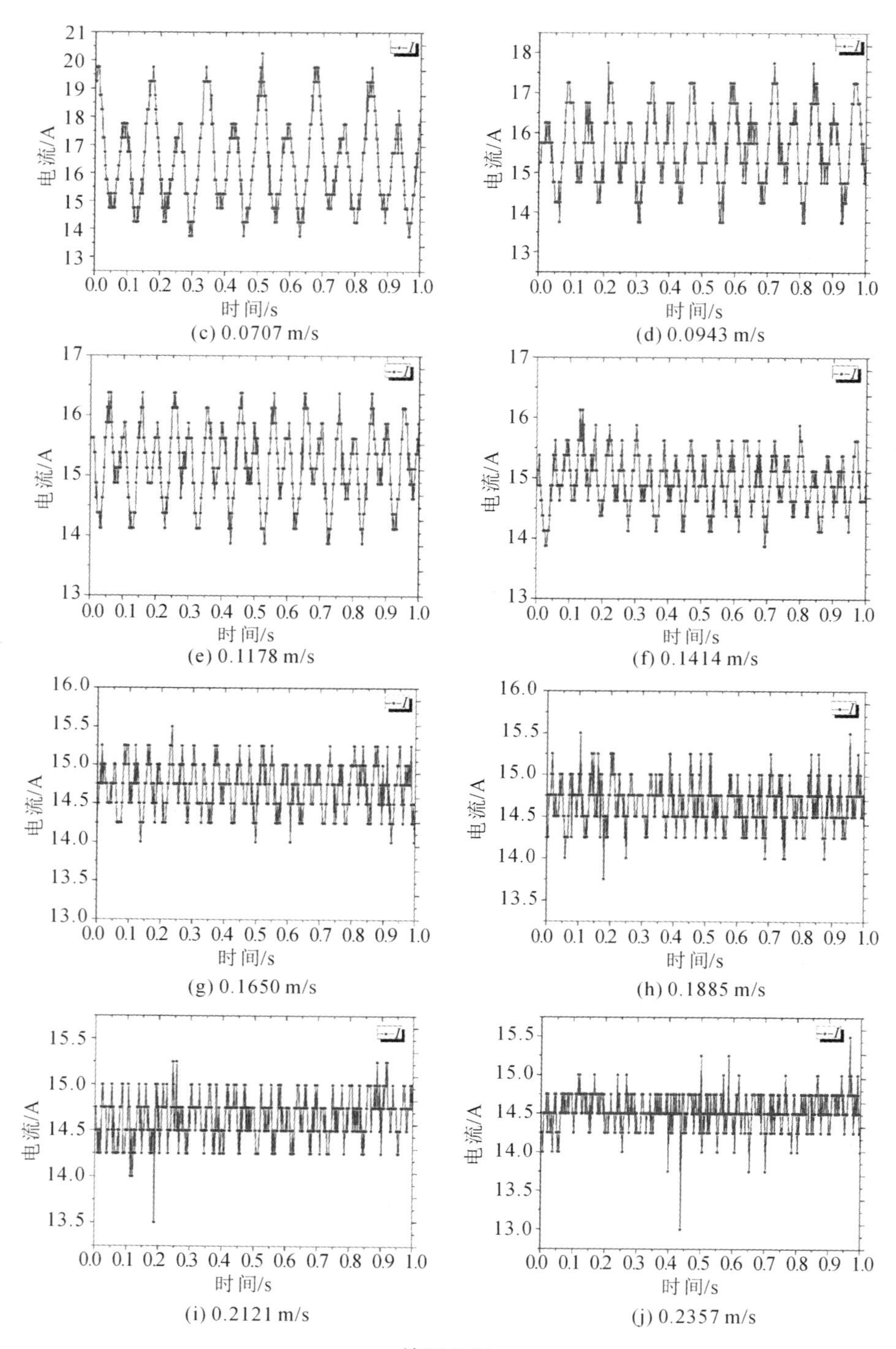

(c) 0.0707 m/s

(d) 0.0943 m/s

(e) 0.1178 m/s

(f) 0.1414 m/s

(g) 0.1650 m/s

(h) 0.1885 m/s

(i) 0.2121 m/s

(j) 0.2357 m/s

续图 5-20

对各电流在单位时间内进行积分，可得到不同链速下的相电流有效值，如图 5-21 所示。根据变频电动机的机械特性可知，在 50 Hz 以下，电动机为恒转矩输出，此时输出转矩保持在 120 N · m 不变，而在 2～20 Hz 的范围内，相电流有效值与设定频率近似成反比例关系，当频率较小时，相电流有效值的变化受频率影响较大，而随着频率的增大，相电流有效值逐渐下降且下降趋势放缓，最后趋于稳定值 14.5 A 左右。

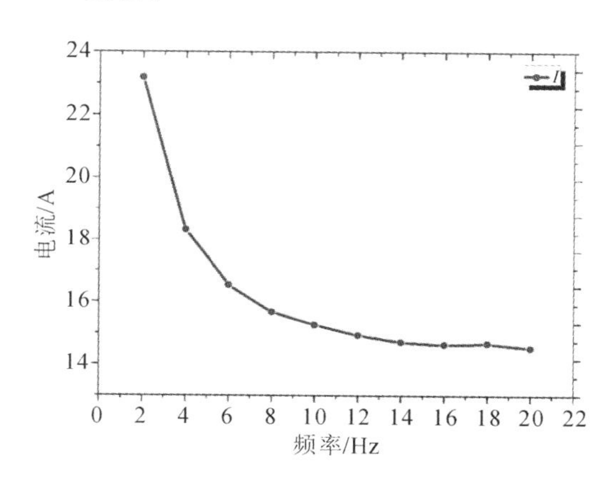

图 5-21 不同链速下的相电流有效值

5.3.3 链环振动特性分析

Jiang Shoubo 学者通过减速器输出轴的振动信号研究了不同链速下链传动系统整体的动力学特性，但并没有对局部的动力学特性进行研究。因此，本节对同一工况下不同位置链环的三向动力学特性进行对比分析研究。

1. 运行方向动力学特性分析

将相邻两刮板之间链环 1、链环 2、链环 3 在运行方向的加速度进行统计，如图 5-22 所示，分析其在不同链速下的加速度变化。

由图 5-22 可以发现，随着链速的增加，三处位置在运行方向的加速度波动区间呈现出逐渐增大的趋势，将本次试验的最小、最大链速（0.0707 m/s、0.2357 m/s）的加速度变化区间（振幅）进行统计，如表 5-6 所示。从表中可以发现链速 0.2357 m/s 时的振幅均大于 0.0707 m/s 时的振幅。并且因运行方向张力较大，链环在该方向的振动较为稳定。

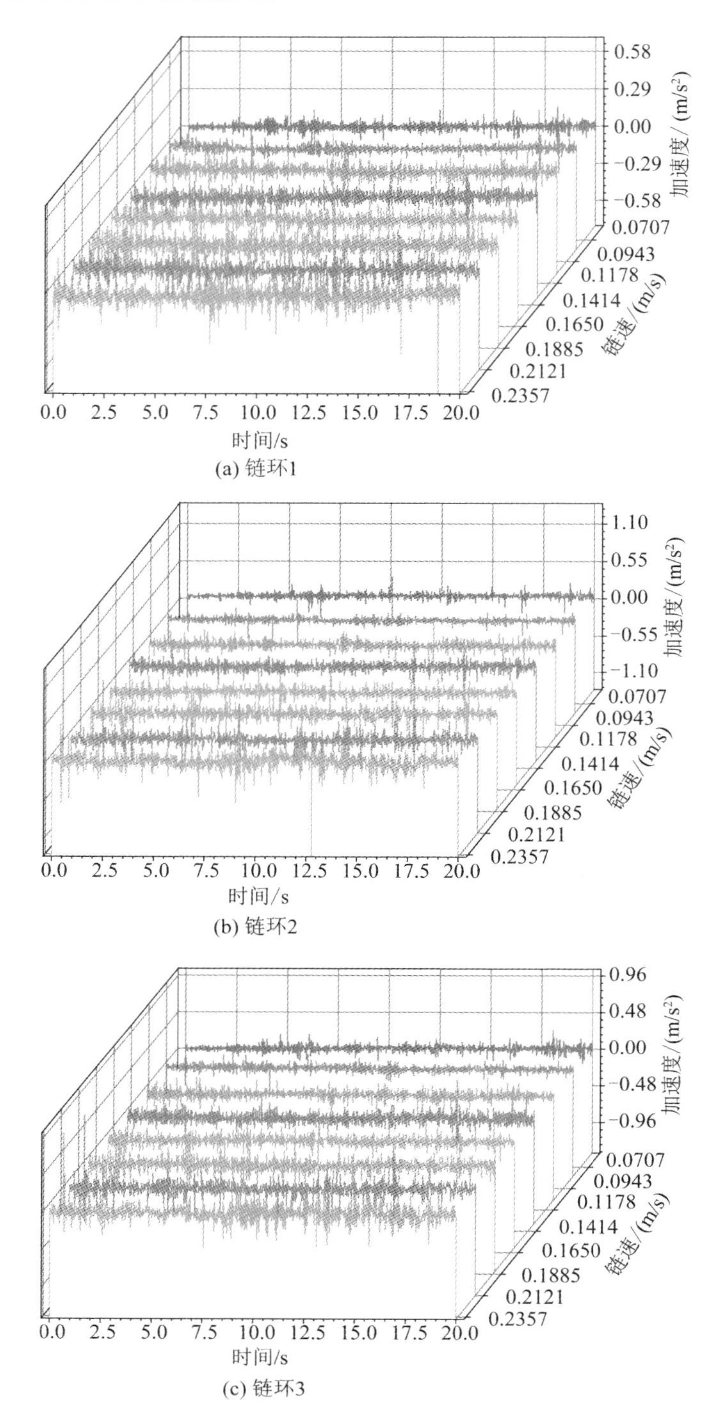

图 5-22 链环在运行方向的加速度变化曲线图

表 5-6　链环在运行方向的振幅统计

链速/(m/s)	链环 1 振幅/(m/s²)	链环 2 振幅/(m/s²)	链环 3 振幅/(m/s²)
0.0707	0.347	0.502	0.43
0.2357	1.031	1.947	1.5

将上述变化曲线的标准差、极差及其比值进行统计，如图 5-23 所示。同时以链环 2 的数据为分母，链环 1、3 的数据分别为分子，研究链环之间的关系。

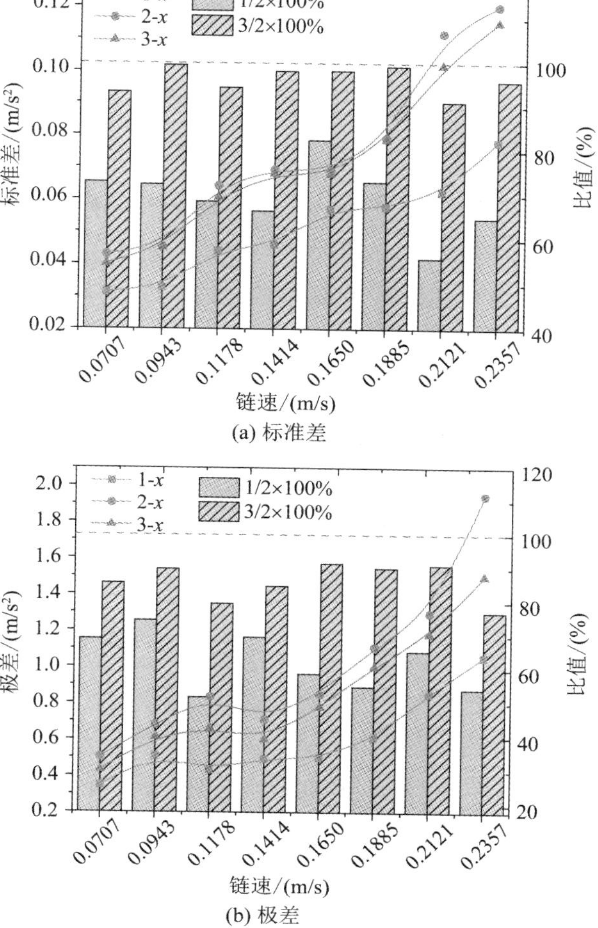

(a) 标准差

(b) 极差

图 5-23　链环运行方向的振动数据统计

由图 5-23 可知，随着链速的增加，链环的标准差和极差呈现出逐渐增大的趋势，说明链速对运行方向的链环振动有激励作用。根据链环的标准差比值和极差比值可知，链环 2 的振动最为剧烈，其次是链环 3，最后是链环 1。由链传动系统的结构组成可知，链环 1、链环 2、链环 3 是完全一样的部件，仅在空间位置上有所不同，链环 2 处于两个刮板的中间位置，而链环 1、链环 3 处于链环组的端部，距离刮板较近。由此可知刮板对链环在运行方向的振动具有抑制作用，适当地布置两相邻刮板之间的间隔对输煤时的振动特性具有较好的稳定作用。

链环 1 和链环 2 的标准差比值波动范围为[55.88%，82.42%]，极差比值波动范围为[51.8%，74.56%]。链环 2 与链环 3 的标准差比值波动范围为[91.11%，99.49%]，极差比值波动范围为[77.04%，91.53%]。通过比值的波动范围以及图 5-23 中的曲线可以发现，链环 2 和链环 3 的波动基本相同，标准差差值最大时的比值为 91.11%，仅相差 0.03938 m/s^2；极差差值最大时的比值为 77.04%，仅相差 0.447 m/s^2。而链环 1 和链环 2 的波动差别较为显著，标准差差值最小时的比值为 82.42%，相差 0.01216 m/s^2，极差差值最小时的比值为 74.56%，相差 0.173 m/s^2。

由上述分析可进一步推断出，在运行方向上，刮板对提高其后部链环(链环 1)的振动稳定性作用较为明显。因此在对链传动系统的动态性能进行改善时，可以以刮板后方位置链环(链环 1)的振动情况为评估指标，对刮板进行优化。

2. 横向动力学特性分析

不同链速下，将链环横向的加速度变化情况进行统计，如图 5-24 所示。在链速为 0.0707 m/s 和 0.2357 m/s 的加速度波动范围中，链环 1 的加速度由 0.251 m/s^2 增长为 1.059 m/s^2，增加了 321.91%，链环 2 的加速度由 0.598 m/s^2 增长为 2.728 m/s^2，增加了 356.19%、链环 3 的加速度由 0.386 m/s^2 增长为 1.216 m/s^2，增加了 215.03%。链速变快，加速度波动范围也变大，且两个链速范围中，链环 1 的加速度波动范围均最小。

将图 5-24 中链环在横向的加速度变化曲线的标准差、极差及其比值进行统计，如图 5-25 所示。

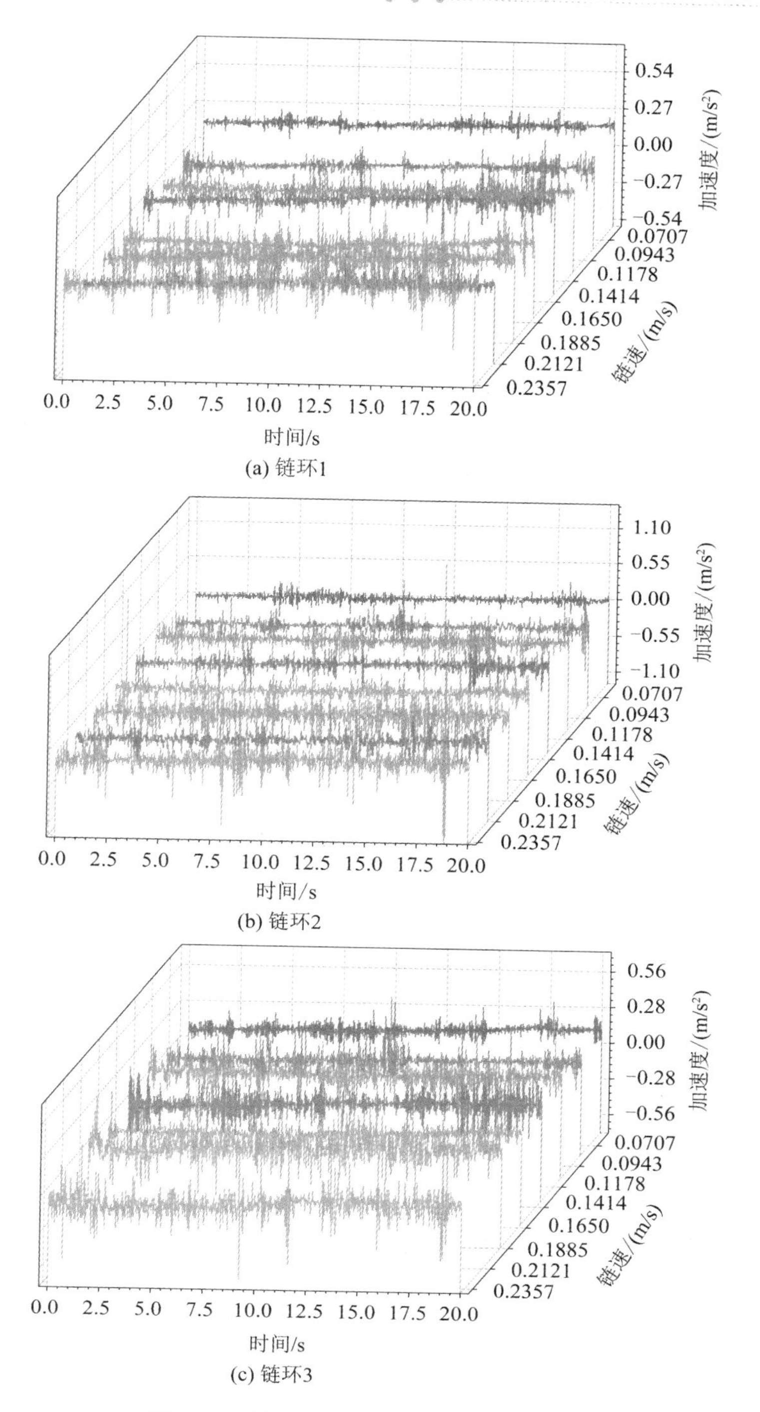

(a) 链环1

(b) 链环2

(c) 链环3

图 5-24 链环在横向的加速度变化曲线图

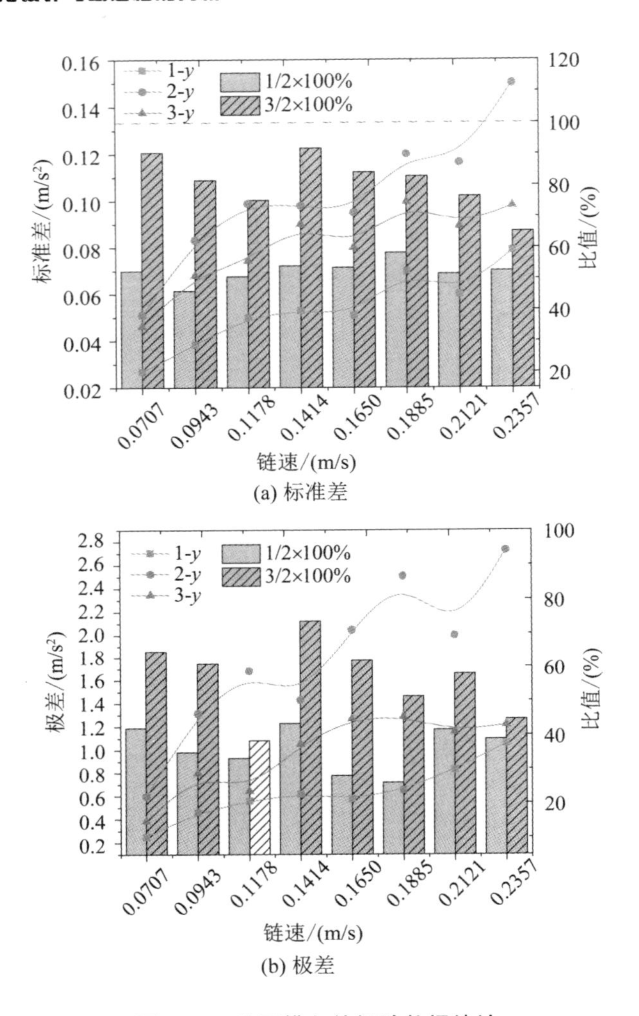

(a) 标准差

(b) 极差

图 5-25　链环横向的振动数据统计

由图 5-25 可知，随着链速的增加，三处链环的标准差和极差呈现出增大的趋势，说明链速对横向的链环振动具有激励作用。链环 1 与链环 2 的标准差比值波动范围为[46.06%，58.33%]，极差比值波动范围为[25.94%，41.97%]，链环 2 与链环 3 的标准差比值波动范围为[65.25%，91.91%]，极差比值波动范围为[38.35%，73.64%]。通过图 5-25 的曲线以及比值范围可知，链环 2 的振幅最大，其次是链环 3，最后是链环 1。其主要原因与运行方向时的相同，是刮板对链环的振动具有抑制作用。

3. 纵向动力学特性分析

不同链速下，将链环在纵向的加速度振动情况进行统计，如图 5-26 所示。以链速为 0.0707 m/s 为例进行分析，链环 1 的加速度波动范围为 0.08 m/s^2，链环 2 的加速度波动范围为 0.4220 m/s^2，链环 3 的加速度波动范围为 0.2820 m/s^2，链环 1 的加速度波动范围仅为链环 2 的 18.96%、链环 3 的 28.37%。因此，在该速度下，链环 1 在纵向的振幅最小。

将图 5-26 中链环在纵向的加速度变化曲线的标准差、极差及其比值进行统计，如图 5-27 所示。

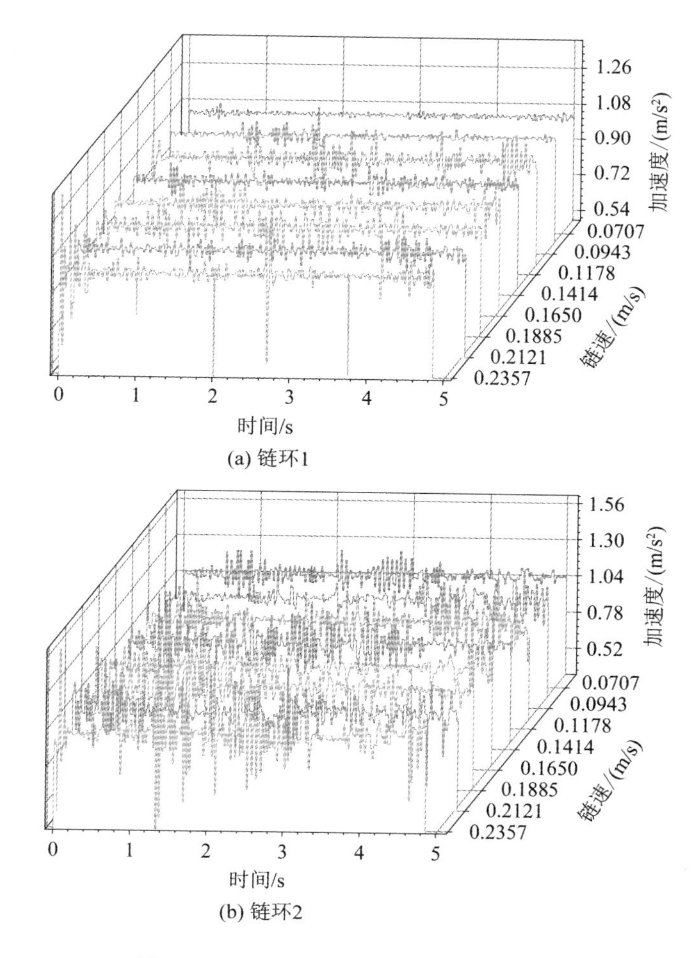

(a) 链环1

(b) 链环2

图 5-26 链环在纵向的加速度变化曲线图

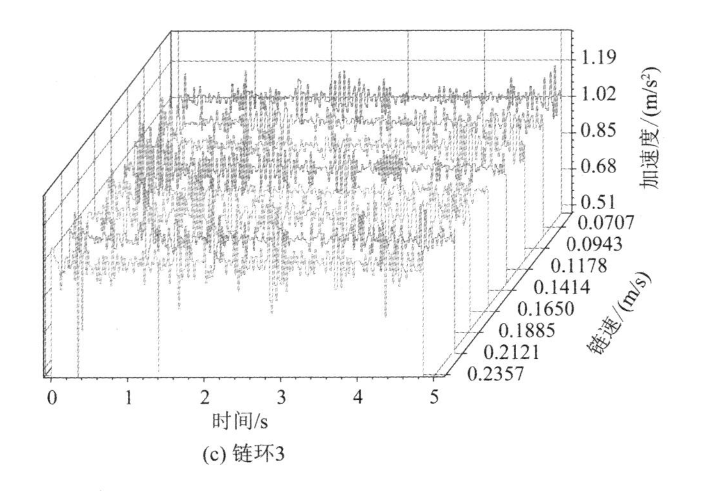

(c) 链环3

续图 5-26

由图 5-27 可知，随着链速的增加，三处链环的标准差和极差呈现出增大的趋势，说明链速对链环纵向的振动具有激励作用。链环 1 与链环 2 的标准差比值波动范围为[19.2%,52.92%]，极差比值波动范围为[18.96%,52.14%]，链环 2 与链环 3 的标准差比值波动范围为[54.55%,92.88%]，极差比值波动范围为[63.51%,89.91%]。通过图 5-27 的曲线以及比值区间可知，链环 2 的振动最为明显，其次是链环 3，最后是链环 1。

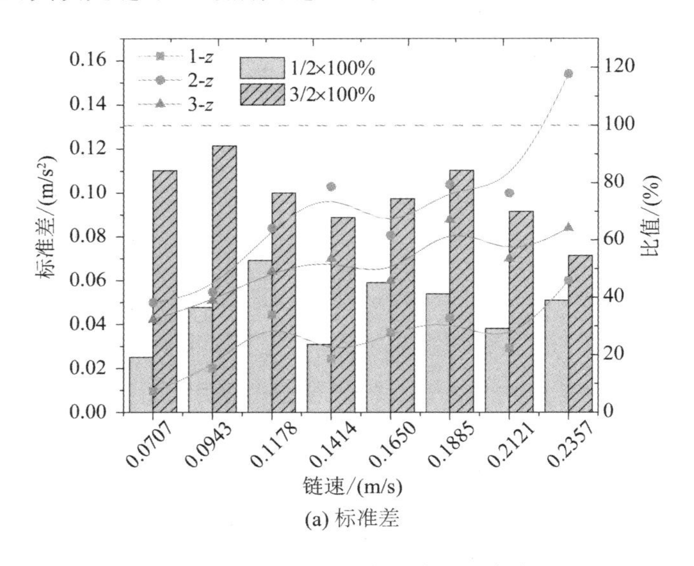

(a) 标准差

图 5-27　链环纵向的振动数据统计

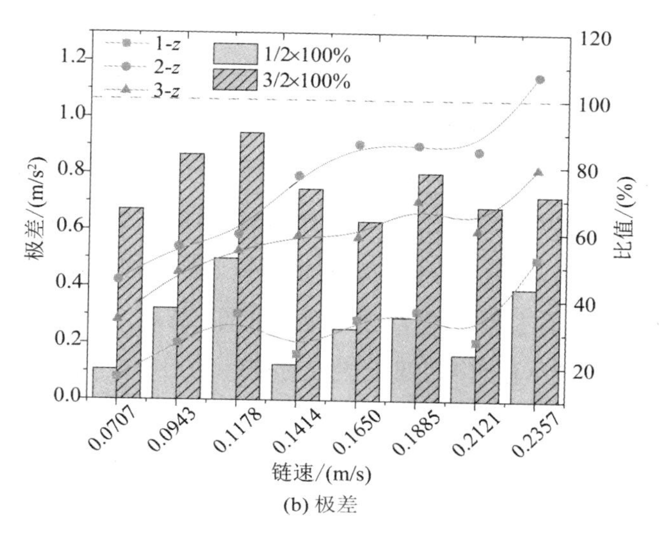

(b) 极差

续图 5-27

4. 链环三向动力学特性对比

本节对链环在三个方向上的振动情况进行对比分析。如图 5-28 所示，分别对三个方向的加速度变化进行研究可以发现，其标准差和极差的变化趋势基本相同，因此本节以链环的加速度标准差为指标来对链环的振动情况进行分析。

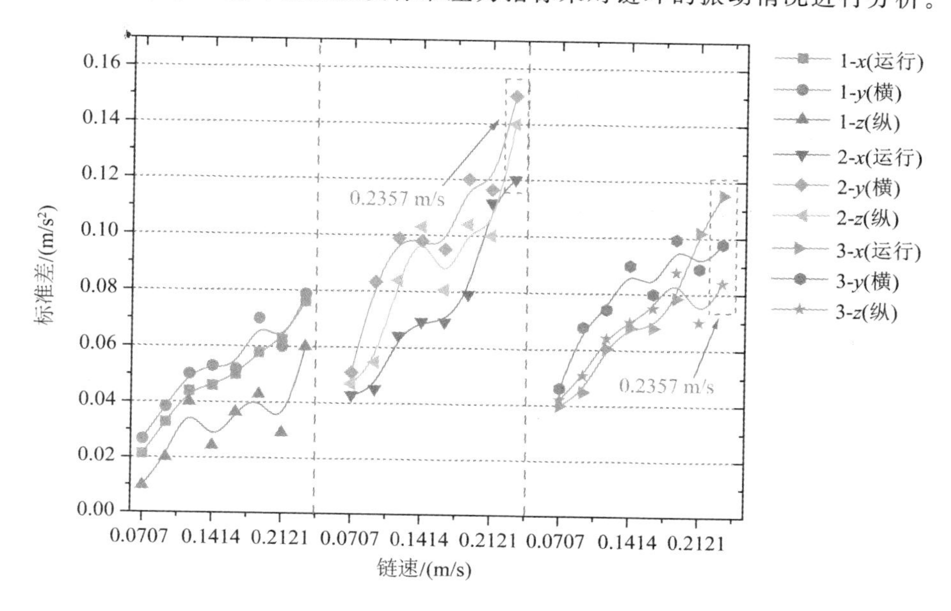

图 5-28 链环三向加速度标准差对比

从图 5-28 中可以看出,链环 1 的振动强弱顺序为 $y>x>z$;链环 2 的振动强弱顺序为 $y>z>x$;链环 3 的振动强弱顺序为 $y>z>x$;链环在横向的振动均最强。链环 2 在本次试验的最大链速(0.2357 m/s)中,其在横向达到整个链环组的最大标准差 0.15 m/s^2。其原因在于横向中没有能够对振动起到抑制作用的因素,而运行方向为输煤的主方向,其拉力较大,纵向为重力方向,链环受到中部槽上表面的影响,这两个方向均有对链环振动起到抑制作用的因素。

此外,从三个方向链环的振动强弱顺序可知,链环 1 在纵向的振动最弱。结合前面研究得出的结论可知,刮板能够对链环的振动起到抑制作用,进一步推出刮板对链环的纵向振动抑制作用较为显著。结合三个方向上链环的振动特性可知,链环 2 的振动最为严重,其次是链环 3,最后是链环 1。究其原因可知:刮板 1 处于该链环组的最前端,链传动系统的驱动力从刮板 1 传递进该链环组,刮板 1 抑制了部分振动传递到该链环组;链环 3 距离刮板 2 较近,刮板 2 对链环 3 具有稳定的作用;而链环 2 处于该链环组的中间位置,距离刮板较远,振动最为严重。因此,刮板能够抑制振动信号的传递。

5.4 地形对动力学特性的影响分析

根据试验方案中的设计,分别采集试验台在平直工况、水平弯曲工况、垂直弯曲工况和水平弯曲+垂直弯曲复合工况下,机头、机尾链轮转速信号、电流信号及链环的振动信号并进行对比分析。

5.4.1 机头、机尾链轮转速分析

图 5-29 所示为 4 种不同地形工况下机头、机尾的链轮转速信号,与垂直弯曲工况和水平弯曲+垂直弯曲复合工况相比,平直工况和水平弯曲工况下,链轮的启动加速度较大,链轮达到额定转速的时间较短,表明在此过程中链轮受到的阻力较小。垂直弯曲和水平弯曲+垂直弯曲复合工况下,链轮的启动过程较为缓和,表明启动过程中链轮受到的阻力较大。

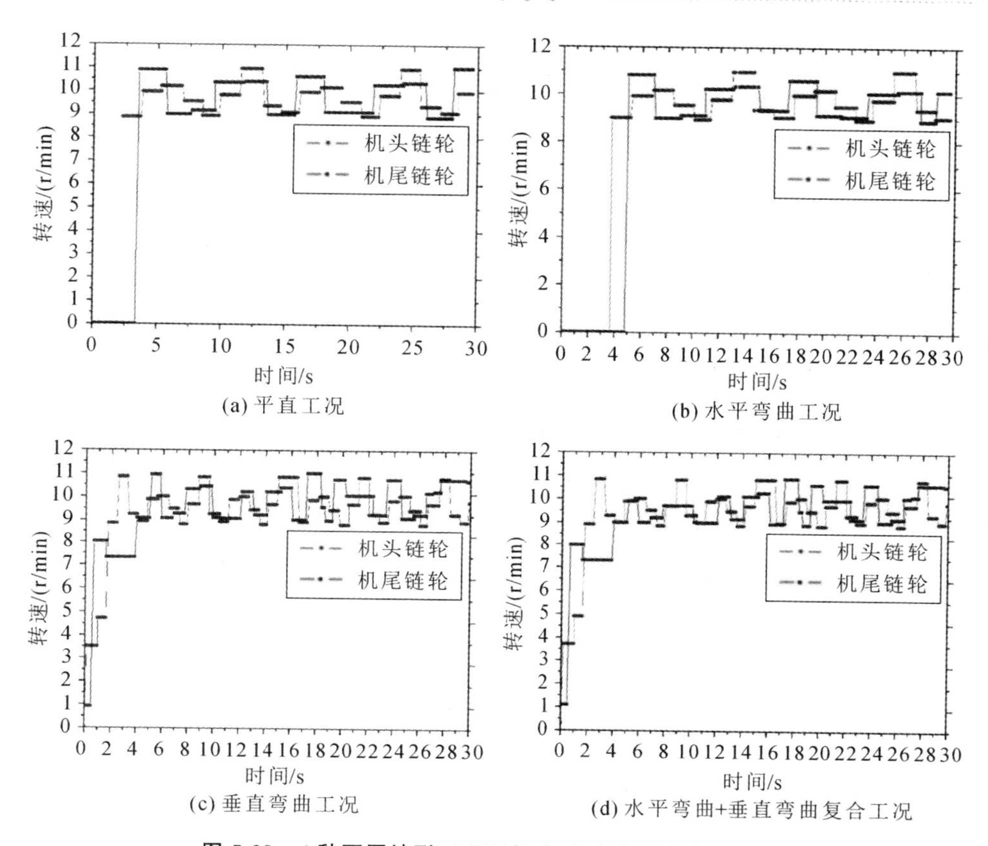

(a) 平直工况
(b) 水平弯曲工况
(c) 垂直弯曲工况
(d) 水平弯曲+垂直弯曲复合工况

图 5-29 4 种不同地形工况下机头、机尾的链轮转速信号

统计不同地形工况下机头、机尾链轮转速及转速差，如表 5-7 所示，由表中数据可知，水平弯曲工况、垂直弯曲工况下，机头、机尾链轮的转速差与平直工况相差不大，但在水平弯曲＋垂直弯曲复合工况下，机头、机尾链轮的转速差却大幅度减小，其原因为在水平弯曲＋垂直弯曲复合工况下，链条的有效工作长度增加，相比于其他 3 种工况，链条状态更紧，从而导致机头、机尾链轮的转速差减小。

表 5-7 不同地形工况下机头、机尾链轮转速及转速差

地形工况	机头链轮转速平均值/(r/min)	机尾链轮转速平均值/(r/min)	转速差/(r/min)	转速差/机头链轮转速平均值×100%/(%)
平直	8.899	8.83	0.069	0.7754
水平弯曲	8.95	8.861	0.089	0.9944

续表

地形工况	机头链轮转速平均值/(r/min)	机尾链轮转速平均值/(r/min)	转速差/(r/min)	转速差/机头链轮转速平均值×100%/(%)
垂直弯曲	8.508	8.417	0.091	1.0696
水平弯曲+垂直弯曲	8.07	8.02	0.05	0.6196

5.4.2 电流波动信号分析

采集刮板输送机正常运行于4种不同地形工况下电动机的相电流信号，如图5-30所示。对单位时间内的各电流进行积分，得到平直工况、水平弯曲工况、垂直弯曲工况、水平弯曲+垂直弯曲复合工况下相电流的有效值分别为15.6585 A、15.6784 A、15.5584 A、15.5655 A，可见在频率相同的情况下，由于电动机工作模式为恒转矩输出，地形对电流信号的影响并不大。

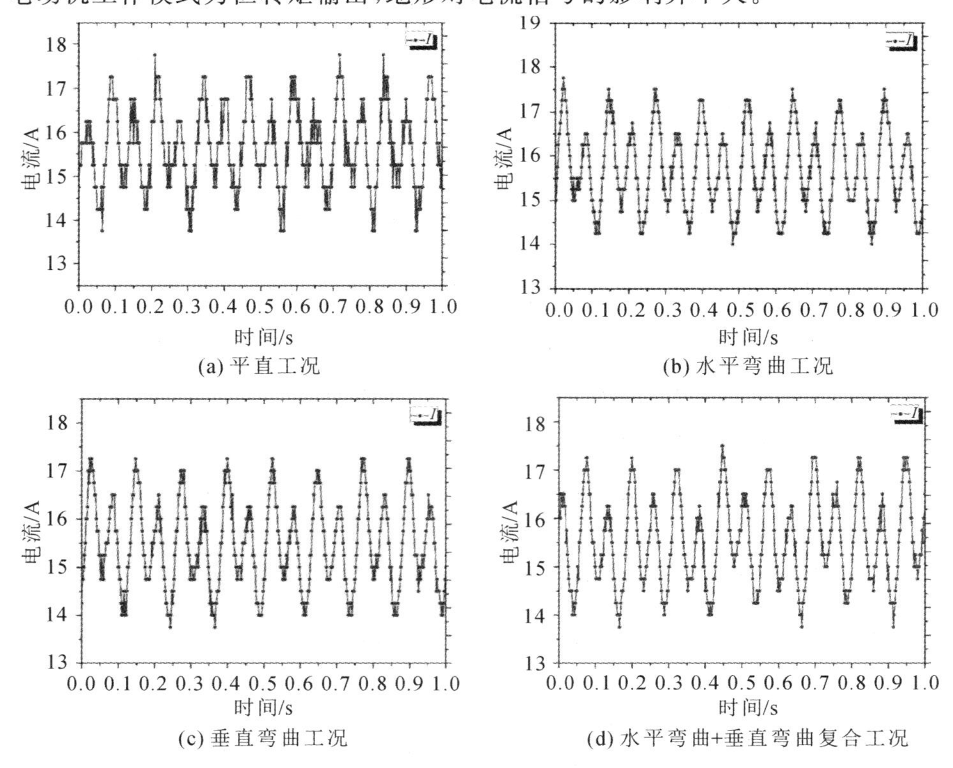

图5-30　4种不同地形工况下电动机的相电流信号

5.4.3 链环振动特性分析

在矿井下，由于液压支架的推移等因素，采煤面往往是不平整的，因此有必要对该工况进行研究。将链环的三向加速度变化曲线进行统计，并采用Savitzky-Golay法对其进行平滑处理，窗口点数为200，在平滑处理后观察曲线的变化趋势。图5-31所示为地表起伏工况示意图，链环依次进入平直工况—上坡工况—坡峰—下坡工况—平直工况，地表起伏工况为凸形，上坡和下坡处的中部槽被抬升的高度关于凸形最高点对称。

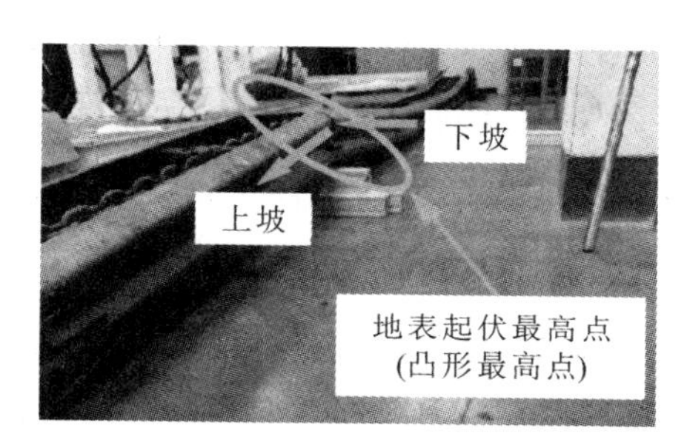

图5-31 地表起伏工况示意图

1. 运行方向动力学特性分析

如图5-32所示，在进入地表起伏工况后，链环在运行方向上的加速度变化呈现出“N”形的趋势，共经历了三个阶段。以链环1为例，阶段一上坡阶段，加速度正向缓慢增加；阶段二坡峰阶段，加速度负向突变；阶段三下坡阶段，加速度正向缓慢增加。

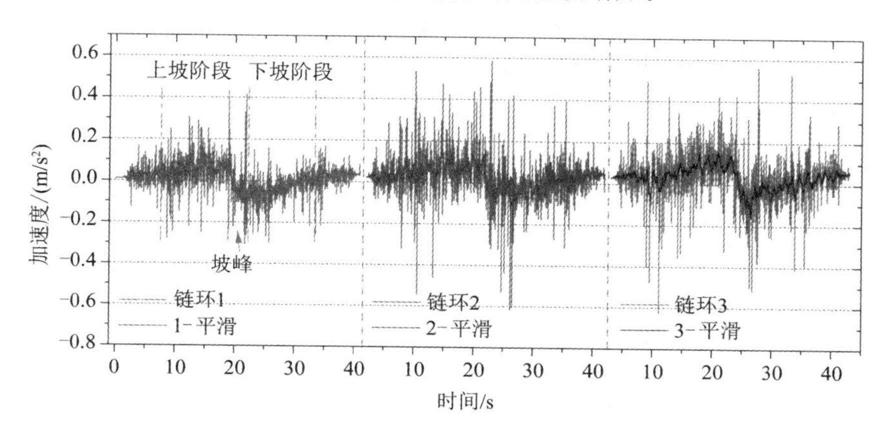

图5-32 链环在运行方向的加速度变化曲线图

上坡阶段：链环的加速度沿正方向逐渐增大，链环2最大振幅为0.545 m/s^2；链环3最大振幅为0.42 m/s^2，为链环2的77.06%；链环1最大振幅为0.305 m/s^2，为链环2的55.96%。相较于前10 s(平直工况)的运动状态，链环在上坡阶段均产生了较为剧烈的振动。

坡峰阶段：链环处于凸形最高点，链环的加速度会产生较大的突变，由正向加速度变为负向加速度，说明此时链环到达了地表起伏工况的最高点。可以发现，加速度变化曲线在上坡与下坡阶段基本为对称分布，而地表起伏工况的地形也为对称结构，因此可推断出链环在运行方向上的加速度变化曲线走势受到地形样貌的影响。

下坡阶段：链环的负向加速度逐渐增大，该阶段链环 2 最大振幅为 −0.604 m/s^2；链环 3 最大振幅为 −0.559 m/s^2，为链环 2 的 92.55%；链环 1 最大振幅为 −0.304 m/s^2，为链环 2 的 50.33%。最后，在 33～35 s 之间，链环的加速度稳定在 0 左右，进入平直工况。

由三个阶段的分析可知，地表起伏工况对链环在运行方向的振动具有激励作用，且对链环 2 的影响最大，其次是链环 3，最后是链环 1。将上坡、下坡阶段的链环最大振幅进行统计，如表 5-8 所示，并绘制到图 5-33 中。由图表可知，下坡阶段相对于上坡阶段的振动更加剧烈，即下坡时链环波动更明显。究其原因可知，在下坡时链环与链环之间的张力相较于上坡时小，进而振动加剧。

表 5-8　链环最大振幅统计表

阶段	链环 1 振幅/(m/s^2)	链环 2 振幅/(m/s^2)	链环 3 振幅/(m/s^2)
上坡	0.305	0.545	0.420
下坡	0.304	0.604	0.559

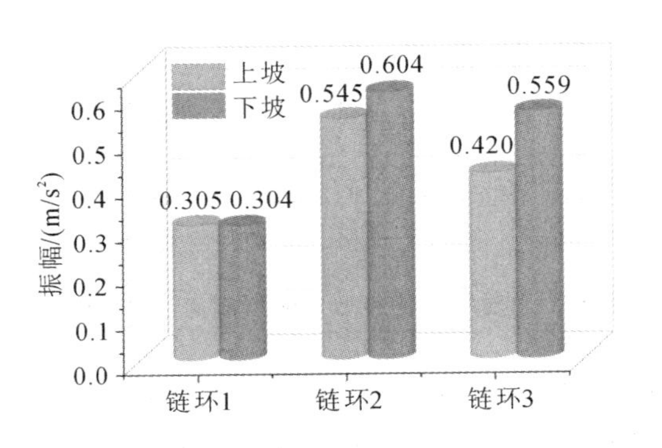

图 5-33　链环最大振幅柱状图

2. 横向动力学特性分析

如图 5-34 所示，绘制地表起伏工况下链环在横向的加速度变化曲线图。该工况对链环 1 的影响不大，但对链环 3 下坡阶段的影响较大，其上坡阶段的最大振幅为 0.908 m/s²，与平直工况时基本一致，而下坡阶段的最大振幅为 1.427 m/s²，相比于平直工况增加了 57.16%。

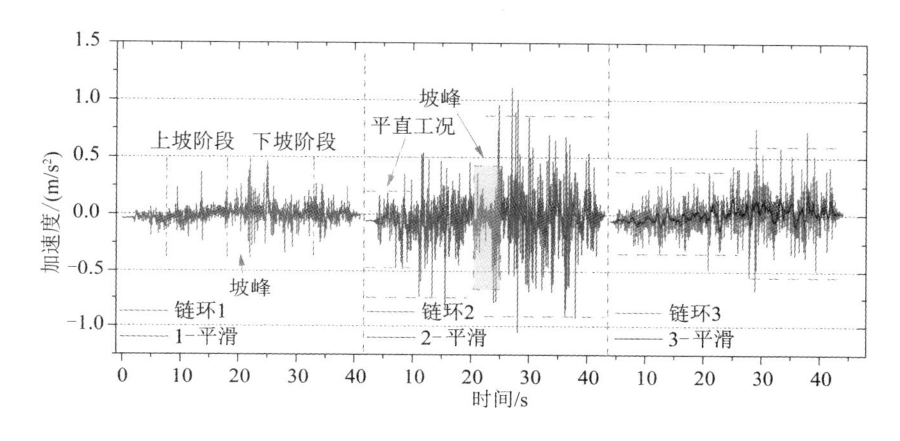

图 5-34 链环在横向的加速度变化曲线图

该工况对链环 2 的影响最为显著，其平直工况的最大振幅为 0.667 m/s²，上坡、下坡阶段的振动均加剧，最大振幅分别为 1.258 m/s²、1.854 m/s²，比平直工况的最大振幅增加了 88.61%、177.96%，情况与运行方向的一致，下坡阶段振动最为剧烈。当链环 2 在坡峰阶段时，链环的振动会减弱，观察试验过程得知，此时链环 2 与中部槽接触产生摩擦进而抑制了链环 2 的振动。

3. 纵向动力学特性分析

图 5-35 所示为链环在纵向的加速度变化曲线图，链环 1、3 在地表起伏工况运行的全过程均较为平稳，因此该工况对其纵向振动影响不大。

链环 2 在纵向的变化趋势与在横向的变化趋势一致。其平直工况的最大振幅为 0.365 m/s²，上坡阶段的最大振幅为 0.936 m/s²，下坡阶段的最大振幅为 1.447 m/s²，两阶段分别比平直工况的增加了 156.44%、296.44%。

由上述分析可知，地表起伏工况对链环 2 在纵向和横向的影响规律基本一致，使上坡、下坡阶段的振动加强而抑制坡峰的振动。现将纵向和横向两方向上的上坡、下坡阶段的振动增长率进行统计，如图 5-36 所示。从图 5-36 可知，

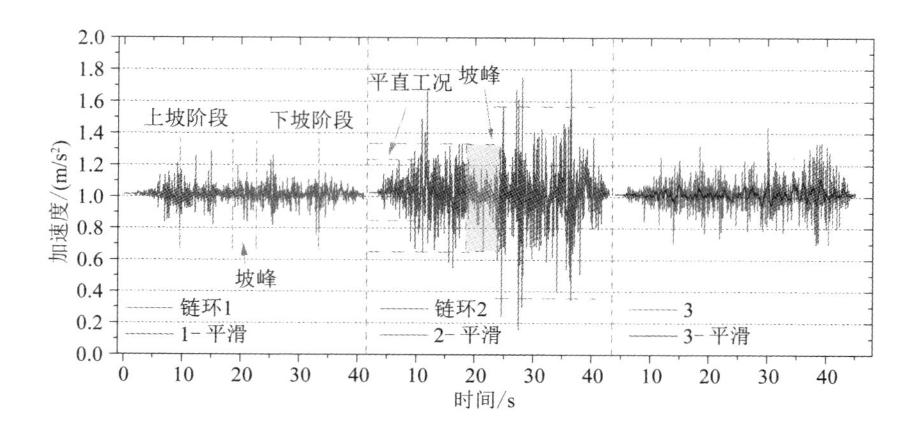

图 5-35　链环在纵向的加速度变化曲线图

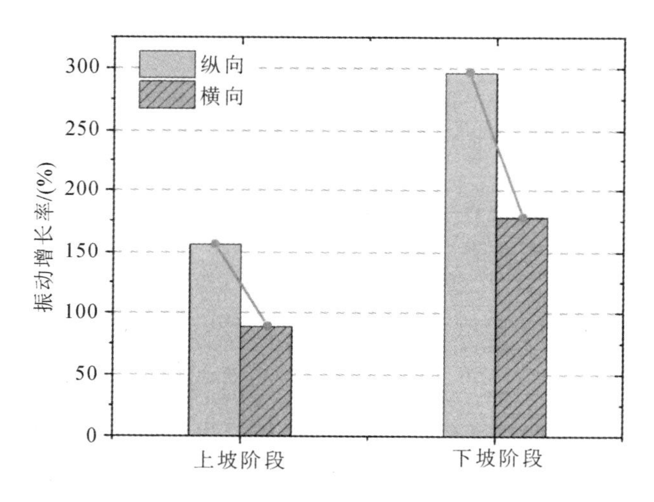

图 5-36　链环 2 的振动增长率

不论是上坡阶段还是下坡阶段，纵向的振动增长率始终大于横向的振动增长率，因此该工况对链环 2 纵向的影响较大。

5.5　载荷对动力学特性的影响分析

5.5.1　机头、机尾链轮转速分析

采集空载和有载工况下机头、机尾的链轮转速信号，绘制图 5-37，从图中可

以看出，与空载工况相比，有载工况下，机头、机尾链轮转速的波动程度明显增大，一方面是因为有载工况下链传动的多边形效应增强，另一方面则因煤炭经过机头链轮时，链条及刮板与链轮的啮合受到影响，造成机头链轮速度的明显波动，进而导致整个链条发生“抖动”。

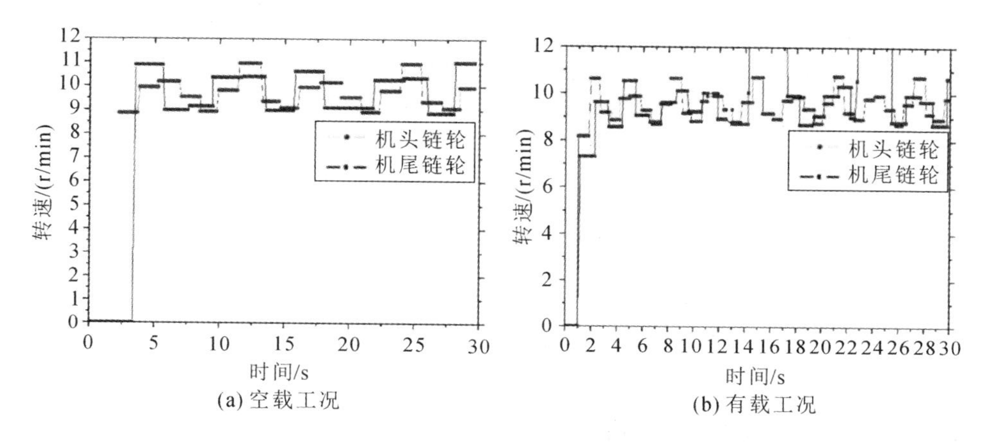

图 5-37 空载和有载工况下机头、机尾的链轮转速信号

对机头、机尾链轮转速的平均值及转速差进行计算，汇总于表 5-9 中，由表中数据可知，有载工况下，机头、机尾链轮转速的平均值均有所下降，且机头、机尾链轮的转速差与空载工况相比大大增加，而实际工况中，过大的转速差有可能造成机尾链轮与链环发生跳齿，对链传动系统的平稳运行极为不利。

表 5-9 空载和有载工况下机头、机尾链轮转速的平均值及转速差

工况	机头链轮转速平均值/(r/min)	机尾链轮转速平均值/(r/min)	转速差/(r/min)	转速差/机尾链轮转速平均值×100%/(%)
空载	8.89963	8.82969	0.06994	0.7921
有载	8.76296	8.63354	0.12942	1.4990

5.5.2 电流波动信号分析

图 5-38 所示为空载、有载工况下电动机的相电流信号，经计算，空载、有载工况相电流有效值分别为 15.6585 A 和 15.5999 A。在有载工况下，相电流有

效值有所下降但差别不大，差值百分比为0.37%，表明有载工况对相电流信号的波动影响不大。

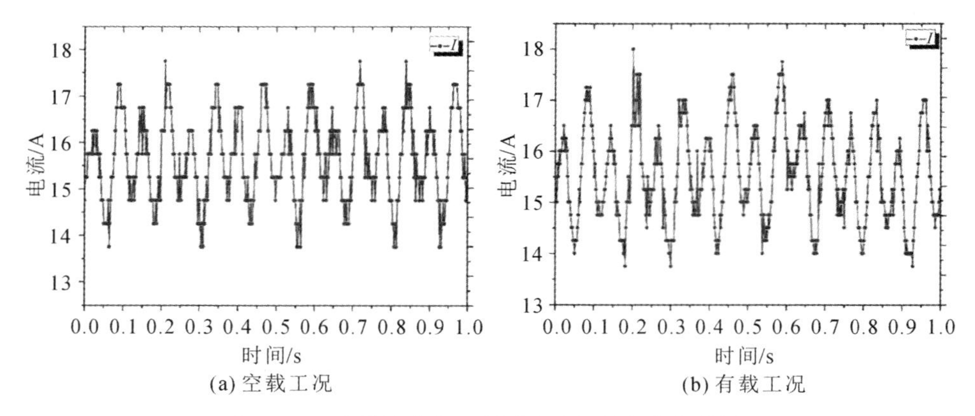

图 5-38 空载和有载工况下电动机的相电流信号

5.5.3 链环振动特性分析

在对链环的振动特性进行研究时，可以通过人工加载的方式，在机尾端不断地向中部槽内添加煤块，以此模拟采煤机截割落煤过程，分别控制载荷质量为0、1、2、3 kg。由于链环3被中部槽上输送的煤块压住，试验中无法对链环3贴测量其加速度信号的传感器。因此，测量链环1、链环2的三向加速度，如图5-39、图5-40、图5-41所示。调节变频器频率为8 Hz，链传动系统的链速为0.0943 m/s，分析链环1、链环2的加速度变化情况。

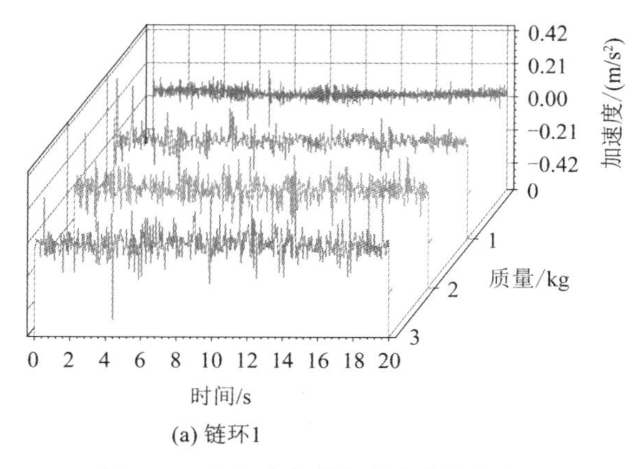

图 5-39 运行方向的加速度变化曲线图

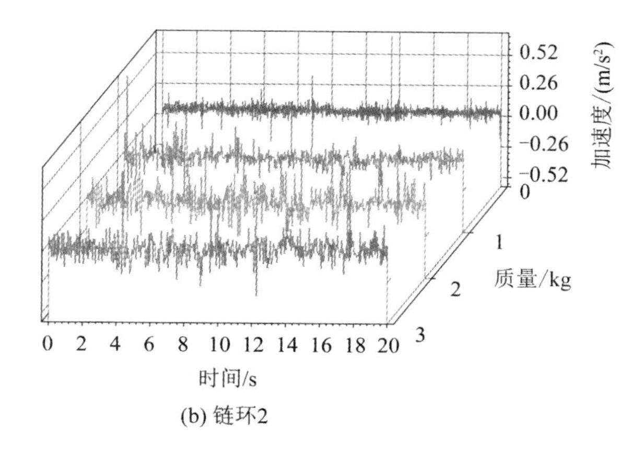

(b) 链环2

续图 5-39

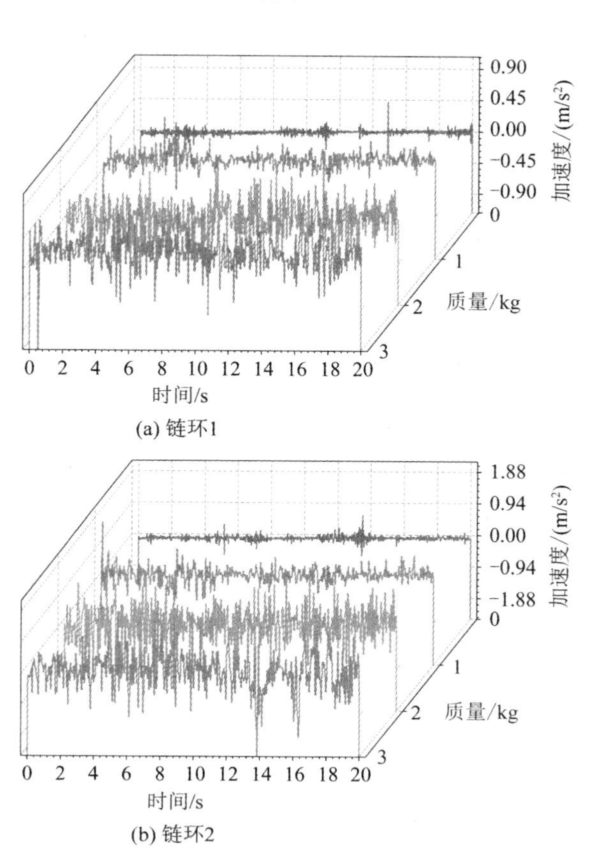

(a) 链环1

(b) 链环2

图 5-40 横向的加速度变化曲线图

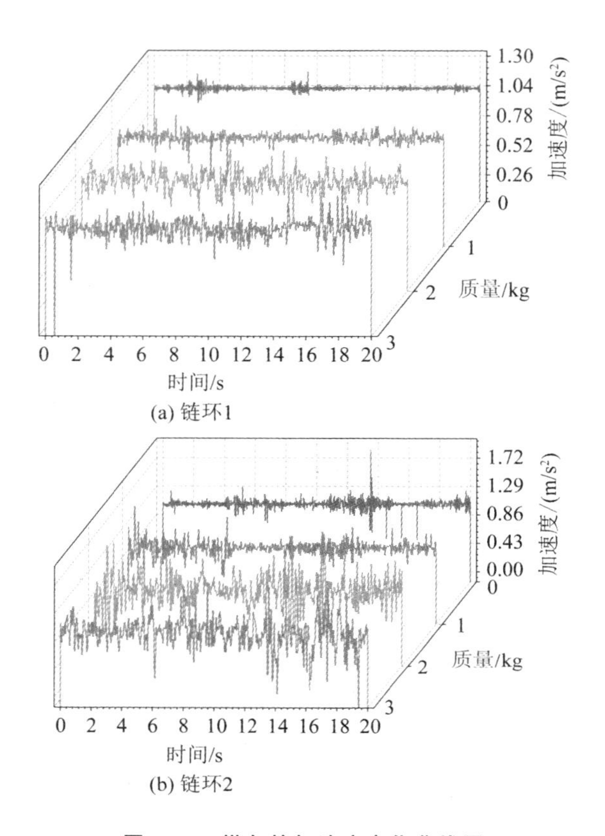

(a) 链环1

(b) 链环2

图 5-41　纵向的加速度变化曲线图

由图 5-39 至图 5-41 可知，随着载荷的增加，链环 1 和链环 2 在三个方向上的振动幅度均呈现出增大的趋势。如图 5-41(a)所示，以链环 1 在纵向的加速度变化为例，0 kg 时的加速度变化曲线与 3 kg 时的相比，可近似为一条直线。链环 1 在不同载荷下的最大加速度波动幅度分别为 0.262 m/s^2、0.689 m/s^2、0.776 m/s^2、1.321 m/s^2，振动幅度逐渐加大。

为了定量地对链环 1、2 的振动进行研究，将图 5-39 至图 5-41 中曲线的标准差和极差进行统计，如图 5-42(a)所示，并将不同载荷质量(1、2、3 kg)下链环的标准差、极差与空载(0 kg)时的标准差、极差进行对比，其比值统计表如表 5-10所示，并绘制图 5-42(b)。

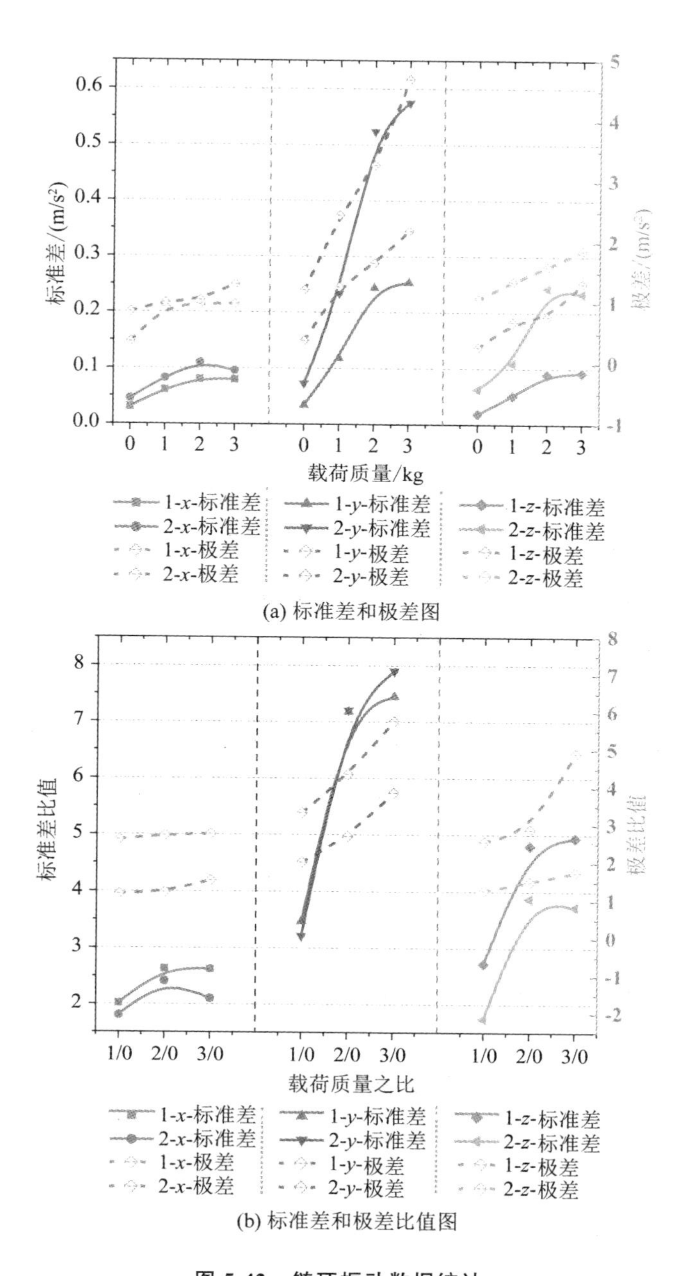

(a) 标准差和极差图

(b) 标准差和极差比值图

图 5-42 链环振动数据统计

表 5-10　标准差、极差比值统计表

比值种类		标准差比值			极差比值		
		运行方向	横向	纵向	运行方向	横向	纵向
1 kg/0 kg	链环 1	2.01	3.47	2.73	2.61	3.33	2.56
	链环 2	1.8	3.22	1.74	1.18	2.02	1.28
2 kg/0 kg	链环 1	2.64	7.18	4.8	2.72	4.36	2.88
	链环 2	2.41	7.2	3.88	1.23	2.7	1.5
3 kg/0 kg	链环 1	2.63	7.45	4.94	2.76	5.76	4.91
	链环 2	2.1	7.91	3.72	1.53	3.86	1.75

由图 5-42 (a)可知，在本次研究选定的载荷范围内，相较于空载工况，当链传动系统输送煤块时，链环的振动会加剧，说明载荷对链环的振动具有激励作用，并且这种激励作用在一定的范围内会随着载荷的增加而不断增大，这与 Ren Weijian 学者的研究结果一致。但 Ren Weijian 学者仅对一个链环的振动情况进行了研究，并没有对不同位置的链环在变载工况下的振动情况进行对比分析。由链环的标准差和极差可知，在不同的载荷质量下，链环 2 的振动始终大于链环 1 的振动。究其原因发现：载荷对链环的激励作用在沿着链环传递时，链环 2 距离煤堆较近，受到的影响较大，而链环 1 距离煤堆较远，受到的影响小；且链环 1 距离刮板较近，刮板对链环 1 的振动具有抑制作用，因此链环 1 的振动较小。

由图 5-42 (b)的比值可知，在有载工况下，载荷对链环横向的振动的影响最大。在表 5-10 中，以 2 kg/ 0 kg 为例进行分析，链环 1 在横向的标准差比值为 7.18，在运行方向的标准差比值为 2.64，为横向的 36.77%，在纵向的标准差比值为 4.8，为横向的 66.85%；链环 2 在横向的标准差比值为 7.2，在运行方向的标准差比值为 2.41，为横向的 33.47%，在纵向的标准差比值为 3.88，为横向的 53.89%，其中横向振动最为明显。

5.6 冲击工况下动力学特性的影响分析

5.6.1 空载工况

首先进行空载工况下的链传动系统冲击试验，煤块冲击刮板输送机的示意图如图 5-43 所示。

图 5-43 煤块冲击刮板输送机的示意图

1. 变链速工况

在变链速工况中，冲击高度取 100 cm，冲击载荷质量取 5 kg，调节变频器频率以改变刮板输送机链速，采集在不同链速工况下，刮板输送机受到冲击时，被冲击的链环、刮板和中部槽三个位置的 x(运行方向)、y(横向)、z(纵向)三向加速度变化情况，如图 5-44 所示，图中左上角对应不同链速。

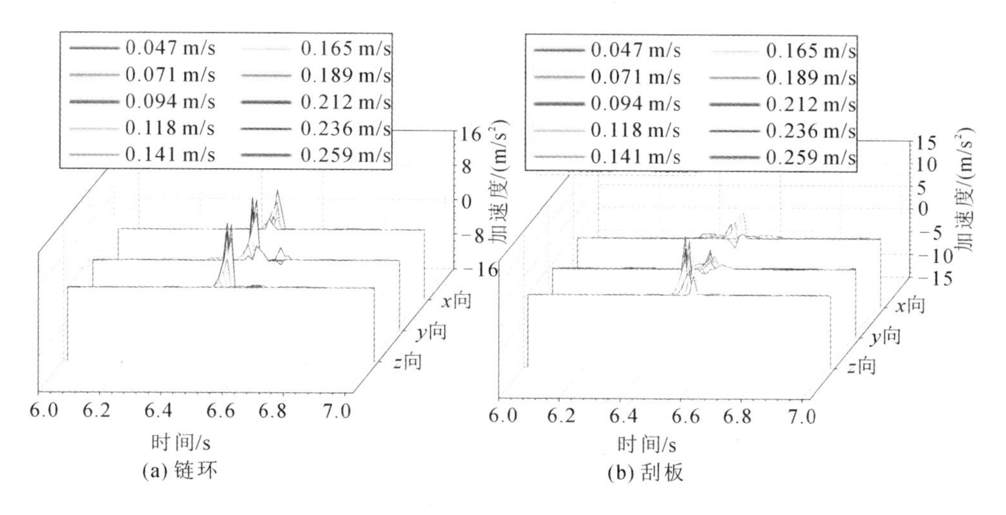

图 5-44 变链速工况下加速度变化

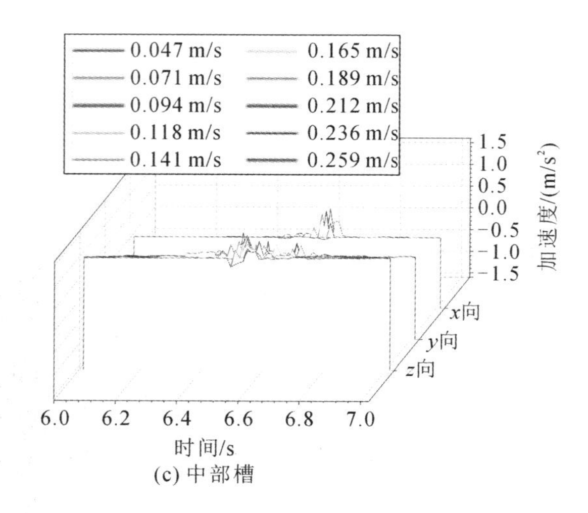

(c) 中部槽

续图 5-44

如图 5-44 所示，在刮板输送机平稳运行时，链传动系统的三向加速度基本为零，在受到冲击的瞬间，三个位置的三向加速度均出现剧烈波动，且刮板输送机的链速越大，受到冲击时的加速度波动（范围）也越大。计算本次试验中的最小链速 0.047 m/s 和最大链速 0.259 m/s 两工况下三个位置的 x、y、z 三向平均加速度，如表 5-11 所示。

表 5-11　三个位置的三向平均加速度

链速/(m/s)	链环加速度/(m/s²)	刮板加速度/(m/s²)	中部槽加速度/(m/s²)
0.047	2.363	2.748	0.495
0.259	14.153	8.772	0.981

如表 5-11 所示，随着链速由 0.047 m/s 增加到 0.259 m/s，链环、刮板和中部槽三个位置的三向平均加速度都明显增加，其中加速度波动最大的是链环，其次是刮板，最后是中部槽。这是由于在冲击试验中，煤块是直接冲击到链环上的，因此链环的加速度波动最大。其次，由于刮板固定在中部槽内，后者在一定程度上对前者的振动起到了抑制作用，因此刮板的加速度波动小于链环。最后，由于中部槽为链环和刮板的载体，且整体放置在地面上，相对最为稳定，因此中部槽的加速度波动最小。

2. 变冲击高度工况

在变冲击高度工况中，刮板输送机链速设置为 0.118 m/s，冲击载荷质量取 5 kg，通过大块煤冲击装置上的手摇绞车改变冲击载荷质量的高度，采集在不同冲击高度工况下，刮板输送机受到冲击时，被冲击的链环、刮板和中部槽三个位置的 x、y、z 三向加速度变化情况，如图 5-45 所示，图中左上角对应不同冲击高度。

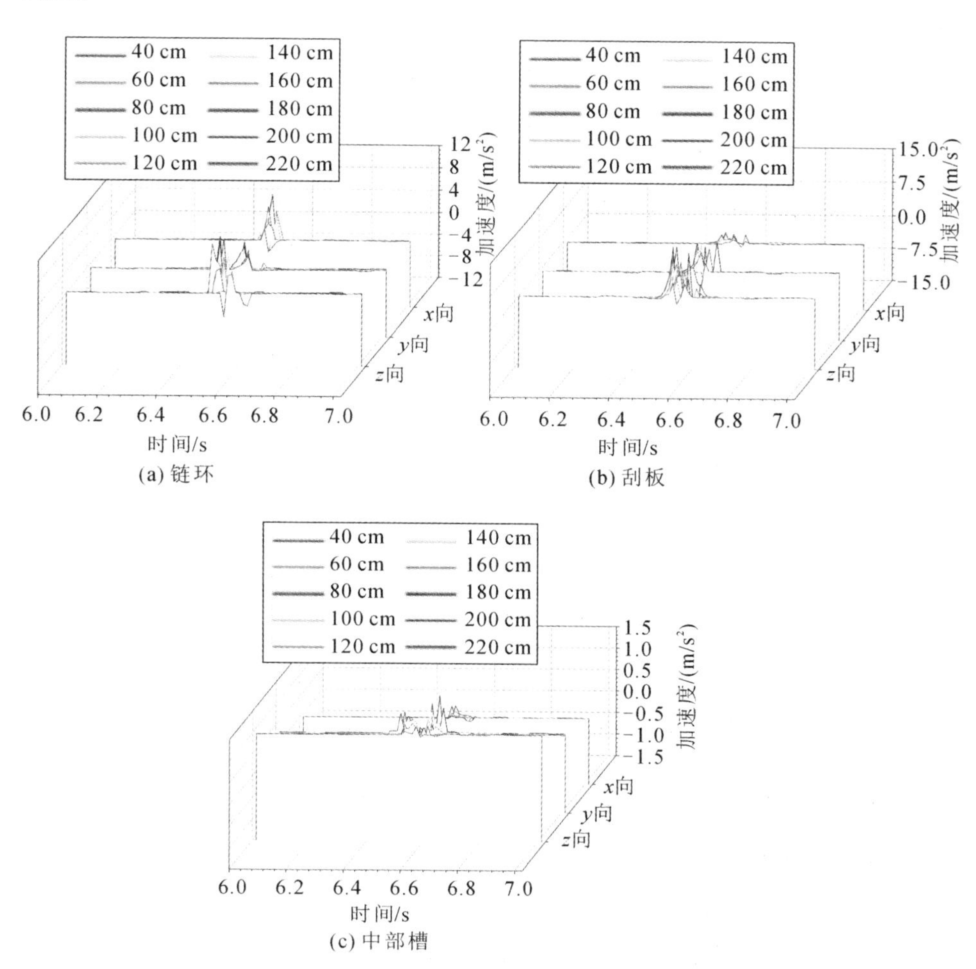

图 5-45 变冲击高度工况下加速度变化

如图 5-45 所示，与变链速工况类似，刮板输送机在受到落煤冲击时，链传动系统的三向加速度出现剧烈波动，且冲击高度越高，加速度波动越大。

统计不同冲击高度下链环、刮板和中部槽的最大加速度，得到冲击高度从40 cm增加到220 cm的过程中，其 x、y、z 三个方向的最大加速度，如图5-46所示。

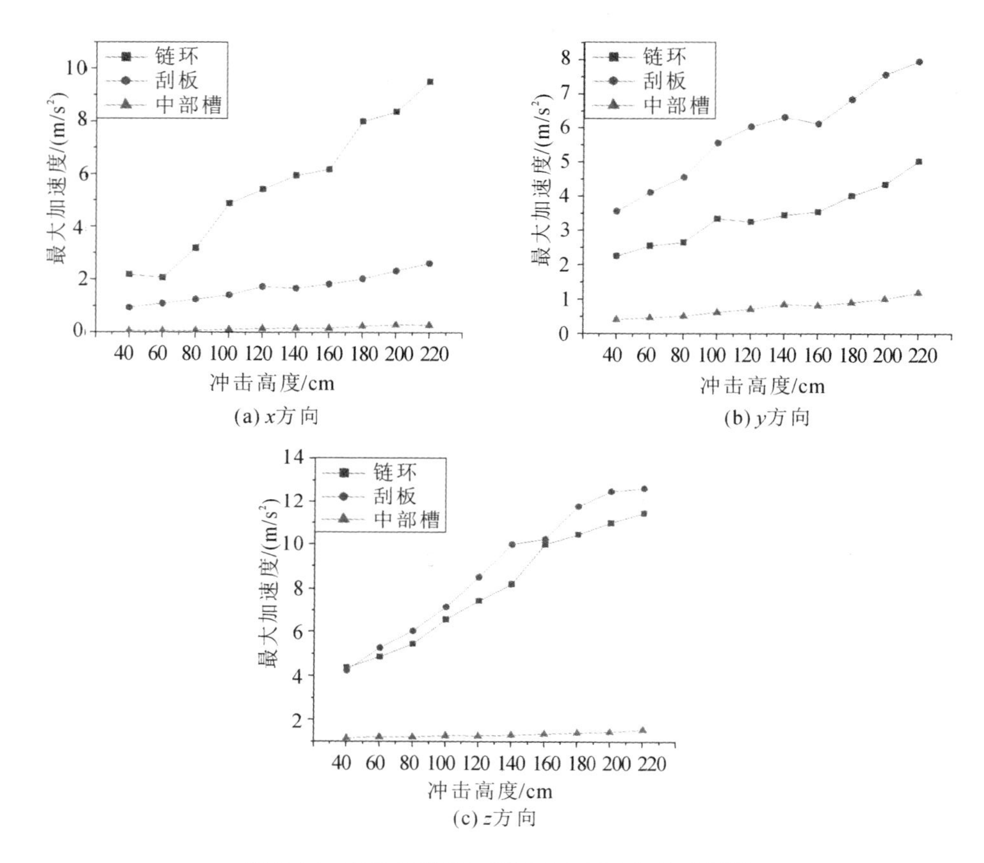

图 5-46　变冲击高度工况下三向最大加速度振幅

如图5-46所示，首先在 x 方向上，链环最大加速度由2.188 m/s^2 增长为9.522 m/s^2，增加了335.19%；中部槽最大加速度由0.065 m/s^2 增长为0.295 m/s^2，增加了353.85%；刮板最大加速度由0.942 m/s^2 增长为2.625 m/s^2，增加了178.66%。其次在 y 方向上，链环最大加速度由2.258 m/s^2 增长为5.036 m/s^2，增加了123.03%；中部槽最大加速度由0.425 m/s^2 增长为1.205 m/s^2，增加了183.53%；刮板最大加速度由3.572 m/s^2 增长为7.952 m/s^2，增加了122.62%。最后在 z 方向上，链环最大加速度由4.361 m/s^2 增长为11.458

m/s²,增加了 162.74%;中部槽最大加速度由 1.159 m/s² 增长为 1.555 m/s²,增加了 34.17%;刮板最大加速度由 4.242 m/s² 增长为 12.655 m/s²,增加了 198.33%。其中 x 方向上链环的加速度波动最大,y 方向和 z 方向上刮板的加速度波动最大。

3. 变冲击载荷质量工况

在变冲击载荷质量工况中,刮板输送机链速设置为 0.118 m/s,冲击高度设置为 100 cm,通过改变冲击煤块的大小,进而改变冲击载荷质量,采集在不同质量的载荷冲击下,被冲击的链环、刮板和中部槽三个位置的 x、y、z 三向加速度变化情况,如图 5-47 所示,图中左上角对应不同冲击载荷质量。

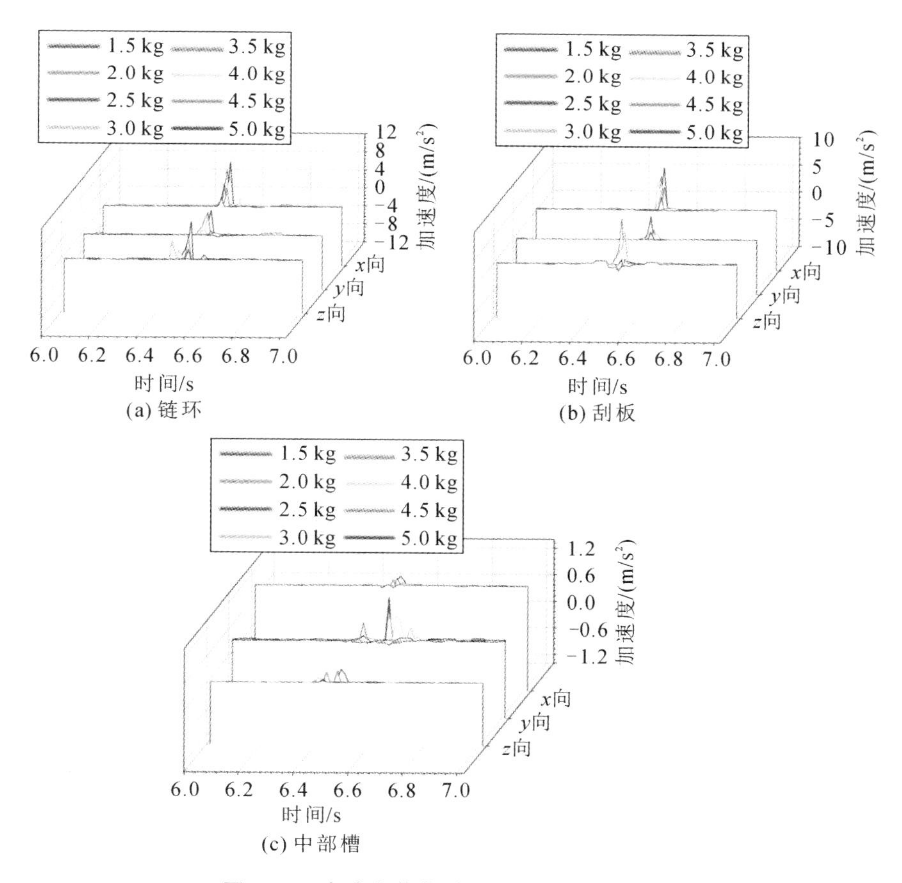

(a) 链环

(b) 刮板

(c) 中部槽

图 5-47 变冲击载荷质量工况下加速度变化

如图 5-47 所示,与变链速和变冲击高度工况类似,在受到煤块冲击时,链传动系统的三向加速度由零开始剧烈波动，且冲击载荷质量越大，链传动系统的加速度波动也越大。

统计不同冲击载荷质量下链环、刮板和中部槽的最大加速度，得到冲击载荷质量从 1.5 kg 增加到 5 kg 的过程中，其 x、y、z 三个方向的最大加速度，如图 5-48 所示。

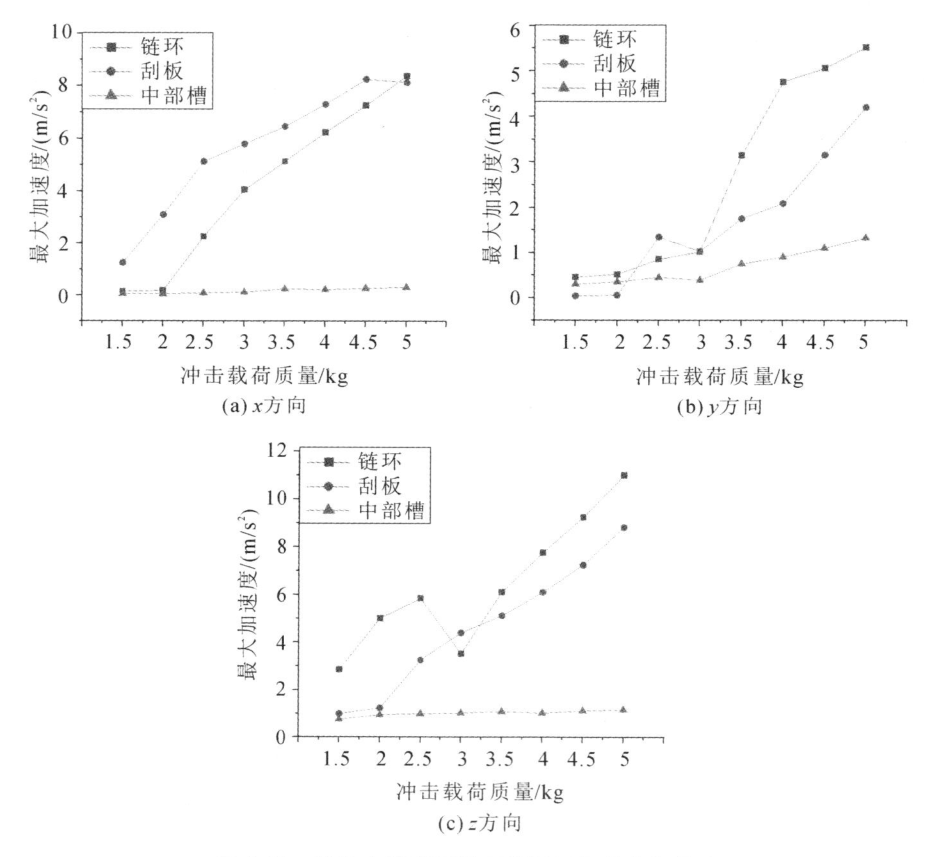

图 5-48　变冲击载荷质量工况下三向最大加速度

如图 5-48 所示，首先在 x 方向上，链环最大加速度由 0.151 m/s² 增长为 8.382 m/s²，增加了 5450.99%；中部槽最大加速度由 0.066 m/s² 增长为 0.315 m/s²，增加了 377.27%；刮板最大加速度由 1.257 m/s² 增长为 8.128 m/s²，增加了 546.62%。其次在 y 方向上，链环最大加速度由 0.458 m/s² 增长为 5.512 m/s²，增加了 1103.49%；中部槽最大加速度由 0.305 m/s² 增长为 1.325 m/s²，增加了 334.43%；刮板最大加速度由 0.045 m/s² 增长为 4.197 m/s²，增加了

9226.67%。最后在 z 方向上，链环最大加速度由 2.855 m/s^2 增长为 11.011 m/s^2，增加了 285.67%；中部槽最大加速度由 0.758 m/s^2 增长为 1.169 m/s^2，增加了 54.22%；刮板最大加速度由 0.998 m/s^2 增长为 8.824 m/s^2，增加了 784.17%。

综上可知，随着链速、冲击高度和冲击载荷质量的增加，链环、刮板和中部槽在受到冲击时的 x、y、z 三向的加速度（平均、最大）均呈现增大的趋势，说明链速、冲击高度和冲击载荷质量对链传动系统的三向振动均具有一定程度的激励作用。

在三种冲击试验工况中，链传动系统最大的加速度波动出现在 z 向上，出现这种现象是由于煤块是沿竖直方向直接冲击到链环上的，因此在垂直冲击力的作用下，链环的 z 向振动最为剧烈。由此可知，在空载冲击工况下，纵向振动是链环失效的主要原因。

5.6.2　有载冲击链环工况

根据冲击位置的不同，有载工况（负载工况）下的冲击试验共分为两部分，分别为冲击负载煤堆前侧的链环处（未被煤堆覆盖），以及直接冲击负载煤堆处。首先对负载煤堆前侧的链环进行冲击试验，刮板输送机上每两节刮板之间的负载固定设置为 2 kg 的煤堆，负载煤堆通过人工称重后以手动加载的方式加载到刮板输送机内，负载示意图如图 5-49 所示，传感器的安装位置与空载工况相同，有载冲击链环工况示意图如图 5-50 所示。

图 5-49　负载示意图

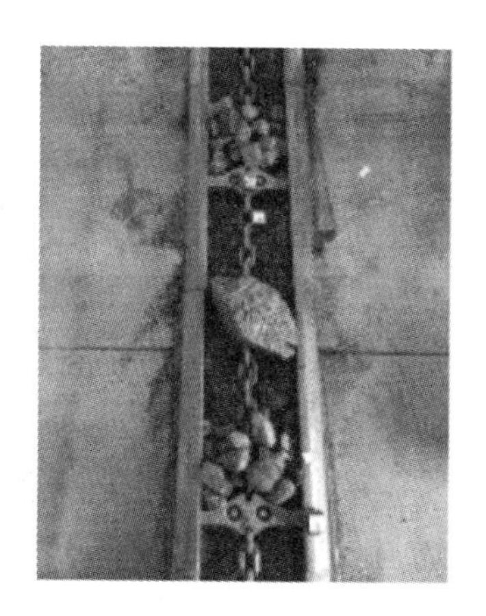

图 5-50　有载冲击链环工况示意图

1. 变链速工况

在变链速工况中，冲击高度取 100 cm，冲击载荷质量取 5 kg，采集在不同链速工况下，刮板输送机受到冲击时，被冲击的链环、刮板和中部槽三个位置的 x、y、z 三向加速度变化情况，如图 5-51 所示，图中左上角对应不同链速。

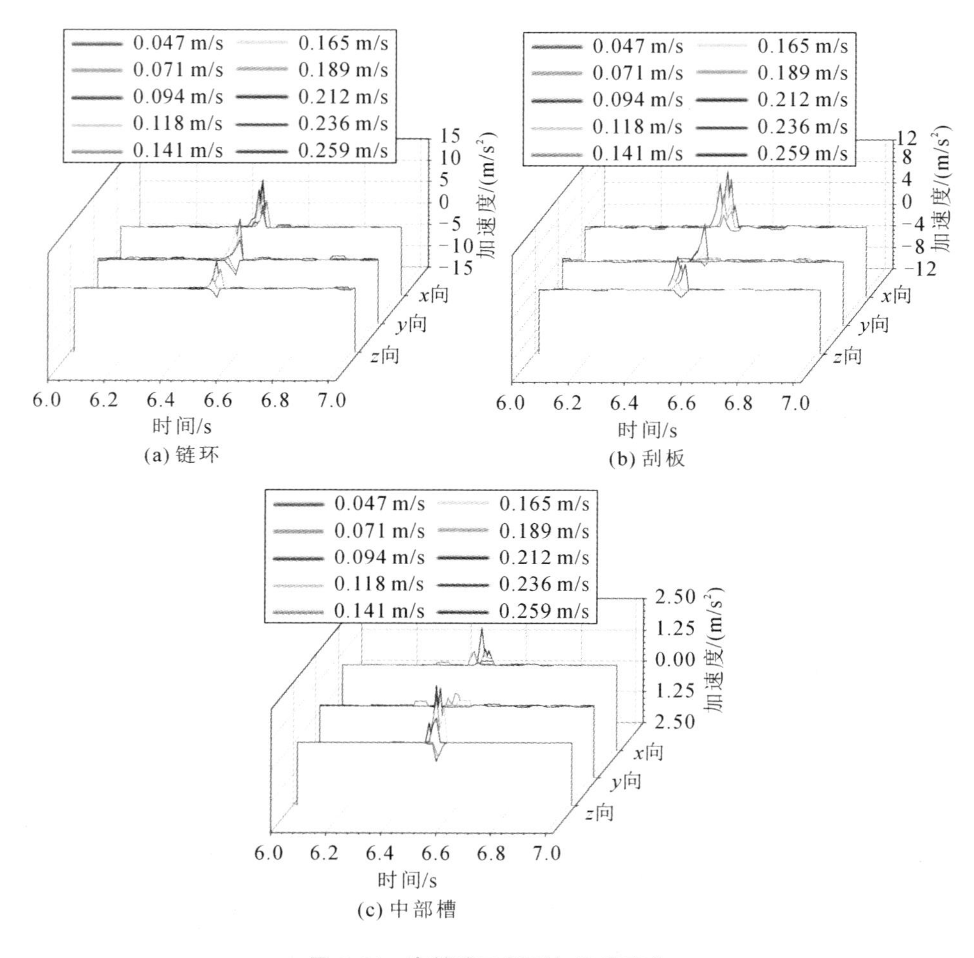

(a) 链环　(b) 刮板　(c) 中部槽

图 5-51　变链速工况下加速度变化

2. 变冲击高度工况

在变冲击高度工况中，刮板输送机链速设置为 0.118 m/s，冲击载荷质量取 5 kg，采集在不同冲击高度工况下，刮板输送机受到冲击时，被冲击的链环、刮板和中部槽三个位置的 x、y、z 三向加速度变化情况，如图 5-52 所示，图中左上角对应不同冲击高度。

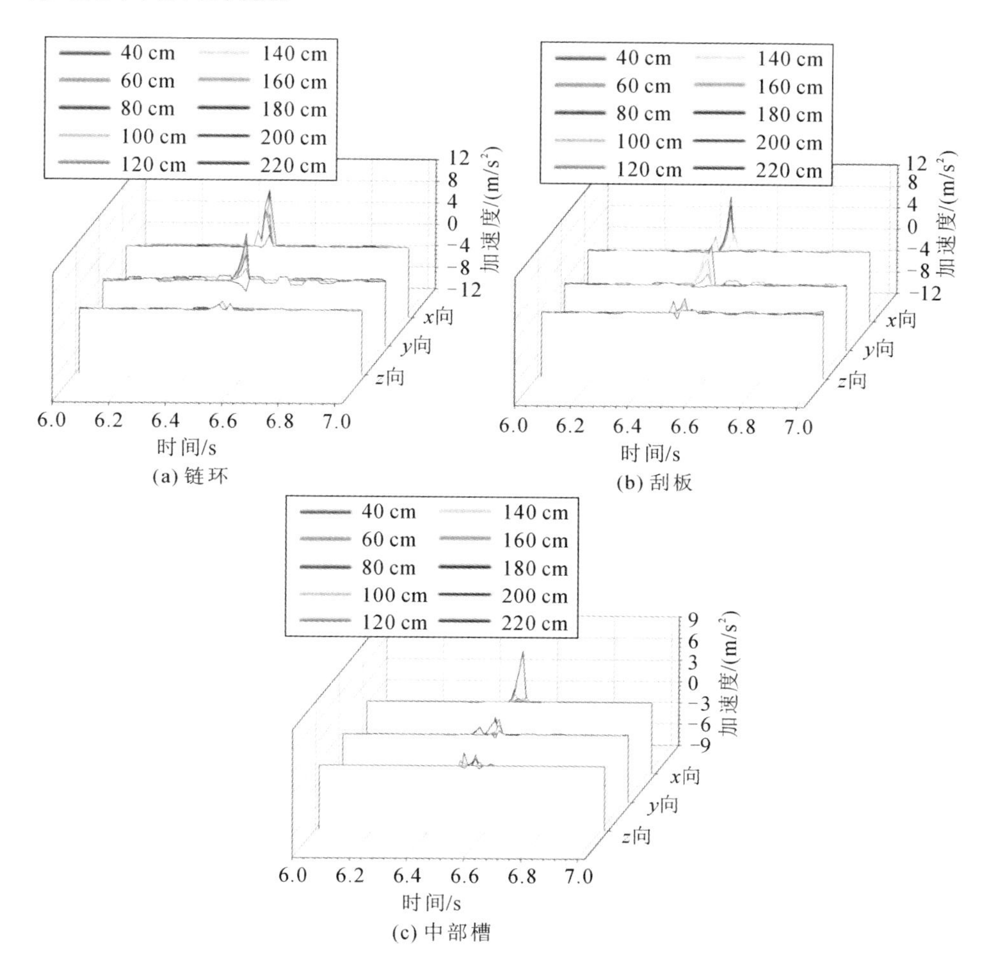

(a) 链环

(b) 刮板

(c) 中部槽

图 5-52　变冲击高度工况下加速度变化

3. 变冲击载荷质量工况

在变冲击载荷质量工况中，刮板输送机链速设置为 0.118 m/s，冲击高度设置为 100 cm，采集在不同质量的载荷冲击下，链环、刮板和中部槽三个位置的 x、y、z 三向加速度变化情况，如图 5-53 所示，图中左上角对应不同冲击载荷质量。

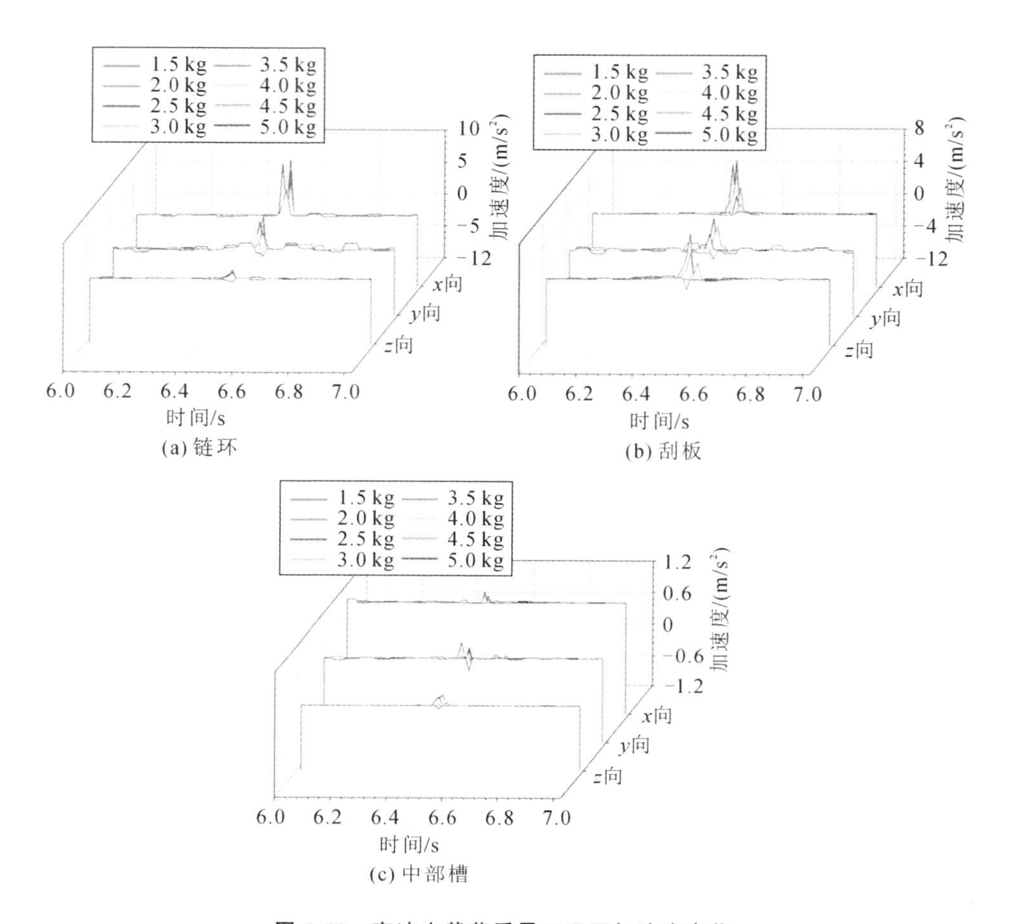

(a) 链环

(b) 刮板

(c) 中部槽

图 5-53 变冲击载荷质量工况下加速度变化

综上可知，与空载工况类似，在有载冲击链环工况中，刮板输送机未受到落煤冲击时，链传动系统的三向加速度基本为零，在受到落煤冲击的瞬间，其加速度出现剧烈波动，并且随着链速、冲击高度和冲击载荷质量的增加，刮板输送机链传动系统三个位置的加速度同样呈现增大的趋势，说明在有载冲击链环工况下，链速、冲击高度和冲击载荷质量对链传动系统的三向振动仍有激励作用。

4. 空载链环-有载链环对比

以变链速工况为例，分别对比在 x、y 和 z 三个方向上，有载冲击链环工况和空载工况在链速由 0.047 m/s 增加至 0.259 m/s 的过程中，链环、刮板和中部槽的平均加速度，如图 5-54 所示。

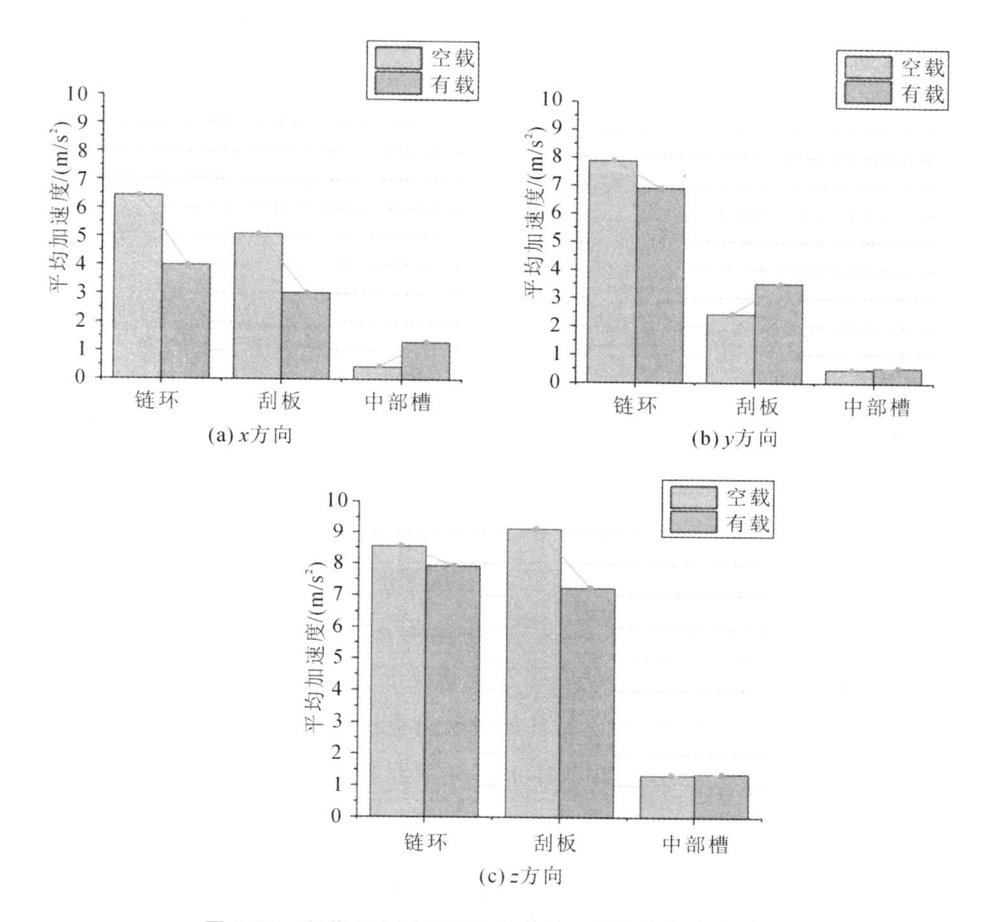

图 5-54 有载冲击链环工况和空载工况平均加速度对比

首先在 x 方向上，链环平均加速度由空载工况下的 6.437 m/s² 变为有载冲击链环工况下的 3.988 m/s²，减小了 38.05%；刮板平均加速度由空载工况下的 5.082 m/s² 变为有载冲击链环工况下的 3.019 m/s²，减小了 40.59%；中部槽平均加速度由空载工况下的 0.451 m/s² 变为有载冲击链环工况下的 1.309 m/s²，增加了 190.24%。

其次在 y 方向上，链环平均加速度由空载工况下的 7.876 m/s² 变为有载冲击链环工况下的 6.901 m/s²，减小了 12.38%；刮板平均加速度由空载工况下的 2.418 m/s² 变为有载冲击链环工况下的 3.509 m/s²，增加了 45.12%；中部槽平均加速度由空载工况下的 0.476 m/s² 变为有载冲击链环工况下的 0.533

m/s^2，增加了 11.97%。

最后在 z 方向上，链环平均加速度由空载工况下的 8.547 m/s^2 变为有载冲击链环工况下的 7.909 m/s^2，减小了 7.46%；刮板平均加速度由空载工况下的 9.128 m/s^2 变为有载冲击链环工况下的 7.238 m/s^2，减小了 20.71%；中部槽平均加速度由空载工况下的 1.326 m/s^2 变为有载冲击链环工况下的 1.378 m/s^2，增加了 3.92%。

在变链速、变冲击高度、变冲击载荷质量三种试验工况中，相较于空载工况，有载冲击链环工况下三个位置的三向平均加速度大部分都相对较小，这是由于刮板输送机上的运载煤堆对链传动系统起到了一定的稳定作用，减小了链传动系统在受到冲击时的振动，说明刮板输送机上的负载煤堆对链传动系统的振动具有一定的抑制作用。

5.6.3 有载冲击煤堆工况

有载工况试验的第二部分是直接对负载煤堆进行冲击试验，同样通过人工称重后手动加载的方式，将 2 kg 的负载煤堆加载到刮板输送机的每两节刮板之间，传感器安装位置与空载和有载冲击链环工况相同，有载冲击煤堆工况示意图如图 5-55 所示。

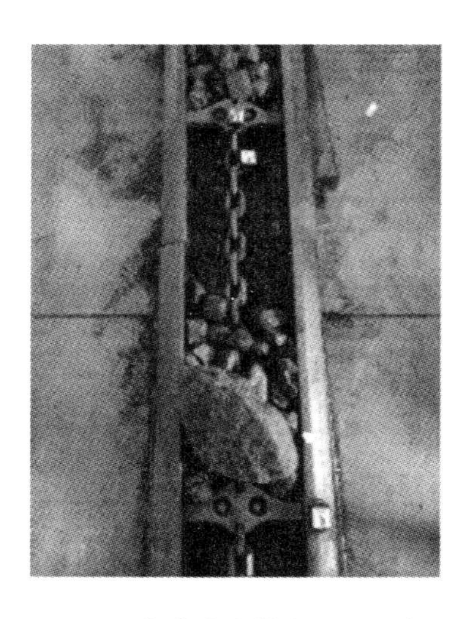

图 5-55 有载冲击煤堆工况示意图

1. 变链速工况

在变链速工况中，冲击高度设置为 100 cm，冲击载荷质量取 5 kg，采集在不同链速工况下，刮板输送机受到冲击时，被冲击的链环、刮板和中部槽三个位置的 x、y、z 三向加速度变化情况，如图 5-56所示，图中左上角对应不同链速。

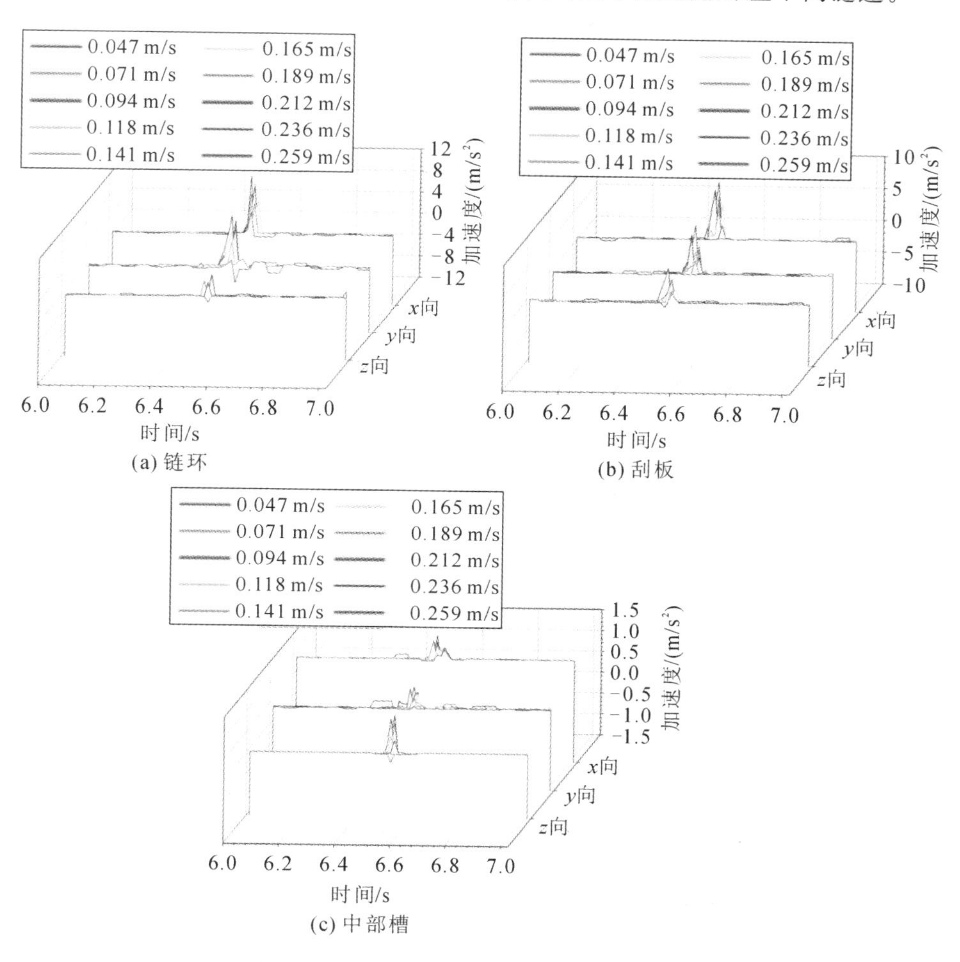

图 5-56 变链速工况下加速度变化

2. 变冲击高度工况

在变冲击高度工况中，刮板输送机链速设置为 0.118 m/s，冲击载荷质量取 5 kg，采集在不同冲击高度工况下，刮板输送机受到冲击时，被冲击的链环、刮板和中部槽三个位置的 x、y、z 三向加速度变化情况，如图 5-57 所示，图中左上角对应不同冲击高度。

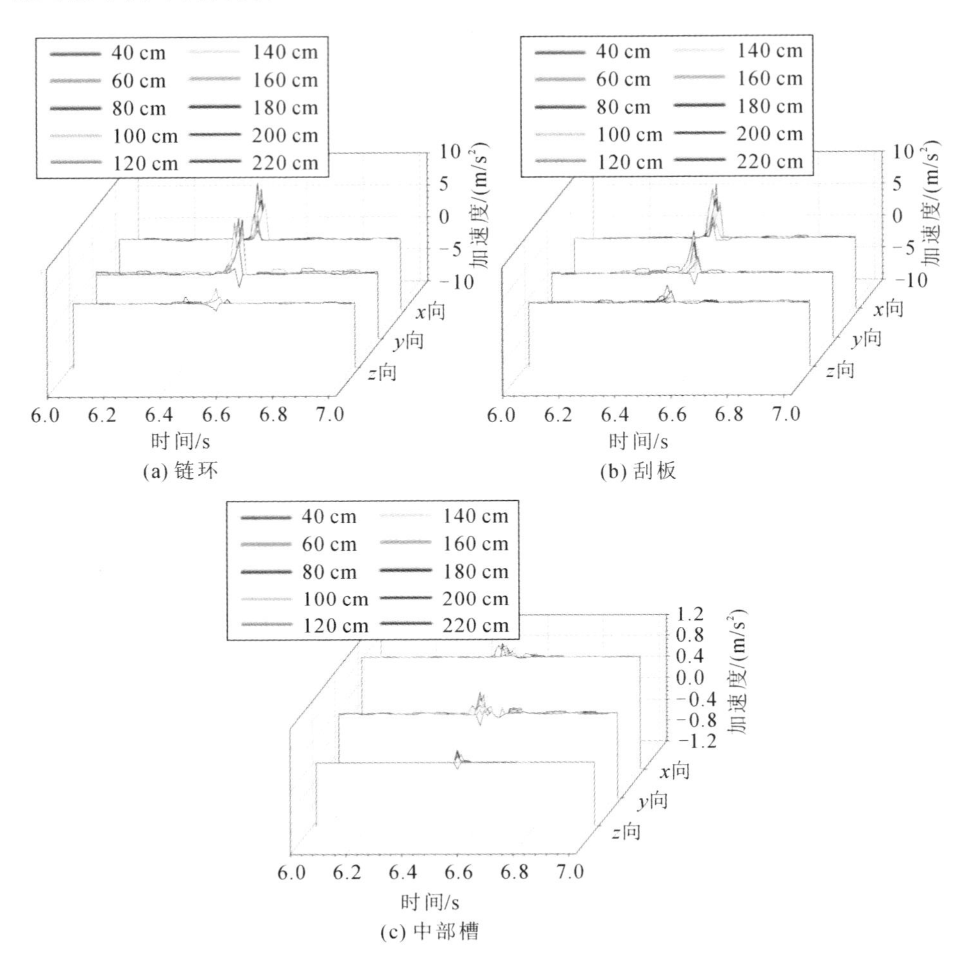

(a) 链环　(b) 刮板　(c) 中部槽

图 5-57　变冲击高度工况下加速度变化

3. 变冲击载荷质量工况

在变冲击载荷质量工况中，刮板输送机链速设置为 0.118 m/s，冲击高度固定设置为 100 cm，采集链环、刮板和中部槽在受到不同质量的载荷冲击时的 x、y、z 三向加速度变化情况，如图 5-58 所示，图中左上角对应不同冲击载荷质量。

综上可知，随着链速、冲击高度和冲击载荷质量的增加，链传动系统的三向加速度同样也呈现增大的趋势，这也进一步验证了链速、冲击高度和冲击载荷质量对链传动系统的三向振动有激励作用的结论。

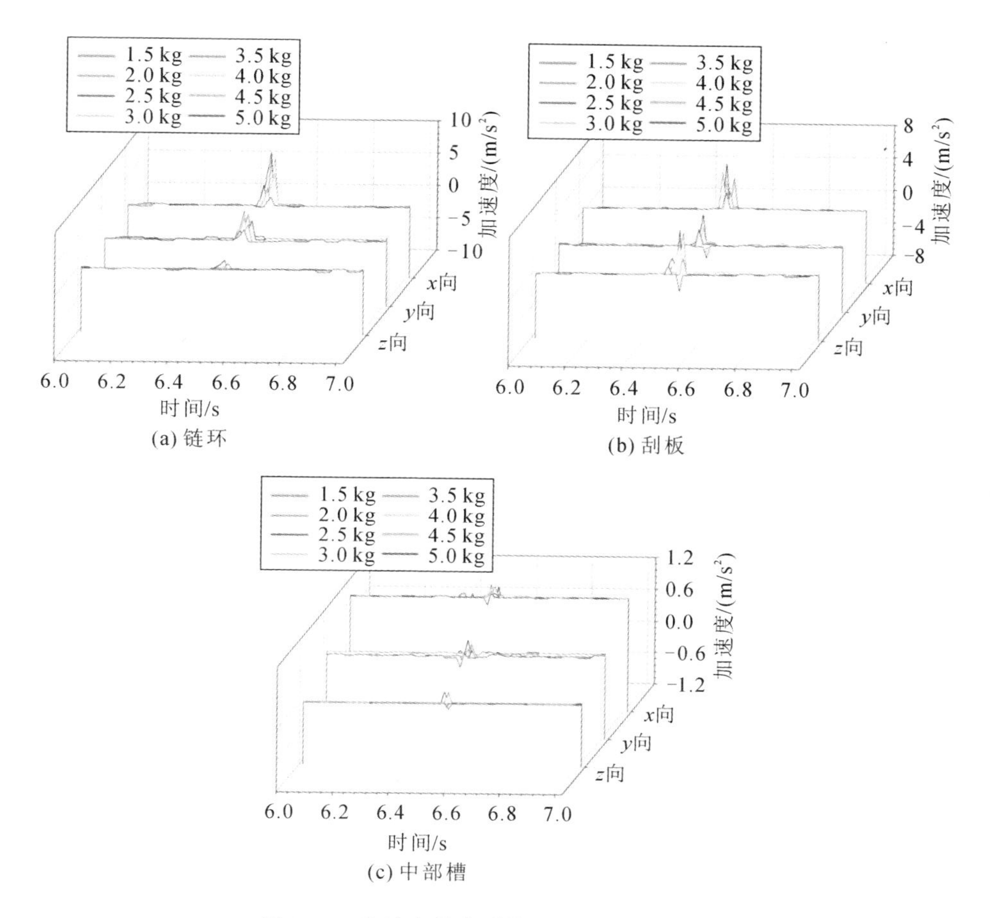

(a) 链环

(b) 刮板

(c) 中部槽

图 5-58 变冲击载荷质量工况下加速度变化

4. 有载链环-有载煤堆对比

同样以变链速工况为例，分别对比在 x、y 和 z 三个方向上，有载冲击链环工况和有载冲击煤堆工况在链速由 0.047 m/s 增加至 0.259 m/s 的过程中，链环、刮板和中部槽的平均加速度，如图 5-59 所示。

首先在 x 方向上，链环平均加速度由冲击链环工况下的 3.988 m/s^2 变为冲击煤堆工况下的 3.064 m/s^2，减小了 23.17%；刮板平均加速度由冲击链环工况下的 3.019 m/s^2 变为冲击煤堆工况下的 2.473 m/s^2，减小了 18.09%；中部槽平均加速度由冲击链环工况下的 1.309 m/s^2 变为冲击煤堆工况下的 0.565 m/s^2，减小了 56.84%。

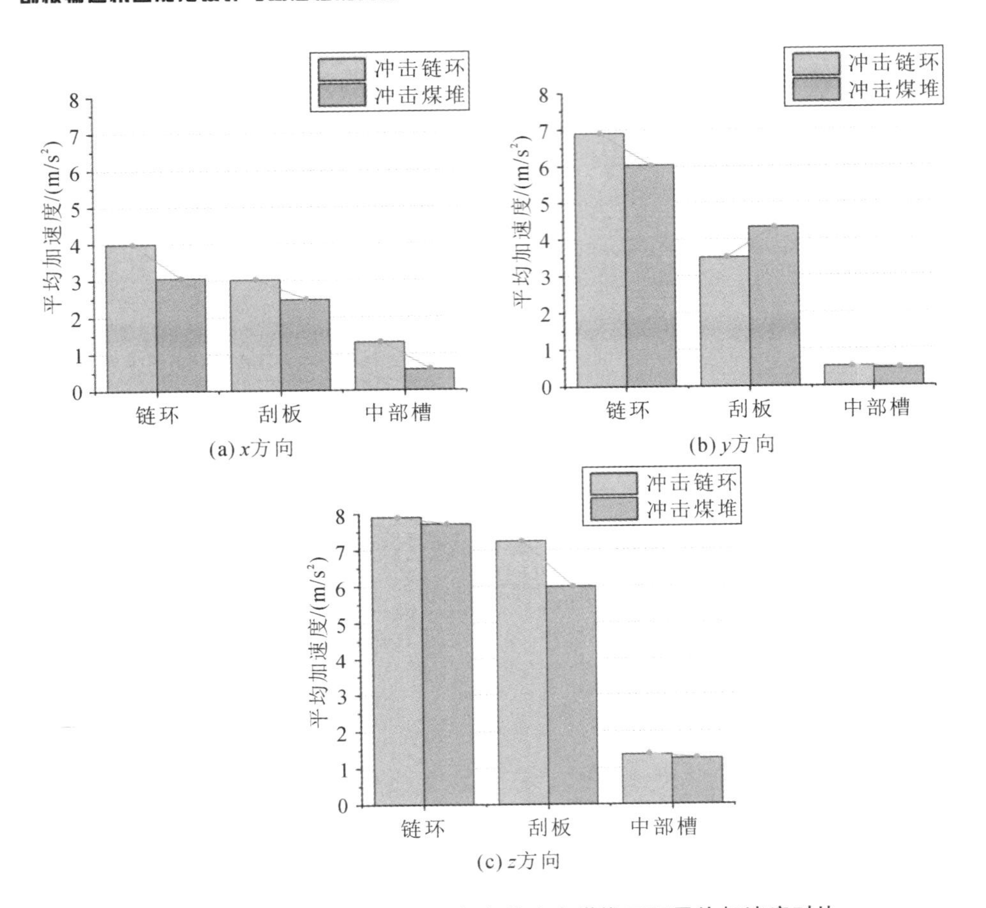

图 5-59 有载冲击链环工况和有载冲击煤堆工况平均加速度对比

其次在 y 方向上，链环平均加速度由冲击链环工况下的 6.901 m/s² 变为冲击煤堆工况下的 6.044 m/s²，减小了 12.42%；刮板平均加速度由冲击链环工况下的 3.509 m/s² 变为冲击煤堆工况下的 4.326 m/s²，增加了 23.28%；中部槽平均加速度由冲击链环工况下的 0.533 m/s² 变为冲击煤堆工况下的 0.475 m/s²，减小了 10.88%。

最后在 z 方向上，链环平均加速度由冲击链环工况下的 7.909 m/s² 变为冲击煤堆工况下的 7.714 m/s²，减小了 2.47%；刮板平均加速度由冲击链环工况下的 7.238 m/s² 变为冲击煤堆工况下的 5.983 m/s²，减小了 17.34%；中部槽平均加速度由冲击链环工况下的 1.378 m/s² 变为冲击煤堆工况下的 1.263 m/s²，减小了 8.35%。

对比发现，在有载工况下，冲击煤堆工况时三个位置的三向平均加速度相较于冲击链环工况时的大部分都进一步减小，这是由于在受到冲击时，刮板输送机上的负载煤堆对冲击起到了一定的缓冲作用，减小了冲击载荷对刮板的冲击力，并且负载煤堆对链环的振动也起到了一定的抑制作用，因此冲击煤堆工况相较于冲击链环工况的加速度波动更小，这也进一步验证了刮板输送机上的负载煤堆对链传动系统的振动具有一定的抑制作用的结论。

本节通过搭建刮板输送机冲击试验台，研究了刮板输送机在空载和有载两种工况下受到冲击时，不同链速、冲击高度和冲击载荷质量对刮板输送机链传动系统动力学特性的影响，并通过采集和分析试验数据，得到以下结论：

（1）刮板输送机在受到冲击时，链速、冲击高度和冲击载荷质量都对链传动系统的振动具有激励作用，其中链速的影响最为明显，其次是冲击高度，最后是冲击载荷质量。

（2）刮板输送机在受到冲击时，链传动系统的 z 向振动最为剧烈。这是由于冲击的载荷是沿着 z 方向冲击到刮板输送机上的，因此在垂直冲击力的作用下，其纵向的加速度波动最大。刮板输送机在受到冲击时，纵向的振动是链传动系统失效的主要原因。

（3）刮板输送机在受到冲击时，链环的振动最为明显，其次是刮板，最后是中部槽。因此刮板输送机在受到煤块冲击时，链环及链条为最先出现失效的部分。

（4）有载工况相较于空载工况，链传动系统受到冲击时的三向平均加速度数值变化和加速度变化率大部分都有所减小，说明运输的负载煤堆对链传动系统的振动有一定的抑制作用。

本节研究了刮板输送机在多种工况下受到冲击时的振动情况，对刮板输送机的稳定运行和结构优化具有重要意义。但受限于试验台条件，未对更大质量的冲击载荷进行冲击试验，且未研究地形变化对刮板输送机受到冲击时的动力学特性的影响，后续将对上述问题进一步展开研究。

5.7　卡链故障原因分析及链条状态监测

在刮板输送机的故障中，卡链是最常见的故障之一，其原因通常为：一是链条松动导致机头或机尾(一般为机尾)链轮处发生跳齿;二是在弯曲工况下,刮板与中部槽间隙处发生刮卡造成短时卡链。卡链会影响刮板输送机的输送能力和电动机的负载能力,严重时甚至会造成刮板输送机断链,引发严重的生产事故,因此对刮板输送机卡链故障的监测尤为重要。

5.7.1 松链和紧链状态下的链速对比分析

在试验过程中,由于链条安装之后存在长度冗余,且链条在长时间运行后发生了塑性变形,各中部槽之间间隙过大导致刮板刮卡,因此刮板输送机发生了 2 次卡链故障和 1 次断链故障(断链位置为连接环处),剪断前后的限矩保险螺栓如图 5-60 和图 5-61 所示,在试验过程中,因发生卡链故障,链轮盲轴处的限矩保险螺栓 2 次被剪断。所用限矩保险螺栓强度等级分别为 4.8 级和 8.8 级,抗剪力分别为 1.6 t 和 3.2 t。

图 5-60 限矩保险螺栓

图 5-61 被剪断的限矩保险螺栓

此外,由于链条过松,连接环会在中部槽间隙中卡住或发生卡链故障,从而引发链条断链故障,连接环断裂,连接螺栓被拉弯,如图 5-62 所示。

为了减少和预防卡链故障的发生,对刮板输送机松链和紧链两种状态进行监测,获取和对比松链、紧链两种状态下的机头、机尾链轮转速情况。如图 5-63 所示,紧链状态下,机头、机尾链轮的平均转速分别为 4.25390 r/min 和 4.12291 r/min,两者波动相近且差距在正常范围内;松链状态下,机尾链轮的转速出现大幅波动(此时已消除了刮板磨削对激光笔接收信号的影响),机头链轮的平均转速为 4.14293 r/min,机尾链轮的平均转速则为 3.75254 r/min,与

(a) 正常状态

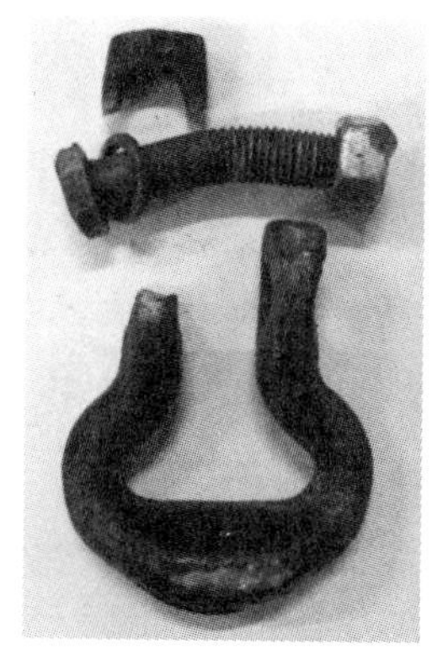
(b) 失效状态

图 5-62 连接环和连接螺栓

紧链状态相比，机头链轮和机尾链轮的转速均减小，差值分别为 2.609% 和 8.983%，链轮在松链状态下的转速较紧链状态大幅度减小且波动更加剧烈。因此，机头、机尾链轮的转速差以及松链与紧链状态下的链轮转速差也可以作为衡量松链、紧链程度的一个重要判别依据。

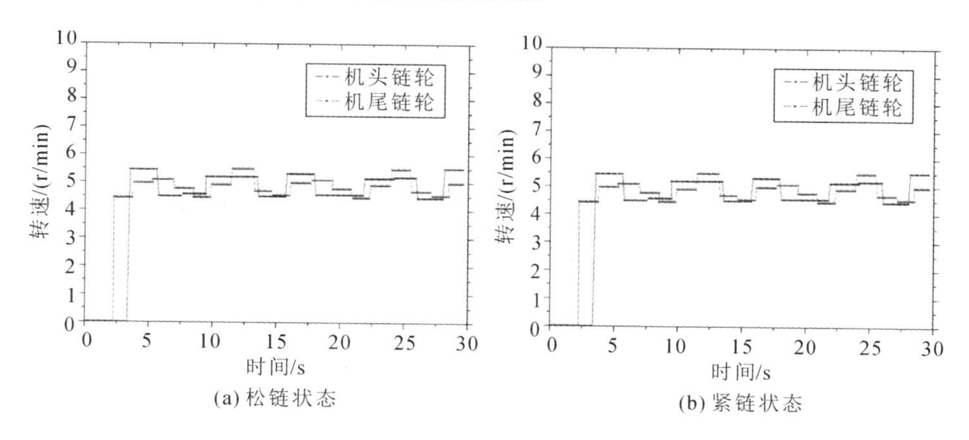

(a) 松链状态　(b) 紧链状态

图 5-63 机头、机尾链轮转速

5.7.2 松链状态监测方法

为了在链条发生松动时及时做出警示和调整，本节根据松链和紧链两种状态下刮板的离地高度情况，设计了一种监测刮板输送机链条松紧程度的监测装置。其原理为在松链和紧链状态下，刮板的离地高度差异很大，如图 5-64 所示。

(a) 松链状态

(b) 紧链状态

图 5-64　刮板的离地高度

如图 5-65 所示，根据松链时刮板离地高度大幅降低的原理，在机头架底部安装了激光发射器和接收器，正常状态下，刮板处于安全的离地高度，不会遮挡激光信号，监测系统不发出警告；当链条松动，影响整个链传动系统的正常运行时，刮板的离地高度超过了设定阈值，遮挡了激光信号，此时监测系统便发出警告，并通过刮板输送机机尾安装的液压张紧装置，自动将链条张紧至正常状态。同通常在链条中安装张力传感器的方案相比，本节提出的方案通过间接测量刮板悬垂度便可实现链条状态的监测和调整，不需要直接测量链条的张力，具有简洁、有效的特点。

图 5-65　刮板悬垂度监测原理图

5.8　基于中部槽振动特性的故障检测方法

中部槽是刮板输送机链传动系统循环往复运行的依托，刮板链在链轮的驱动下沿中部槽运动，所以中部槽与链传动系统之间存在复杂的相互作用。中部槽在链传动系统的不同运行状态下会表现出不同的振动特性，反过来，中部槽的振动特性也可以直接反映出链传动系统的运行状态。考虑到监测固定的中部槽振动信号的难度远远低于监测移动的刮板链，所以本节提出了基于中部槽振动特性来监测链传动系统的实时运行状态及进行故障检测的方法。

5.8.1　不同位置中部槽的振动特性试验

基于前文理论和动力学特性仿真以及现有试验台的试验条件，首先针对相同运行状态下不同位置中部槽的振动特性进行试验，不同位置中部槽包括机头中部槽、中间中部槽和机尾中部槽。控制刮板输送机运行速度相同，分别将传感器置于机头中部槽、中间中部槽和机尾中部槽，得到各位置中部槽各方向加速度曲线，如图5-66所示（并规定z方向为链条运行方向，y方向为重力方向，x方向为垂直于链条的水平方向）。

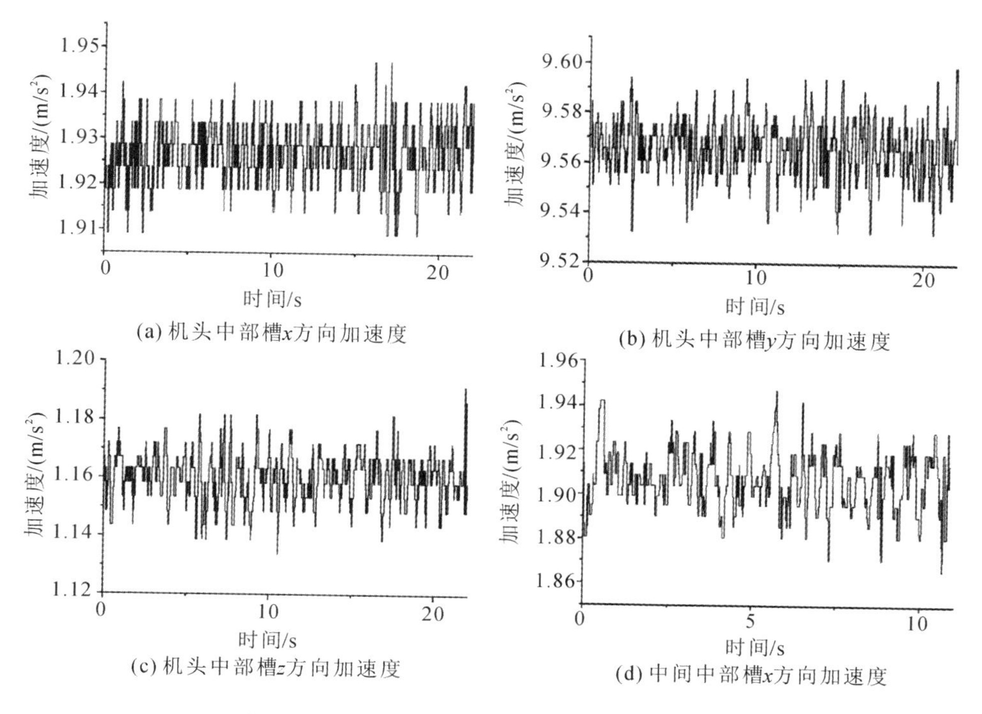

图5-66　机头、中间、机尾中部槽振动特性曲线

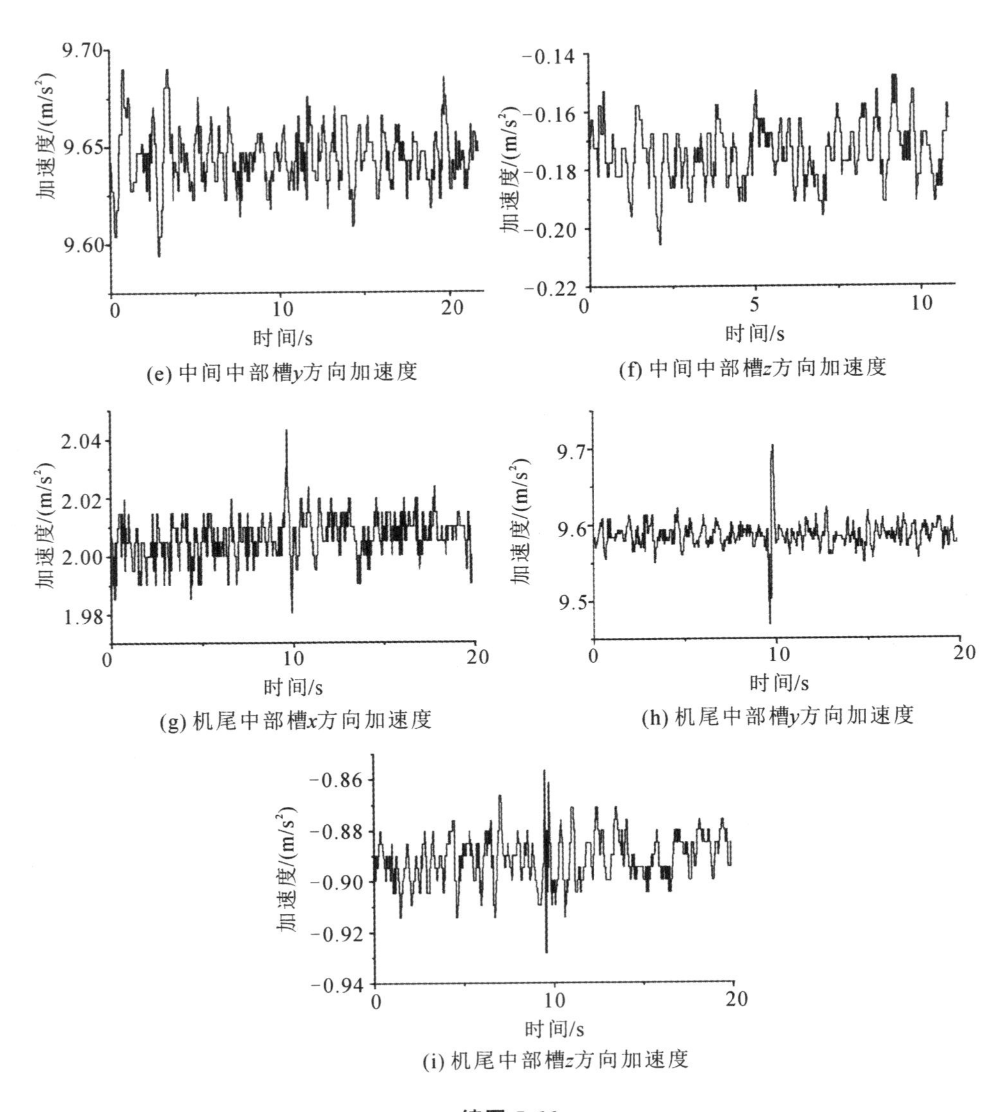

(e) 中间中部槽y方向加速度
(f) 中间中部槽z方向加速度
(g) 机尾中部槽x方向加速度
(h) 机尾中部槽y方向加速度
(i) 机尾中部槽z方向加速度

续图 5-66

根据图 5-66 中各位置中部槽振动特性，机头中部槽 x 方向加速度分量为 1.9286 m/s²，稳定运行时振动幅值为 1.9471 m/s²，y 方向加速度分量为 9.5656 m/s²，稳定运行时振动幅值为 9.5943 m/s²，z 方向加速度分量为 1.1583 m/s²，稳定运行时振动幅值为 1.1819 m/s²，x、y、z 方向振动幅度分别为 0.037 m/s²、0.0578 m/s²、0.0472 m/s²；中间中部槽 x、y、z 方向加速度分量分别为 1.9091 m/s²、

9.647 m/s²、−0.1723 m/s²，稳定运行时振动幅值分别为 1.9424 m/s²、9.69 m/s²、−0.1961 m/s²，振动幅度分别为 0.0666 m/s²、0.086 m/s²、0.0476 m/s²；机尾中部槽 x、y、z 方向加速度分量分别为 2.005 m/s²、9.5847 m/s²、−0.8898 m/s²，稳定运行时振动幅值分别为 2.0236 m/s²、9.623 m/s²、−0.9144 m/s²，振动幅度分别为 0.0186 m/s²、0.0766 m/s²、0.0492 m/s²，机尾中部槽在 9.7s 时由于轻微卡链，x、y、z 方向振动幅值分别达到 2.0432 m/s²、9.7039 m/s²、−0.928 m/s²。

上述数据说明，z 方向各位置中部槽振动幅度差异较小，中间中部槽 x 方向振动幅度约是机头中部槽的 2 倍、机尾中部槽的 3.5 倍，y 方向振动幅度略大于机头中部槽和机尾中部槽。

5.8.2 不同运行速度下中部槽的振动特性试验

基于 5.8.1 节对刮板输送机不同位置中部槽振动特性的研究以及综采工作面的实际情况，选择振动频率较高、易于传感器安装与数据传输的机头中部槽进行不同运行状态下中部槽的振动特性试验。基于现有的条件以及实际情况，设计进行不同运行速度（包括启动、制动）和不同载荷下中部槽的振动特性试验，启动、制动过程及不同运行速度的调节均通过调节变频器频率实现，试验台变频器频率与电动机转速的对应关系为 1 Hz=29.4 r/min。由此，具体试验方案如表 5-12 所示。

表 5-12 不同运行状态下中部槽的振动特性试验方案

运行状态	试验方案
不同运行速度	1. 加速过程：调节变频器频率从 0 增加到 25 Hz； 2. 减速过程：调节变频器频率从 25 Hz 减小到 0； 3. 调节变频器频率分别为 5 Hz、15 Hz、25 Hz
不同载荷	空载/有载（不同输送煤量）

根据表 5-12 进行不同运行速度下中部槽的振动特性试验，首先对刮板输送机启动、制动过程中机头中部槽的振动信号进行监测，控制变频器频率由 0 增加到 25 Hz，得到试验结果，如图 5-67 所示。

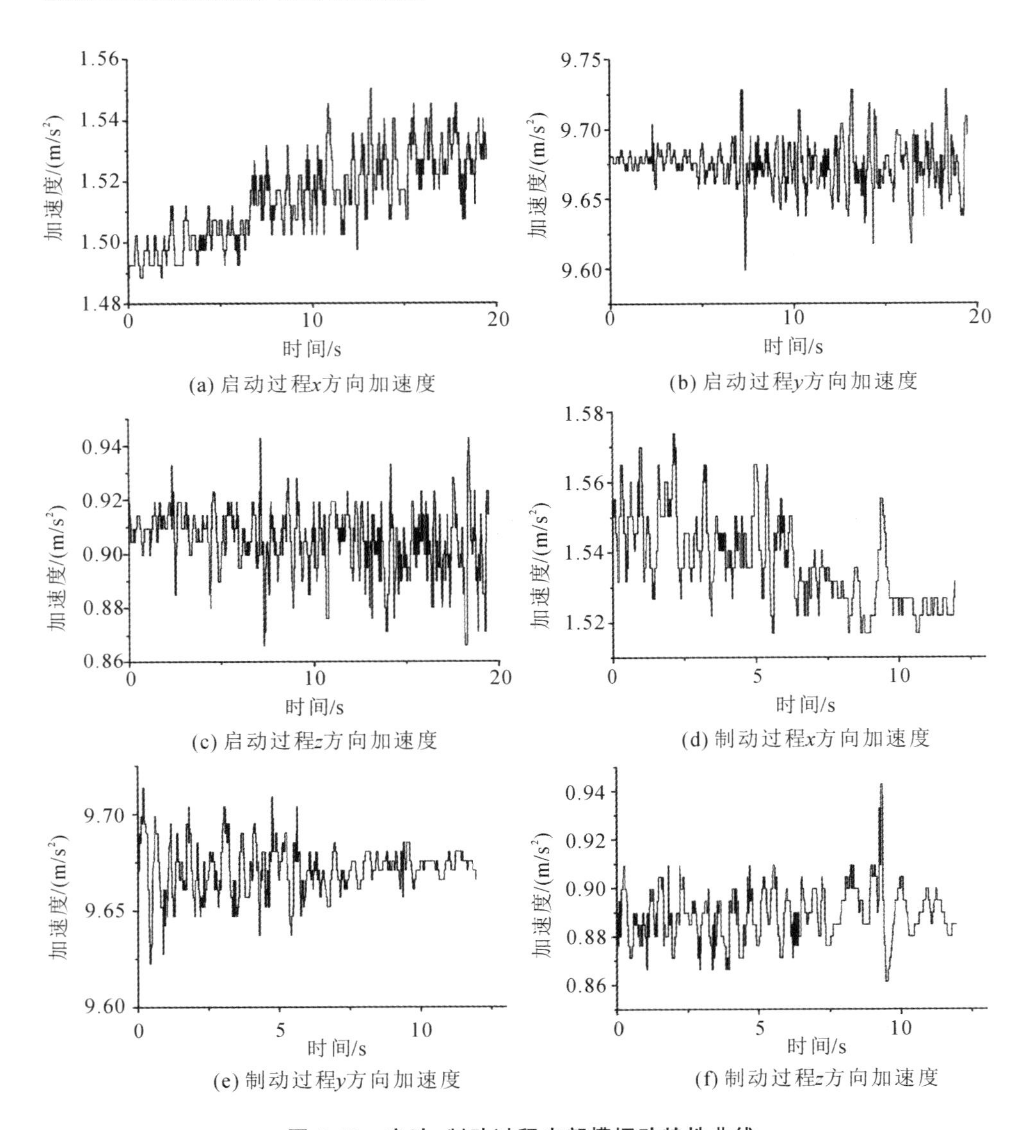

(a) 启动过程x方向加速度

(b) 启动过程y方向加速度

(c) 启动过程z方向加速度

(d) 制动过程x方向加速度

(e) 制动过程y方向加速度

(f) 制动过程z方向加速度

图 5-67　启动、制动过程中部槽振动特性曲线

根据图 5-67 可以得到,刮板输送机启动加速和制动减速过程中,x 方向振动幅值和振动幅度的改变较为直观和明显,y 方向和 z 方向振动幅值变化较小,振动幅度增加/减小比较明显。

为了得到更为准确的不同运行速度下中部槽的振动特性,控制变频器频率分别为 5 Hz、15 Hz、25 Hz,得到试验结果,如图 5-68 所示。

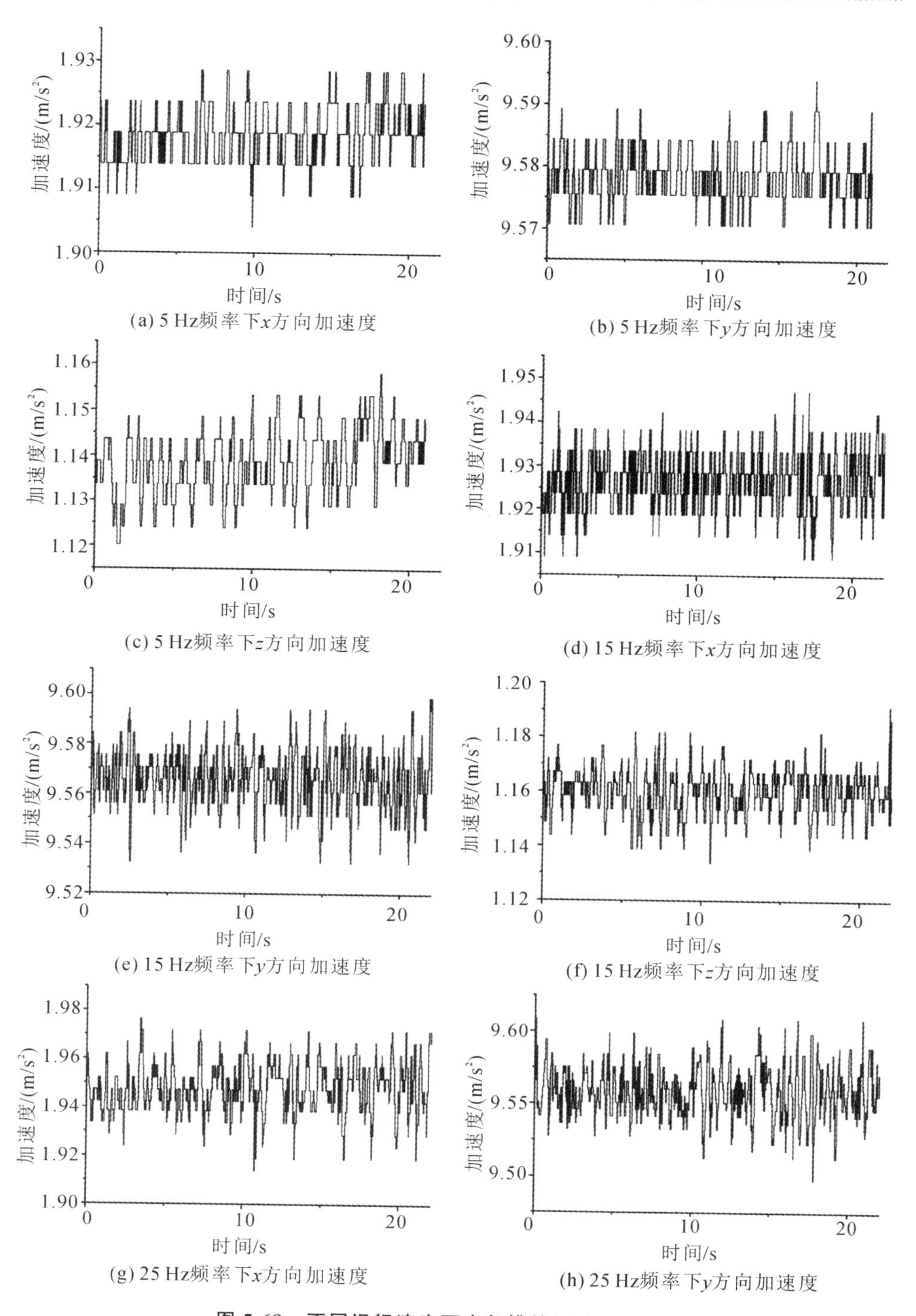

图 5-68 不同运行速度下中部槽的振动特性曲线

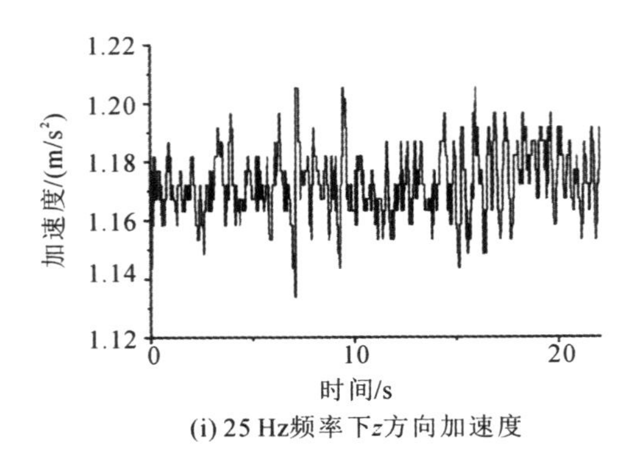

(i) 25 Hz频率下z方向加速度

续图 5-68

由不同运行速度下中部槽的振动特性曲线得到不同运行速度下中部槽的振动特性对比，如表 5-13 所示。根据表 5-13，5 Hz 频率时，y 方向振动幅值最大，其他两个方向振动幅值较小。随着刮板输送机运行速度的加快，中部槽 x、y、z 方向振动幅值和振动幅度均会增加，其中 y 方向振动幅值增量较小，振动幅度增量较大，x 方向和 z 方向振动幅度增量较小。另外，15 Hz 频率时 y 方向振动幅度已经超过 z 方向和 x 方向，25 Hz 频率时 y 方向振动幅度约为 x 方向的 2 倍。

表 5-13　不同运行速度下中部槽的振动特性对比

变频器频率/Hz	x 方向振动特性		y 方向振动特性		z 方向振动特性	
	幅值/(m/s²)	幅度/(m/s²)	幅值/(m/s²)	幅度/(m/s²)	幅值/(m/s²)	幅度/(m/s²)
5	1.9286	0.0196	9.5893	0.0186	1.1534	0.0294
15	1.9471	0.037	9.5943	0.0578	1.1819	0.0472
25	1.9717	0.048	9.6091	0.0964	1.2055	0.062

5.8.3　不同载荷下中部槽的振动特性试验

根据表 5-12 试验方案进行不同载荷下中部槽的振动特性试验，同样选择机头中部槽为实验对象，通过改变中部槽上的输送煤量改变刮板输送机的负载，但受试验台本身限制，较难实现满载或半载等多种有载工况。如图 5-69 所示，本次试验只对 20 Hz 频率下刮板输送机空载和有载两种工况进行对比分析。

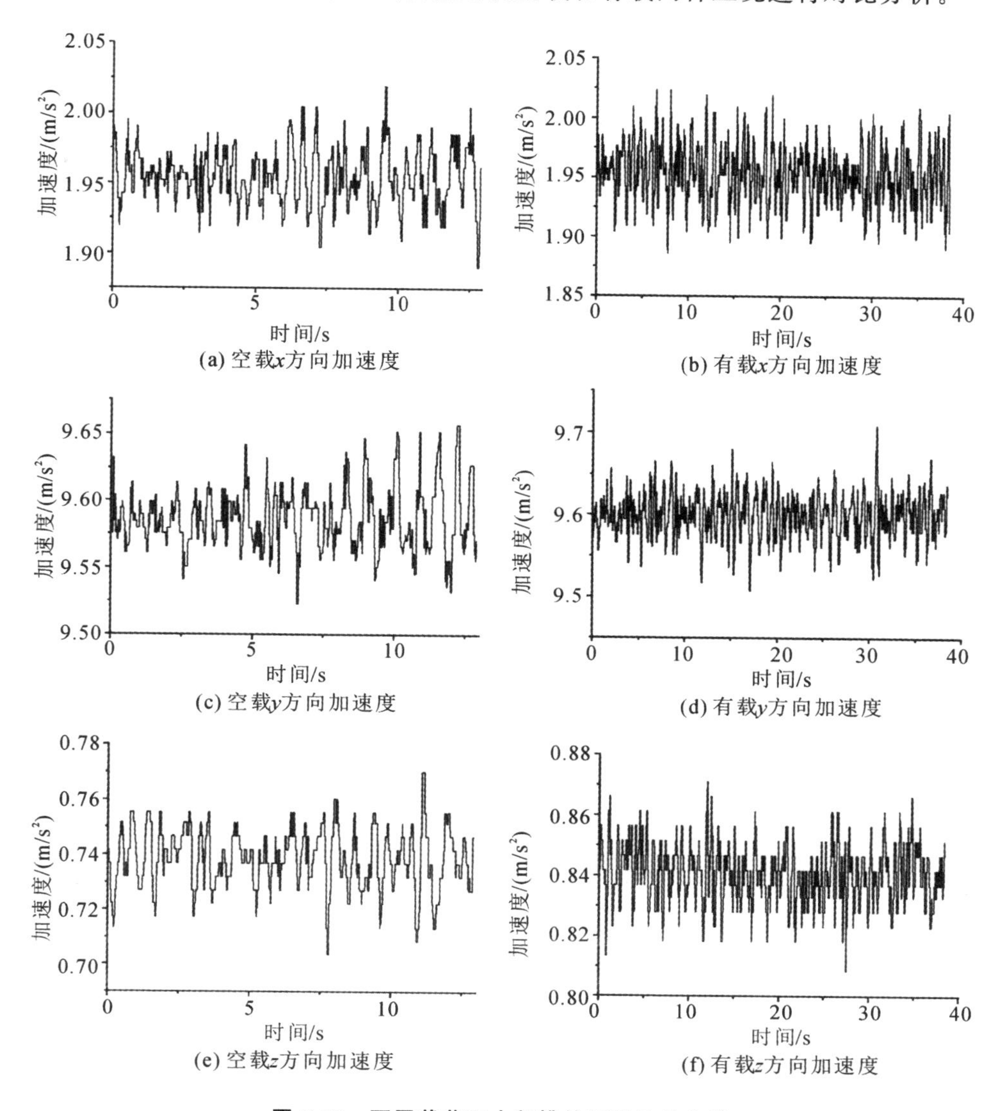

(a) 空载x方向加速度
(b) 有载x方向加速度
(c) 空载y方向加速度
(d) 有载y方向加速度
(e) 空载z方向加速度
(f) 有载z方向加速度

图 5-69 不同载荷下中部槽的振动特性曲线

由不同载荷下中部槽的振动特性曲线得到不同载荷下中部槽的振动特性对比，如表 5-14 所示。根据对比数据，有载时刮板输送机中部槽 x、y、z 方向振动幅值和振动幅度均高于空载时，说明随着负载的增加，中部槽的振动加剧。

表 5-14　不同载荷下中部槽的振动特性对比

不同载荷	x 方向振动特性		y 方向振动特性		z 方向振动特性	
	幅值/(m/s^2)	幅度/(m/s^2)	幅值/(m/s^2)	幅度/(m/s^2)	幅值/(m/s^2)	幅度/(m/s^2)
空载	2.0046	0.1004	9.6517	0.1105	0.7604	0.0431
有载	2.0241	0.1356	9.6804	0.1731	0.8664	0.0482

5.9　测试手段

本节将介绍几种用于刮板输送机试验的测试系统和装置，包括刮板输送机的循环加载测试系统、基于压电效应的刮板链实时张力检测系统、基于空间位置信息捕捉的刮板输送机机身自动调直装置、用于调整和模拟刮板输送机中部槽空间位姿的装置，以提高试验的便捷性和信号采集的准确性。

5.9.1　刮板输送机的循环加载测试系统

1. 概述

刮板输送机的循环加载测试系统（包括基础结构及其他改进结构）如图5-70至图 5-75 所示。刮板输送机实际工作时，需要采煤机在刮板输送机的上侧不断地截割煤壁来补充运输的煤炭。但实际的试验过程是无法达到与真实相符的工作环境的，无法实现在进行刮板输送机试验的同时保证采煤机不断地截割煤壁补充所需的煤炭。因此该系统可以实现刮板输送机所用煤块的自动循环再利用，可以对刮板输送机进行循环测试，极大地提高试验的效率和还原真实性，省时省力。

2. 具体实施方式

1）实施例 1

一种用于刮板输送机的循环加载测试系统，如图 5-70 所示，包括依次搭接的刮板输送机、接煤转载机、皮带输送机和落煤转载机。刮板输送机的机头搭接在接煤转载机的机尾上方，接煤转载机的机头搭接在皮带输送机的机尾上方，皮带输送机的机头搭接在落煤转载机的机尾上方，落煤转载机的机头搭接在刮板输送机的机尾上方。刮板输送机机头运输过来的煤块经接煤转载机、皮带输送机和落煤转载机又回到刮板输送机机尾形成循环。

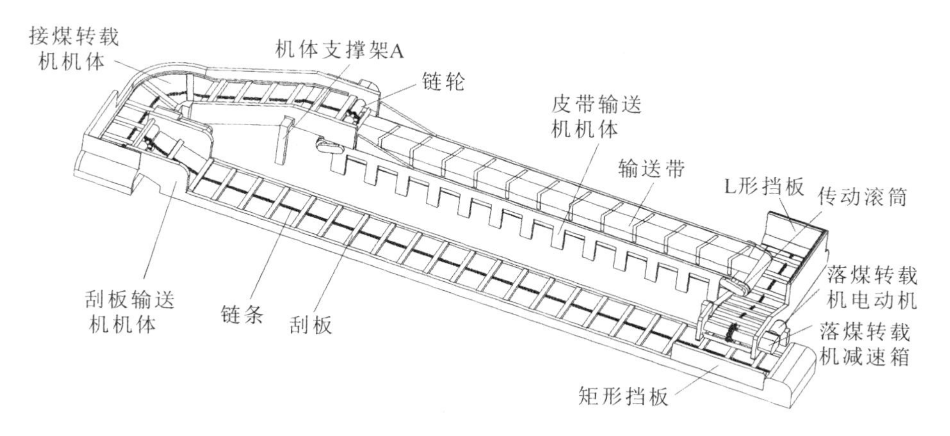

图 5-70 刮板输送机的循环加载测试系统

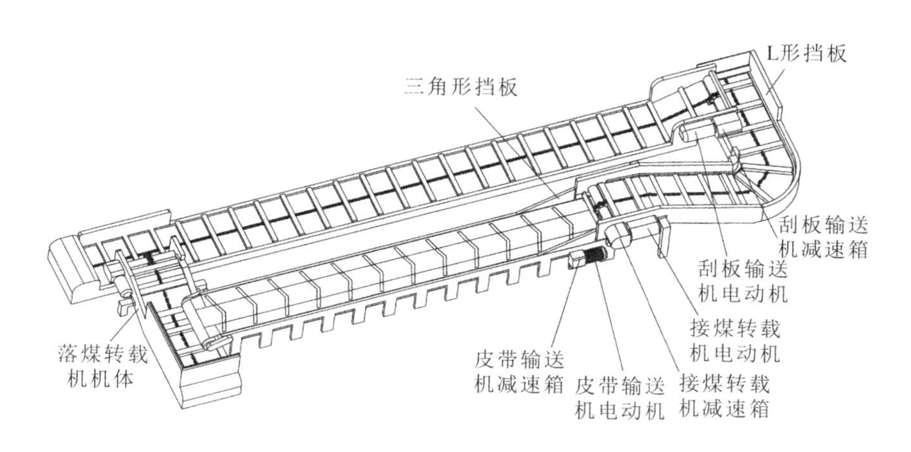

图 5-71 刮板输送机的循环加载测试系统(俯视图)

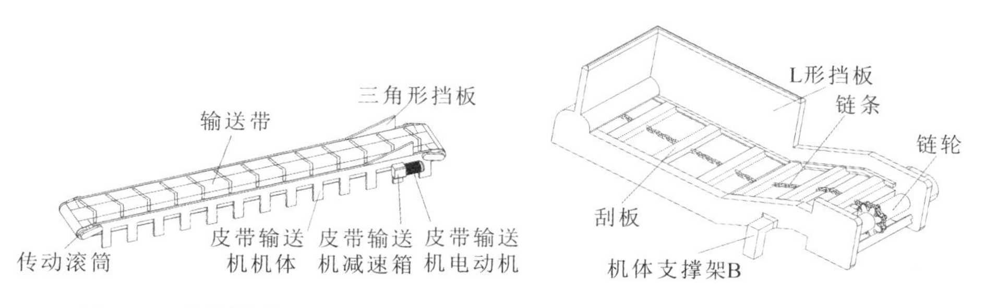

图 5-72 皮带输送机的结构示意图

图 5-73 落煤转载机的结构示意图

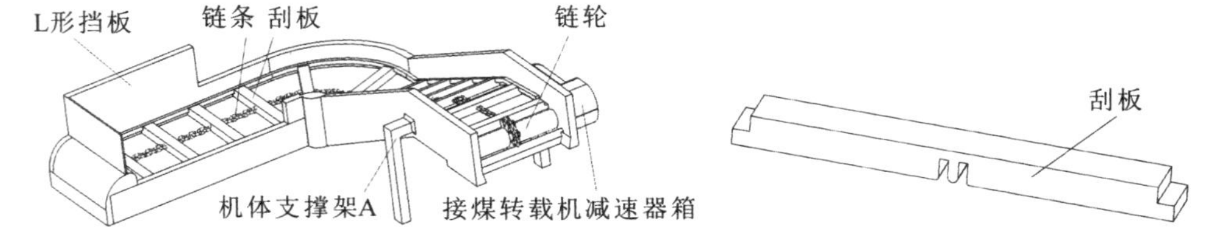

图 5-74 接煤转载机的结构示意图

图 5-75 刮板的结构示意图

2）实施例 2

一种用于刮板输送机的循环加载测试系统，结构如实施例 1 所示，所不同的是：刮板输送机包括刮板输送机机体、刮板输送机减速箱、刮板输送机电动机、链轮和链条，刮板输送机减速箱和刮板输送机电动机位于刮板输送机的机头一侧，用于提供动力；两个链轮分别位于刮板输送机机体的两个端部，链轮与刮板输送机机体采用转动连接，并且刮板输送机电动机驱动其中一个链轮转动，链轮的齿轮与链条啮合，并能够带动链条循环转动，链条上固定设置有刮板。

3）实施例 3

一种用于刮板输送机的循环加载测试系统，结构如实施例 2 所示，所不同的是：如图 5-75 所示，刮板为两个端部低、中间高的板状结构，其截面形状为"凸"字形，刮板输送机机体两侧内部均设置有 U 形滑道，刮板的两个端部均位于 U 形滑道内并能够在 U 形滑道内滑动。

4）实施例 4

一种用于刮板输送机的循环加载测试系统，结构如实施例 3 所示，所不同的是：刮板输送机的机尾处设置有一矩形挡板，该矩形挡板正对着落煤转载机的机头，避免落煤转载机运输过来的煤块飞出刮板输送机；刮板与链条之间采用 U 形螺栓连接。

5）实施例 5

一种用于刮板输送机的循环加载测试系统，结构如实施例 4 所示，所不同的是：接煤转载机包括接煤转载机机体、机体支撑架 A、接煤转载机减速箱、接煤转载机电动机、链轮和链条，接煤转载机减速箱和接煤转载机电动机位于接煤转载机的机头一侧，用于提供动力；两个链轮分别位于接煤转载机机体的两个端部，链轮与接煤转载机机体采用转动连接，并且接煤转载机电动机驱动其中一个链轮转动，链轮的齿轮与链条啮合，并能够带动链条循环转动，链条上固定设置有刮板；机体支撑架A位于接煤转载机的机头处，两侧各有一个，用于支撑机头，使接煤转载机的机头位于皮带输送机的机尾上方。

6）实施例6

一种用于刮板输送机的循环加载测试系统，结构如实施例5所示，所不同的是接煤转载机的机尾处设置有一L形挡板，防止从刮板输送机运送过来的煤块飞出。

7）实施例7

一种用于刮板输送机的循环加载测试系统，结构如实施例6所示，所不同的是：皮带输送机包括皮带输送机机体、皮带输送机减速箱、皮带输送机电动机、输送带和传动滚筒，皮带输送机减速箱和皮带输送机电动机位于皮带输送机机体端部一侧；传动滚筒有两个，两个传动滚筒分别位于皮带输送机机体的两个端部，两个传动滚筒上设置输送带，皮带输送机电动机带动其中一个传动滚筒转动，输送带在传动滚筒的带动下绕着传动滚筒往复运动；皮带输送机与接煤转载机搭接处设置有一三角形挡板，使煤块从接煤转载机顺利地落到皮带输送机上。

8）实施例8

一种用于刮板输送机的循环加载测试系统，结构如实施例7所示，所不同的是：落煤转载机包括落煤转载机机体、机体支撑架B、落煤转载机减速箱、落煤转载机电动机、链轮和链条，落煤转载机减速箱和落煤转载机电动机位于落煤转载机的机头一侧，用于提供动力；两个链轮分别位于落煤转载机机体的两个端部，链轮与落煤转载机机体采用转动连接，并且落煤转载机电动机驱动其中一个链轮转动，链轮的齿轮与链条啮合，并能够带动链条循环转动，链条上固定设置有刮板；机体支撑架B位于落煤转载机的机头处，两侧各有一个，用于支撑机头，使落煤转载机的机头位于刮板输送机的机尾上方；落煤转载机的机尾处设置有一L形挡板，使从皮带输送机运输来的煤块顺利地落到落煤转载机上。

9）实施例9

一种用于刮板输送机的循环加载测试系统，结构如实施例8所示，所不同的是接煤转载机、皮带输送机和落煤转载机分别外接有一变频器，用于调节煤块运输速度。

10）实施例10

一种用于刮板输送机的循环加载测试系统的工作方法：刮板输送机、接煤转载机、皮带输送机和落煤转载机依次搭接，将煤块放入循环加载测试系统中，煤块将从放入处依次运输。

将煤块放入刮板输送机上时，煤块从刮板输送机的机尾运输至刮板输送机的机头，进行试验测试，然后从刮板输送机的机头落入接煤转载机的机尾，接煤转载机电动机经由接煤转载机减速箱带动链轮旋转，与链轮啮合的链条绕着链轮旋转，使得与链条固定连接的刮板在接煤转载机机体上往复运动。在接煤转载机刮板的运输下，煤块从接煤转载机的机尾运输到机头，并落入皮带输送机的输送带上。输送带在皮带输送机电动机的带动下绕传动滚筒运动，将煤块再运输到落煤转载机的机尾。煤块在落煤转载机刮板的带动下从落煤转载机的机尾运输到落煤转载机的机头，最终被再次运到刮板输送机机尾的中部槽中，至此完成一个煤块运输的循环。

3. 优点

（1）本系统可以自动将刮板输送机刮离后的煤块从机头运输到机尾，使煤块运输形成一个循环，而不需要人工来循环煤块，并可以反复地对刮板输送机进行试验和测试，省时省力，提高了测试效率。

（2）本系统在测试时可以真实还原刮板输送机的实际工作状态，测试效果真实可靠。

（3）本系统的接煤转载机、皮带输送机和落煤转载机分别可外接一变频器，通过变频器可调节煤块运输速度，能够模拟不同的煤流量。

（4）本系统的刮板输送机、接煤转载机、皮带输送机和落煤转载机上均设置有挡板，如L形挡板、三角形挡板等，可以防止煤块飞出。

5.9.2 基于压电效应的刮板链实时张力检测系统

1. 概述

基于压电效应的刮板链实时张力检测系统包括刮板链、机头链轮、机尾链轮、张力检测系统，其中：刮板链套设于机头链轮、机尾链轮外侧；机头链轮设置在机头架上；机尾链轮设置在机尾架上；张力检测系统包括压电式压力传感器、霍尔接近开关、单片机、无线信号发射装置、无线信号接收装置、工控机、LCD显示屏、电荷放大器、测量电路和电源供电装置。每间隔一个轮齿设置一个压电式压力传感器，检测数据全面，可以实现对链条张力的无间断实时检测。霍尔接近开关控制检测精确，节省电量，可延长装置使用寿命，同时减少大量无效数据的采集工作，简化数据处理工作，提高数据处理精度，降低误差，增强了整套张力检测系统的工作稳定性。

2. 具体实施方式

1）实施例1

本实施例提供了一种基于压电效应的刮板链实时张力检测系统：刮板链套设于机头链轮、机尾链轮外侧；机头链轮设置在机头架上；机尾链轮设置在机尾架上。所述张力检测系统包括压电式压力传感器、霍尔接近开关、单片机、无线信号发射装置、无线信号接收装置、工控机和电源供电装置等。压电式压力传感器设置在机头链轮、机尾链轮的轮齿内部，共12个，其中机头链轮上6个，机尾链轮上6个，每间隔一个轮齿设置一个压电式压力传感器。压电式压力传感器用于检测张力数据，与压电式压力传感器相对的轮齿外侧位置上设置有霍尔接近开关，霍尔接近开关用于控制压电式压力传感器的工作；霍尔接近开关与单片机连接；单片机与压电式压力传感器线连接，单片机用于控制压电式压力传感器的开启，无线信号发射装置与压电式压力传感器电连接，无线信号发射装置通过螺栓固定于链轮上，无线信号接收装置用于接收无线信号发射装置的信号；机头链轮、机尾链轮内部设置有凹槽，凹槽内固定设置有单片机、无线信号发射装置、电源供电装置，既可以节约空间，又可以保护这些器件，同时机头链轮、机尾链轮内部还设置有若干凹缝，用于放置各个器件之间的连接线；无线信号接收装置与工控机电连接；无线信号接收装置与工控机均固定设置在机尾架一侧，无线信号接收装置将检测到的压力信号传输至工控机，工控机与电源供电装置电连接。机头架与机头链轮相交的最高点处设置电磁铁，机尾架与机尾链轮相交的最低点处设置电磁铁，电磁铁与设置在链轮的电源供电装置之间设置有电磁铁开关。电源供电装置给整个装置供电，包含2组共6块电池，一组布置于机头链轮，另一组布置于机尾链轮，每组电池共含 3 块电池。同时设置 LCD 显示屏，LCD 显示屏设置在使用者易于观察的位置，使用数字视频接口(DVI)连接线与工控机相连接，LCD 显示屏需预留出 DVI-HDMI 转换接口，便于工控机与其他显示设备相连接；LCD 显示屏用于显示压电式压力传感器的数据。

型号选择：压电式压力传感器可选用澄科 CT3005A，无线信号发射装置选用基于 CC2540 射频芯片的 E104-2G4U04A 无线信号发射装置，单片机选用 82C52 单片机，工控机型号为研华 IPC-610L。

工作原理：机头链轮张力在链条与机头链轮接触的最高点进行检测，机尾链轮张力在链条与机尾链轮接触的最低点进行检测。根据刮板链张力分布可知，刮板链在机头链轮轴中心正上方时，链上张力最大，在链轮轴中心正上方采集链上张力信号，相应的，在机尾链轮轴中心正下方采集链上张力信号。

电磁铁置于相对应的机头架内侧。如图 5-76 所示，机头链轮运行到最高点，机尾链轮运行到最低点时，链轮齿面与刮板链之间力最大，因此在此位置前后 30°范围内采集链轮齿面与刮板链之间的力。设置霍尔接近开关的感应范围，在链轮运行到该位置前 30°和后 30°时，霍尔接近开关感应到机头架上电磁铁的磁场，霍尔接近开关接通，张力检测系统开始工作。

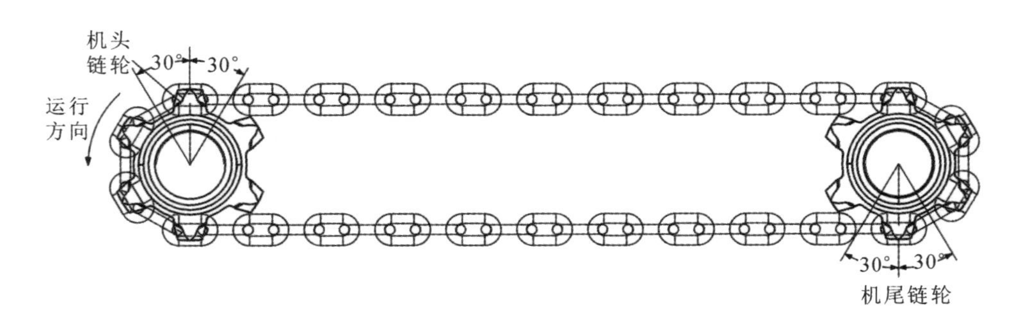

图 5-76　张力检测装置安装示意和检测位置图

如图 5-77 和图 5-78 所示，链轮包括中心链轮、左链轮片、右链轮片，其中左、右链轮片完全相同。图 5-79 所示为组成该链轮的链轮片示意图，每个齿上设置了三个螺栓将中心链轮、左链轮片和右链轮片组合成一个完整的刮板输送机链轮组件。链轮依靠连接筒安装于机头架和机尾架上，经减速器和液力耦合器与驱动电机相连接。本试验对链轮进行了一定程度的改造，链轮由左、右链轮片和链轮中部实体组成，在链轮内部加工有凹槽便于安放零件，加工有凹缝便于放置连接线，加工有通孔便于安装霍尔接近开关和压电式压力传感器，左、右链轮片依靠螺栓固定到链轮中部实体上。所选链轮含有六个齿，每隔一个齿安装一套张力采集装置和一个霍尔接近开关，当刮板输送机链轮转动时，布置于前后链轮内的霍尔接近开关随链轮转动，当机头链轮、机尾链轮转动到数据采集位置时，霍尔接近开关感应到机头架(机尾架)内部的电磁铁磁场，霍尔接近开关接通，进而产生一个特定的电信号，唤醒齿内安装的压电式压力传感器，测量此时刮板链上的实时张力数值。在该齿离开测量位置后，霍尔接近开关远离电磁铁磁场，霍尔接近开关关闭，张力采集装置进入休眠状态，节省电能。

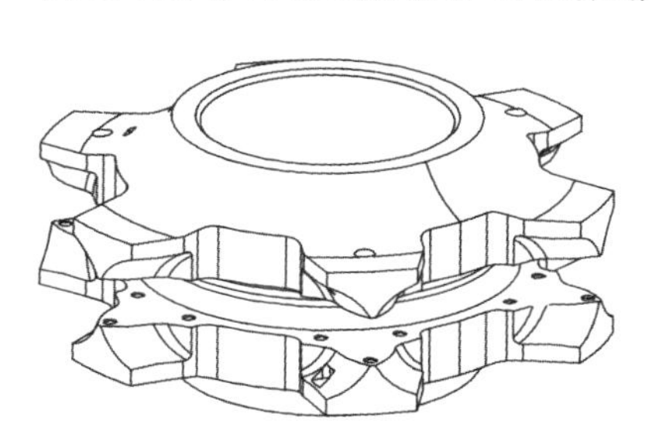

图 5-77 链轮三维图

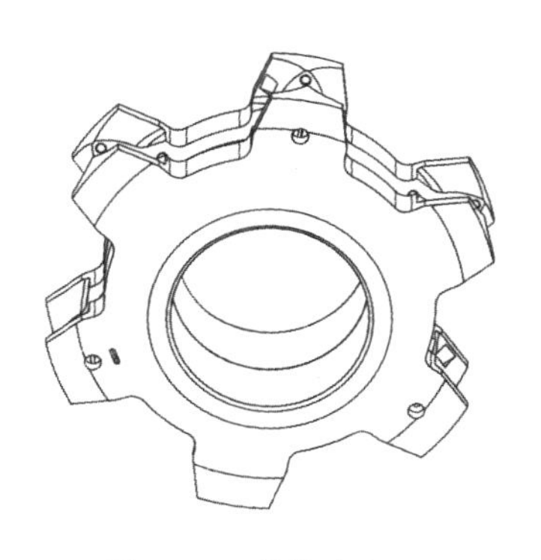

图 5-78 链轮主视图

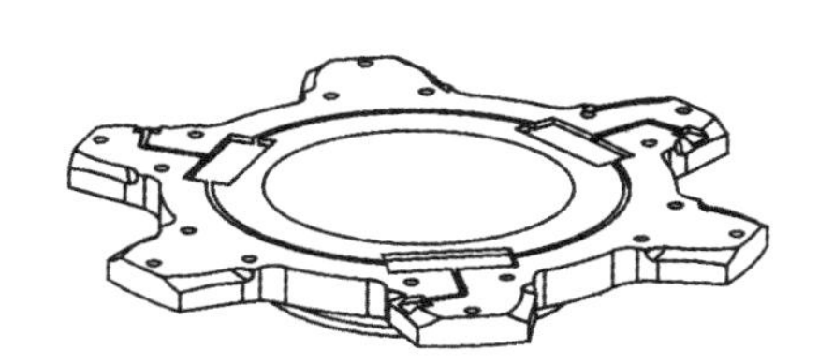

图 5-79 链轮片示意图

为保证霍尔接近开关不会在链轮运行过程中被碰撞而导致失灵，霍尔接近开关的安装位置应略低于链轮的端面位置。所述电磁铁，如图 5-80 所示，位于刮板输送机机头架内侧，与电源供电装置相连接，设置电磁铁开关后，当电磁铁表面磁性物质过多影响其磁场时，可断电失磁，清理电磁铁。无线信号发射装置用于将刮板链张力采集装置采集到的信号发送给位于刮板输送机一侧的无线信号接收装置，随后信号接收装置将接收到的张力信号传输到工控机，在LCD显示屏上将具体的张力数值显示出来。张力检测系统工作流程图如图5-81所示，信息传输系统工作流程图如图5-82所示。

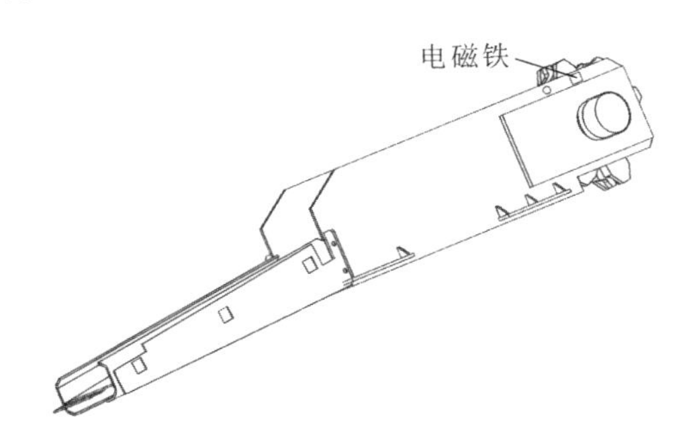

图5-80　机头架电磁铁安装位置示意图

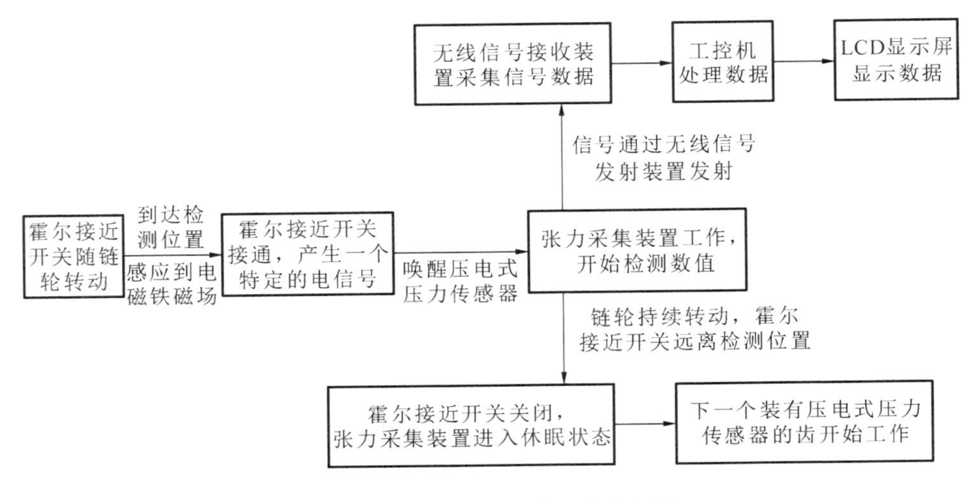

图5-81　张力检测系统工作流程图

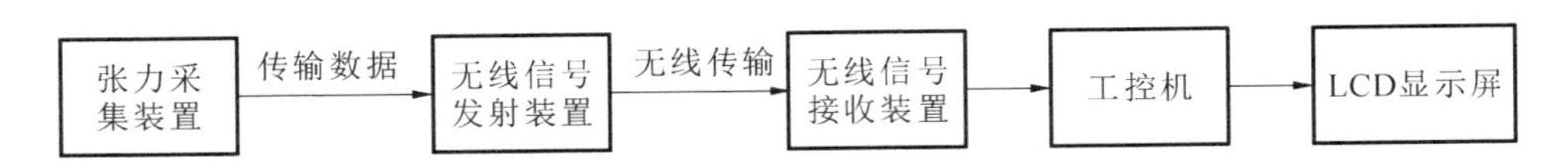

图5-82　信息传输系统工作流程图

2）实施例2

一种基于压电效应的刮板链实时张力检测系统，其结构如实施例1所示，不同的是:所述张力检测系统还包括电荷放大器、测量电路;电荷放大器与测量电路均顺次连接于压电式压力传感器与无线信号发射装置之间。

电荷放大器起到放大测量信号、防止电路短路和保护用电器的作用,增加了系统的整体稳定性;测量电路将采集到的信号进行处理,压电式压力传感器测量得到的信号(电荷)经过电荷放大器和测量电路的放大与变换阻抗后成为正比于所受外力的输出电量,再通过无线信号发射装置发射出去。利用电荷放大器和测量电路可解决微弱信号的变换与放大问题,从而得到足够强的输出信号。

3) 实施例3

一种基于压电效应的刮板链实时张力检测系统,其结构如实施例1所示,不同的是:链轮上设置有Type-C充电接口,接口外侧有保护充电插头的保护胶皮,Type-C充电接口与内部3块电池连接,仅需使用Type-C数据线将充电接口与充电器连接,即可对链轮内部电源进行充电,不需要多次拆卸链轮进行电池的更换。

4) 实施例4

一种基于压电效应的刮板链实时张力检测系统,其结构如实施例1所示,不同的是:由于钢铁会屏蔽无线信号发射装置的信号,因此链轮上放置压电式压力传感器的凹槽与边缘一侧贯穿,作为信号溢出孔,使信号更好地发射出去。

3. 优点

(1) 所述压电式压力传感器设置于机头链轮、机尾链轮的轮齿上,将压电式压力传感器置于链轮内部,通过测量链轮与刮板链接触时的压力,可得到刮板链上应力值的大小。选用压电式压力传感器且将其布置于链轮内可极大地提高检测系统的稳定性,最大程度减少外界不利条件的影响,同时,对压电式压力传感器起到一定的防潮作用,避免外界环境的改变对测量数值造成误差。在链轮处布置张力采集装置,每一套张力采集装置随链轮转到检测位置时都可以测量出此时链轮与刮板链之间力的大小,从而得到一组连续的刮板链实时张力值。

(2) 霍尔接近开关控制检测精确,节省电量,可延长装置使用寿命,同时减少大量无效数据的采集工作,简化数据处理工作,提高数据处理精度,降低误差,增强了整套张力检测系统的工作稳定性。

（3）充分考虑刮板输送机复杂的工作环境，将压电式压力传感器、无线信号发射装置等安放于链轮内部，依靠链轮作为保护壳保护上述装置。

（4）刮板输送机负载的大小均可以通过对刮板链与链轮接触时的压力进行分析来获得。

（5）本张力检测系统利用了电磁铁的磁场激发霍尔接近开关的方法。利用电磁铁的磁场，可在电磁铁表面吸附较多磁性物质时断电清理，减少磁性物质对磁场的干扰，在一定程度上提高了系统的精确性。

（6）由于链轮内部设置有凹槽，器件都设置于凹槽内，不与外界直接接触，有一定的防潮作用，可保证系统工作的稳定性和使用寿命。

（7）依靠螺栓连接链轮中部实体，连接简单可靠，易于操作。

（8）单片机对霍尔接近开关接收到的信号进行处理和校正，克服了霍尔接近开关互换性差、信号随温度变化较大等缺点。

5.9.3 基于空间位置信息捕捉的刮板输送机机身自动调直装置

1. 概述

基于空间位置信息捕捉的刮板输送机机身自动调直装置包括刮板输送机中部槽、空间位置信息采集装置、数据传输装置和调直动作执行机构，可有效解决目前人工根据经验和肉眼观察进行刮板输送机机身调直会产生较大误差的问题，可直接测量刮板输送机机身直线度的相关数据，并根据此数据对刮板输送机机身进行调直，从而实现刮板输送机的设备自主感知、自主分析以及快速响应机身调直的目的。

2. 具体实施方式

1）实施例 1

如图 5-83 所示，本实施例提供一种基于空间位置信息捕捉的刮板输送机机身自动调直装置，包括刮板输送机中部槽、空间位置信息采集装置、数据传输装置和调直动作执行机构。

所述调直动作执行机构安装于刮板输送机中部槽一侧，调直动作执行机构主要为液压推移装置，液压推移装置通过连接头与刮板输送机中部槽上的推移耳相连接，进而通过液压推移装置的来回运动进行刮板输送机的调直，所有激

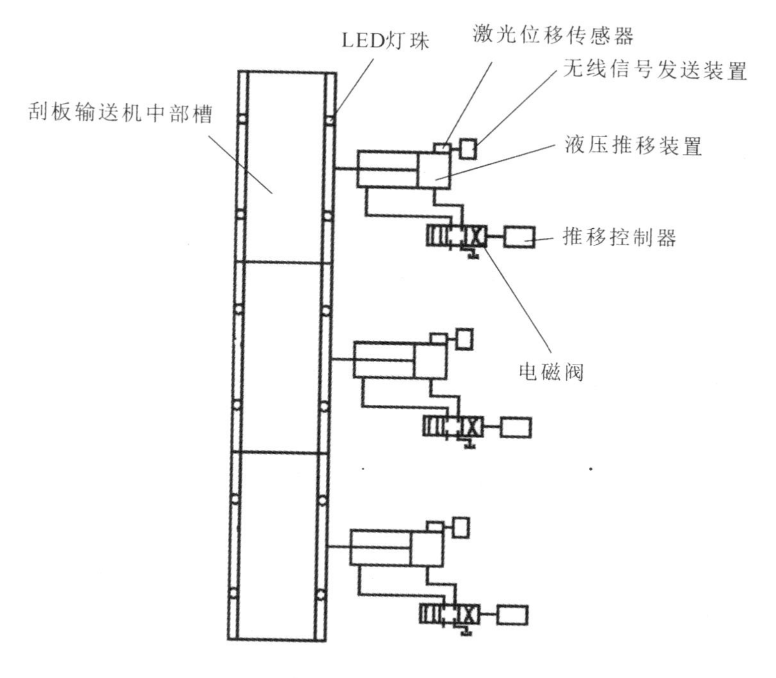

图 5-83 机身自动调直装置结构示意图

光位移传感器均安装于液压推移装置与刮板输送机槽帮钢中线的同一水平面处，液压推移装置为推移千斤顶。

所述空间位置信息采集装置包括特征位置标记物、视频采集装置和激光位移传感器，单个刮板输送机中部槽一侧设置 2 个特征位置标记物，刮板输送机中部槽一侧的 2 个特征位置标记物代表刮板输送机中部槽的一边，每 3 个刮板输送机中部槽安装一组视频采集装置，激光位移传感器安装于调直动作执行机构上。

所述数据传输装置包括无线信号发送装置和无线信号接收装置，无线信号发送装置与视频采集装置和激光位移传感器连接，无线信号接收装置连接工控机，工控机与调直动作执行机构连接。

特征位置标记物为 LED 灯珠，视频采集装置包括 3 个光学摄像头，其中 2 个光学摄像头安装于刮板输送机中部槽一侧，2 个光学摄像头构成的直线与槽帮钢平行，1 个光学摄像头安装于刮板输送机中部槽另一侧，3 个光学摄像头围成等腰直角三角形，如图 5-84 所示，光学摄像头连接无线信号发送装置，设置的

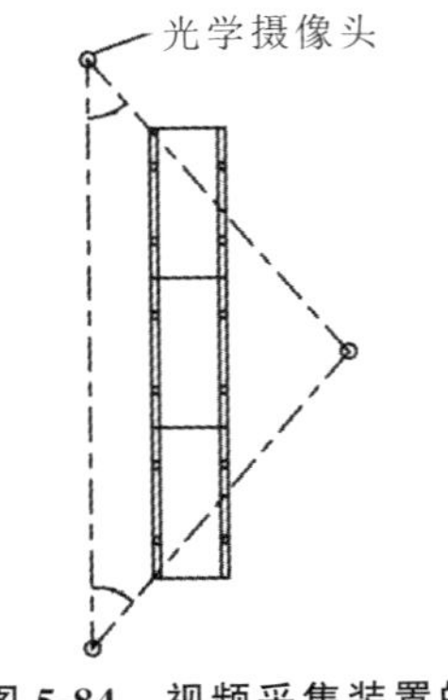

图 5-84　视频采集装置的安装结构俯视图

3 个光学摄像头增加了空间位置信息捕捉的准确性，防止因光学摄像头摆放的角度盲区而采集不到数据或者数据采集不准确。

调直动作执行机构控制方法流程图如图 5-85 所示，光学摄像头和激光位移传感器采集到的信息被传输到工控机的数据处理软件中，数据处理软件比较特征位置标记物是否在同一条直线上，比较测量的距离参数是否相同，当特征位置标记物在同一直线上，距离参数也相同时，调直动作执行机构（即推移机构）停止工作。

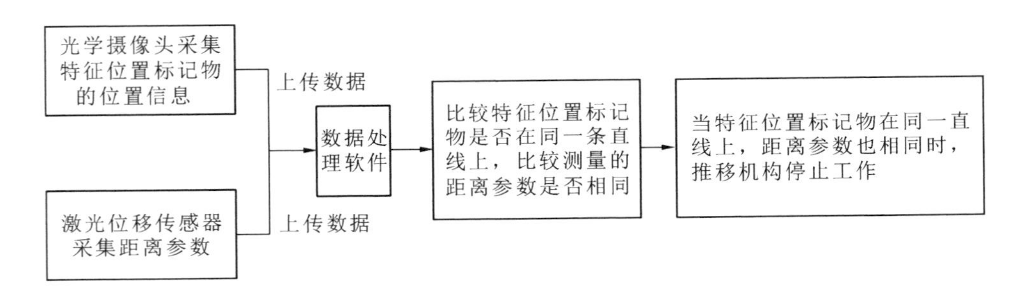

图 5-85　调直动作执行机构控制方法流程图

激光位移传感器选用合熠 LC-S100N，其具有尺寸小、精度高等优点；光学摄像头选用 Nokov Mars 1.3H；无线信号发送装置选用基于 CC2540 射频芯片的 E104-2G4U04A 无线信号发送装置；推移控制器为一个 PLC，选用西门子 S7-200；电磁阀选用 WEH 型电液换向阀；LED 灯珠选用葳天 Prolight 3030 系列，采用硅胶透镜设计，具有良好的防撞击功能，且亮度较高，可较好地反映特征位置标记物的位置；无线信号接收装置选用天地科技 KJF80-2A 型矿用无线信号接收器。

一种基于空间位置信息捕捉的刮板输送机机身自动调直装置，使用方法如下所示。

（1）利用特征位置标记物标记刮板输送机机身的特征位置，每一个特征位置标记物可同时被 2 个光学摄像头捕捉到，从而得到其准确的空间位置信息。

特征位置标记物信息采集工作示意图如图 5-86 所示，刮板输送机运行方向为图中箭头方向，A、B、C 是 3 个刮板输送机中部槽。当对刮板输送机中部槽 A 进行调直时，光学摄像头采集到特征位置标记物所在位置的信息，工控机中的数据处理软件自动比对刮板输送机中部槽 A 和刮板输送机中部槽 B 的两边是否在同一条直线上，当其处于同一条直线上时，则控制电磁阀断路，完成调直工作。

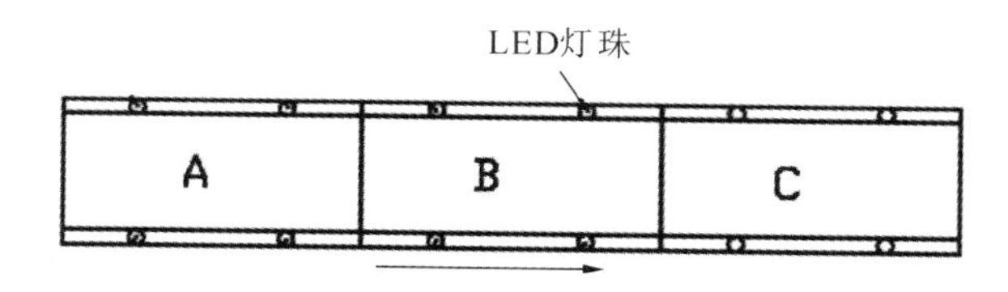

图 5-86　特征位置标记物信息采集工作示意图

(2) 激光位移传感器采集刮板输送机中部槽和激光位移传感器之间的距离参数，比较所有激光位移传感器采集的距离值，从而测量出刮板输送机中部槽的直线度。

(3) 光学摄像头和激光位移传感器采集到的数据通过无线信号发送装置和无线信号接收装置传输至工控机，工控机的数据处理软件进行特征位置标记物位置信息以及距离参数的数据处理。

(4) 工控机发送信号给液压推移装置上的推移控制器，电磁阀在推移控制器的控制下接通。当激光位移传感器采集的数据大于工控机内设定的标准阈值时，液压推移装置进行推移，完成调直。当激光位移传感器采集的数据小于工控机内设定的标准阈值时，液压推移装置进行回拉，完成调直。当光学摄像头和激光位移传感器采集的信息显示特征位置标记物位于同一条直线上，同时前后激光位移传感器采集的距离值相同时，工控机停止发送信号，推移控制器控制电磁阀断开，液压推移装置停止工作，此时前后两个刮板输送机中部槽在同一条直线上。机身自动调直装置工作流程图如图 5-87 所示。

2) 实施例 2

一种基于空间位置信息捕捉的刮板输送机机身自动调直装置，结构如实施例 1 所述，不同之处在于：特征位置标记物通过安装座安装于刮板输送机中部槽上的槽帮钢顶面，距离两端 1/4 处，如图 5-88 所示。

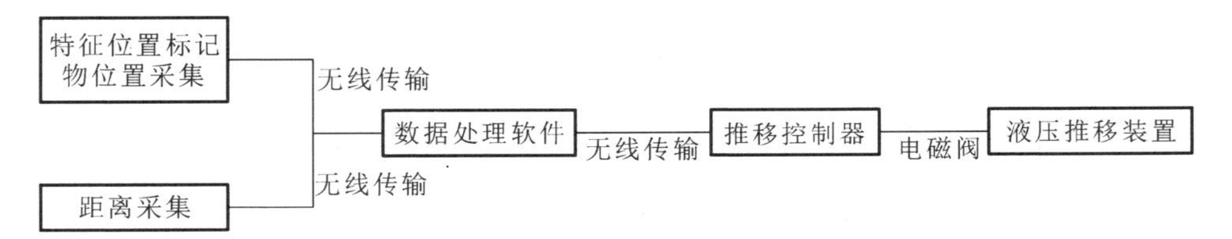

图 5-87　机身自动调直装置工作流程图

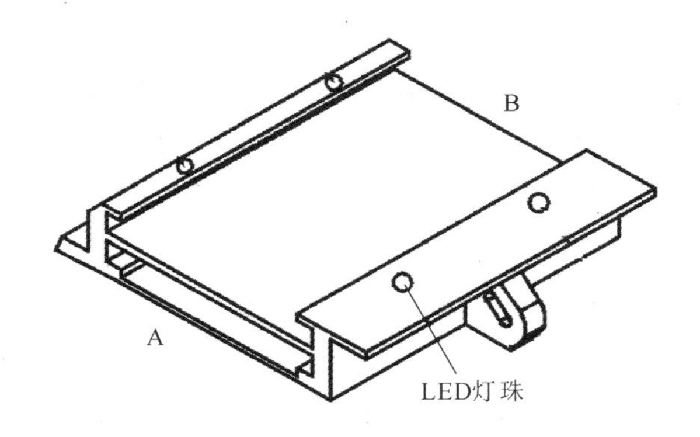

图 5-88　特征位置标记物安装位置示意图

3）实施例 3

一种基于空间位置信息捕捉的刮板输送机机身自动调直装置，结构如实施例 2 所述，不同之处在于：特征位置标记物安装座包括铝片和薄钢板，如图 5-89 所示，铝片和薄钢板通过螺栓进行固定连接，铝片和薄钢板为横截面形状相同的圆形板，薄钢板中间设有圆形凹槽，圆形凹槽中间设有贯穿薄钢板的圆形通孔，薄钢板结构示意图如图 5-90 所示，铝片中间位置设有相同大小的圆形通孔，铝片的圆形通孔内焊接特征位置标记物，薄钢板的圆形凹槽内放置磁铁，薄钢板通过磁铁安装于槽帮钢上，便于调整安装位置。

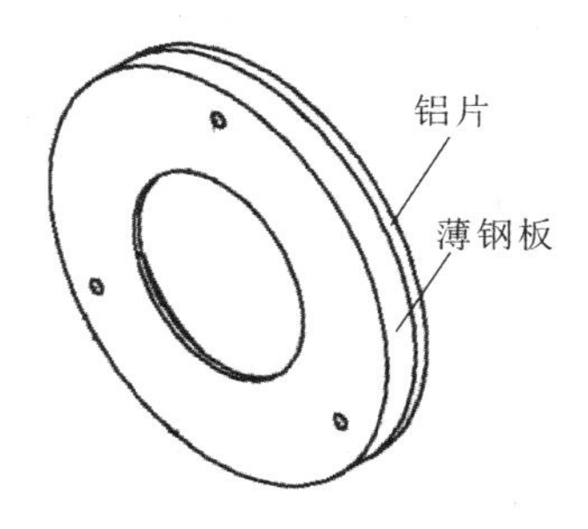

图 5-89　特征位置标记物安装座结构示意图

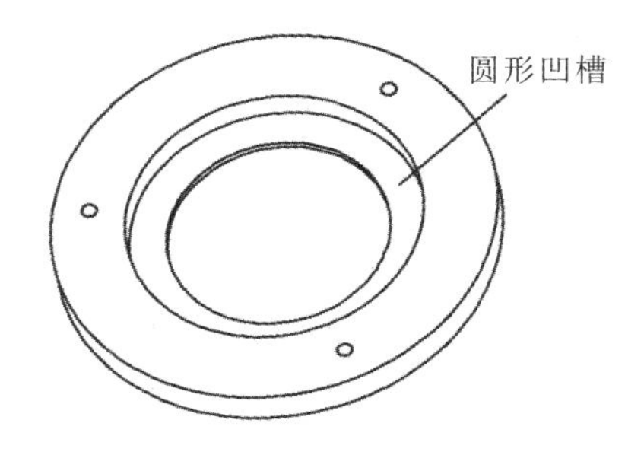

图 5-90　薄钢板结构示意图

4）实施例 4

一种基于空间位置信息捕捉的刮板输送机机身自动调直装置，结构如实施例 1 所述，不同之处在于：单个刮板输送机中部槽两侧各设置 2 个特征位置标记物，这样可以避免因视频采集装置的安装角度问题而采集不到特征位置标记物位置信息，从而导致无法调直的问题，可以增加信息采集的准确度，极大地保证了中部槽调直动作的准确性和中部槽的直线度。

3. 优点

（1）本装置能有效解决目前人工根据经验和肉眼观察进行刮板输送机机身调直会产生较大误差的问题，可直接测量刮板输送机机身直线度的相关数据，并根据此数据对刮板输送机机身进行调直，从而实现刮板输送机的设备自主感知、自主分析以及快速响应机身调直的目的。

（2）本装置设有 3 个光学摄像头，增加了空间位置信息捕捉的准确性，防止因光学摄像头摆放的角度盲区而采集不到数据或者数据采集不准确。

（3）本装置通过安装座进行特征位置标记物的安装，方便进行位置调整。

5.9.4　用于调整和模拟刮板输送机中部槽空间位姿的装置

1. 概述

用于调整和模拟刮板输送机中部槽空间位姿的装置，如图 5-91 至图 5-94 所示，该装置包括底座、支撑板、六个球铰链、六个液压缸和 PLC 控制器。支撑板为由水平底板和竖直侧板构成的 L 形板，中部槽放置于水平底板上；一号至四号液压缸底部均固定于底座上，其活塞杆分别与对应编号的球铰链一端连接，一号至四号球铰链的另一端固定于 L 形板的水平底板的四个角处；五、六号液压缸底部固定于 L 形板的竖直侧板上，其活塞杆分别与对应编号的球铰链一端连接；一号至六号液压缸均与 PLC 控制器连接，并通过 PLC 控制器控制其活塞杆的伸缩。该装置可以调整和模拟中部槽在不同的复杂地质地形条件下以及液压支架推溜工作过程中的空间位姿。

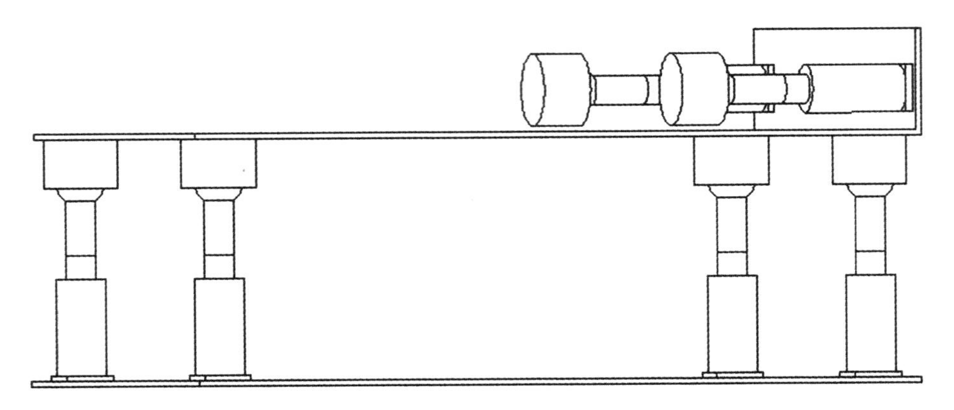

图 5-91　用于调整和模拟刮板输送机中部槽空间位姿的装置的结构示意图

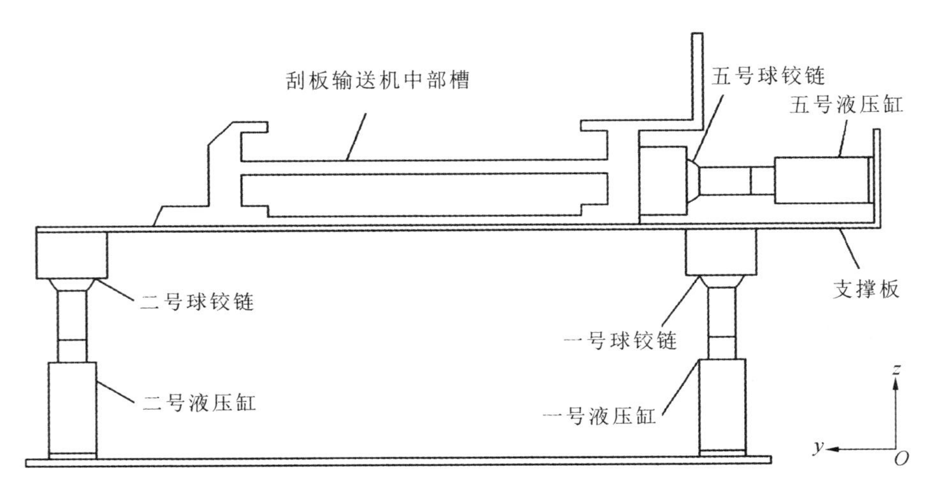

图 5-92　用于调整和模拟单个刮板输送机中部槽空间位姿的结构示意图一

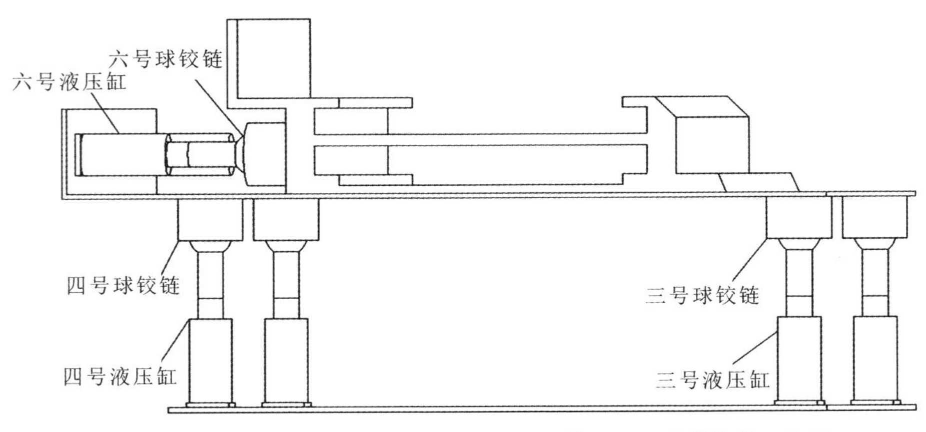

图 5-93　用于调整和模拟单个刮板输送机中部槽空间位姿的结构示意图二

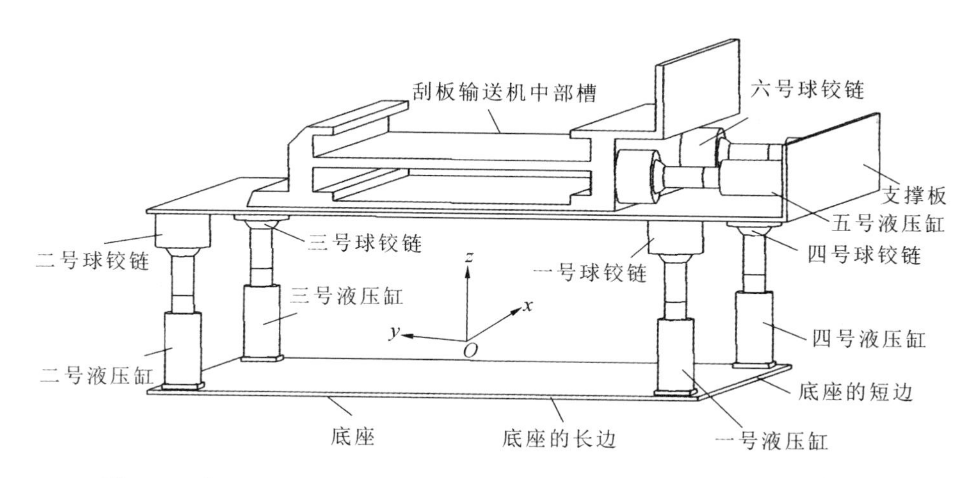

图 5-94 用于调整和模拟单个刮板输送机中部槽空间位姿的结构示意图三

2. 具体实施方式

1）实施例 1

一种用于调整和模拟刮板输送机中部槽空间位姿的装置，包括底座、支撑板、六个球铰链、六个液压缸和 PLC 控制器。底座放置于地面上。

支撑板为由水平底板和竖直侧板构成的 L 形板，刮板输送机中部槽放置于 L 形板的水平底板上。

球铰链共有六个，分别为一号球铰链、二号球铰链、三号球铰链、四号球铰链、五号球铰链和六号球铰链。液压缸也共有六个，分别为一号液压缸、二号液压缸、三号液压缸、四号液压缸、五号液压缸和六号液压缸，并与球铰链一一对应设置。一号液压缸、二号液压缸、三号液压缸和四号液压缸的底部均用螺栓固定于底座上，极大地提高了装置的稳定性和整体性，方便对装置进行移动，其活塞杆分别与对应编号的球铰链一端连接，一号球铰链、二号球铰链、三号球铰链、四号球铰链的另一端固定于 L 形板的水平底板的四个角处。

五号液压缸和六号液压缸底部均固定于 L 形板的竖直侧板上，其活塞杆分别与对应编号的球铰链一端连接，五号球铰链和六号球铰链的另一端均固定于刮板输送机中部槽靠近 L 形板的竖直侧板的一侧端面上。

一号液压缸、二号液压缸、三号液压缸、四号液压缸、五号液压缸和六号液压缸均与 PLC 控制器连接，并通过 PLC 控制器控制其活塞杆的伸缩。

通过六个液压缸配合球铰链调整和模拟刮板输送机中部槽的空间位姿，刮板输送机中部槽可以实现自由度调整。

一号到四号液压缸配合球铰链可以实现中部槽升降、倾斜等动作，可以调整和模拟中部槽在不同地质地形条件下的空间位姿；五号、六号液压缸配合球铰链可以在调整和模拟中部槽在不同地质地形条件下的空间位姿的同时，模拟液压支架推溜工作过程，推溜即使用推溜油缸将刮板输送机向前推进。本实例中，五号液压缸、六号液压缸的活塞杆同时伸出可以模拟推溜油缸活塞杆伸出，即模拟液压支架推溜工作过程。

2）实施例 2

一种用于调整和模拟刮板输送机中部槽空间位姿的装置，如实施例 1 所述，所不同的是：L 形板为钢板，其厚度为 5～10 mm。

3）实施例 3

一种用于调整和模拟刮板输送机中部槽空间位姿的装置，如实施例 1 所述，所不同的是：球铰链包括球头、与球头固定连接的连接杆和用于容纳球头的铰链底座，连接杆与相应液压缸的活塞杆连接，球铰链底座固定于水平底板的四个角处或刮板输送机中部槽靠近 L 形板的竖直侧板的一侧端面上。

4）实施例 4

一种用于调整和模拟刮板输送机中部槽空间位姿的装置，如实施例 1 所述，所不同的是：液压驱动回路用于驱动液压缸动作，推动液压缸活塞杆伸缩；液压驱动回路包括电动机、液压泵、油箱、节流阀、液控单向阀和电磁换向阀，电动机带动液压泵从油箱吸油，油液通过管道经节流阀、电磁换向阀和液控单向阀进入液压缸的其中一个腔体，推动液压缸活塞杆运动，液压缸另一个腔体排出的油液经过液控单向阀和电磁换向阀流回油箱；电磁换向阀可以实现液压缸活塞杆的反向移动，改变节流阀的开口可调节液压缸的运动速度。

5）实施例 5

一种用于调整和模拟刮板输送机中部槽空间位姿的装置，如实施例 4 所述，所不同的是：每个液压缸中均内置有磁致伸缩位移传感器，每个磁致伸缩位移传感器均与 PLC 控制器连接，并向 PLC 控制器反馈液压缸活塞杆的伸缩量。所述 PLC 控制器与每个液压驱动回路的电磁换向阀连接，通过控制电磁换向阀的得电和失电，控制液压缸活塞杆的伸缩量。

PLC控制器优选Panasonic FP2-DM型号的可编程逻辑控制器，磁致伸缩位移传感器优选Germanjet 174Series型号液压缸专用传感器。

6）实施例6

一种用于调整和模拟刮板输送机中部槽空间位姿的装置，如实施例5所述，所不同的是：底座为厚5～10 mm的方钢板。

7）实施例7

一种用于调整和模拟刮板输送机中部槽空间位姿的装置，如实施例6所述，所不同的是：一号液压缸的中心轴线和二号液压缸的中心轴线所构成的平面垂直于底座，且平行于底座的长边，三号液压缸的中心轴线和四号液压缸的中心轴线所构成的平面垂直于底座，且平行于底座的长边；一号液压缸的中心轴线与四号液压缸的中心轴线所构成的平面平行于底座的短边且垂直于底座，二号液压缸的中心轴线与三号液压缸的中心轴线所构成的平面平行于底座的短边且垂直于底座；五号液压缸的中心轴线与六号液压缸的中心轴线与水平底板的竖直距离相等。

本装置提到的中心轴线均指沿长度方向的中心轴线。

8）实施例8

一种用于调整和模拟刮板输送机中部槽空间位姿的装置能够实现刮板输送机中部槽五个自由度的调整，具体的工作方法如下所述。

如图5-94所示，以任一点为原点O，刮板链运行方向为x方向(同图5-95、图5-96所示)，刮板链所在水平面垂直于刮板链运行方向为y方向，竖直平面内垂直于刮板链运行方向为z方向，建立O-xyz空间直角坐标系。

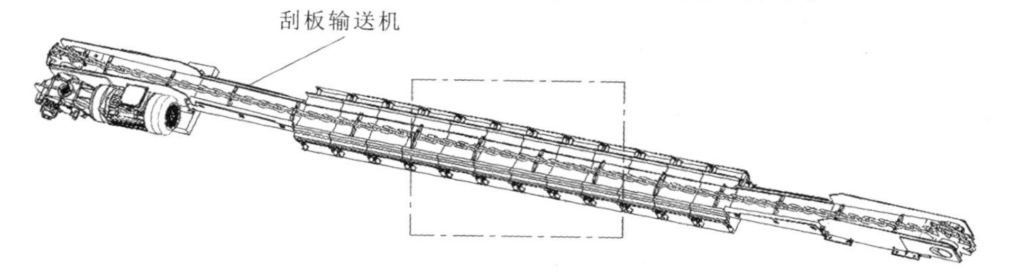

图5-95　用于模拟刮板输送机在复杂地质地形条件工作的实验装置结构示意图

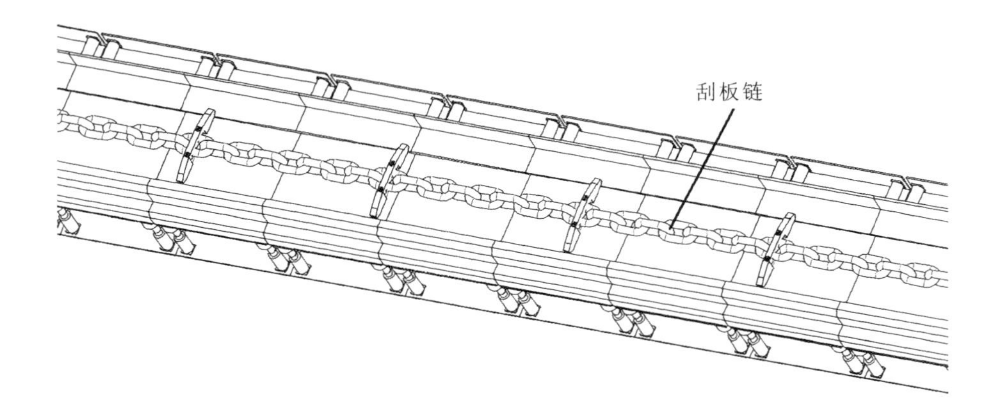

图 5-96　图 5-95 中虚线框区域放大图

当一号液压缸、二号液压缸、三号液压缸和四号液压缸活塞杆的伸缩位移相同时，支撑板及其上的刮板输送机中部槽能够沿 z 轴平移。

当一号液压缸和二号液压缸活塞杆的伸缩位移相同，均为 A，三号液压缸和四号液压缸活塞杆的伸缩位移相同，均为 B，但伸缩位移 A 与伸缩位移 B 不同时，支撑板及其上的刮板输送机中部槽能够绕 y 轴旋转。

当一号液压缸和四号液压缸活塞杆的伸缩位移相同，均为 C，二号液压缸和三号液压缸活塞杆的伸缩位移相同，均为 D，但伸缩位移 C 与伸缩位移 D 不同时，支撑板及其上的刮板输送机中部槽能够绕 x 轴旋转。

当五号液压缸和六号液压缸活塞杆的伸缩位移相同时，刮板输送机中部槽能够沿 y 轴平移。

当五号液压缸和六号液压缸活塞杆的伸缩位移不同时，刮板输送机中部槽能够绕 z 轴旋转。

根据一号到四号液压缸活塞杆不同的伸缩位移，刮板输送机中部槽具有沿 z 轴平移、绕 x 轴旋转、绕 y 轴旋转的三个自由度；根据五号、六号液压缸活塞杆不同的伸缩位移，刮板输送机中部槽具有沿 y 轴平移和绕 z 轴旋转的两个自由度。

9）实施例 9

一种用于调整和模拟刮板输送机中部槽空间位姿的装置，当本装置作为刮板输送机在复杂地质地形条件下工作的模拟实验装置时，本装置的数量需要与该刮板输送机中部槽的数量相同。为了保持刮板输送机的整体性，L 形板的宽度需要略小于中部槽的宽度，底座的宽度不大于中部槽的宽度，控制宽度的目的在于避免对调整装置与中部槽两两相接造成影响，进而对模拟刮板输送机的运行造成干扰。

在本装置中，PLC 控制器控制所有液压缸活塞杆的伸缩，为了达到模拟某些特定地形下刮板输送机中部槽空间位姿的目的，需要对液压缸活塞杆的伸缩量进行精确控制，液压缸需要由液压驱动回路中的电磁换向阀来控制，因此需要 PLC 控制器连接电磁换向阀，用开关信号控制电磁换向阀的得电和失电，进而选择液压缸的进出油回路，达到控制液压缸活塞杆伸缩的目的。

本装置用于仿真试验中，对每个刮板输送机中部槽均设置上述的六个液压缸和六个球铰链，仿真试验前使用激光水平仪或其他方式对刮板输送机进行调直、调平；根据需要模拟的复杂地质地形条件下每个中部槽的空间位姿计算各液压缸活塞杆需要的伸缩量，PLC 控制器根据液压缸内置的磁致伸缩位移传感器反馈的液压缸活塞杆当前位移量控制相应液压缸活塞杆伸缩动作；当磁致伸缩位移传感器反馈的液压缸活塞杆当前位移量等于模拟所需位移量时，PLC 控制液压缸活塞杆停止动作。当所有液压缸活塞杆位移量达到模拟所需位移量时，装置完成对复杂地质地形条件的模拟。

上述刮板输送机模拟试验中，因为刮板输送机中部槽是刚性物体且多个刮板输送机中部槽之间通过哑铃销连接，故相邻液压缸活塞杆伸缩动作存在一定的联系。为了避免调整时装置损坏，PLC 控制器最好控制多个存在动作联系的液压缸活塞杆同时伸缩。此处并非本装置的重点，可参见现有技术。

上述模拟试验装置可以模拟刮板输送机在某一倾角下或者更加复杂的地形中的运行，模拟运行在研究、发现并解决刮板输送机在复杂工况下出现的问题方面具有极大的应用前景。

3. 优点

（1）本装置实现了刮板输送机中部槽五个自由度的调整，并且在支撑板的隔离下，一号到四号液压缸对不同的复杂地质地形的调整和模拟并不影响五号、六号液压缸对液压支架推溜工作过程的模拟，所以该装置可以调整和模拟煤矿井下任意工作位置和工作状态的刮板输送机中部槽空间位姿。

(2) 通过六个液压缸配合六个球铰链,本装置可以调整和模拟刮板输送机中部槽空间位姿,实现刮板输送机中部槽五个自由度的调整。

(3) 通过调节球铰链的固定位置,本装置可适用于调整和模拟不同的复杂地质地形条件下的刮板输送机中部槽空间位姿,适用性强。

(4) 本装置根据刮板输送机中部槽的型号可更换不同宽度的支撑板,可以用于调整和模拟不同型号刮板输送机中部槽的空间位姿,适用范围广。

(5) 本装置可以减小支撑板的宽度和底座的宽度至不影响刮板输送机中部槽的连接,可同时模拟或者调整多个刮板输送机中部槽的空间位姿,可用于测试刮板输送机在真实工况下的工作性能,防止因复杂工况出现卡链、断链等影响生产的意外故障。

(6) 本装置可以在调整和模拟刮板输送机中部槽在复杂地质地形条件下的空间位姿的同时,模拟液压支架推溜工作过程,极大地方便了对煤矿井下工作的仿真。

第6章 刮板输送机智能化设计与分析系统开发

本章将基于第2章对链传动系统动力学理论的研究和第3章中二次开发编写的代码，采用VC++ MFC平台及SQL Server数据库开发链传动系统动力学分析软件。在参数化设计的基础上，结合命令流实现建模、分析、结果的后处理读取等智能化分析。

图6-1所示为链传动系统动力学分析软件的整体设计图。图中左上角的页面为首页，显示该软件名称为刮板输送机链传动系统动力学分析软件，并在文字下方采用动画控件添加了一个链传动系统的运行动画，增加软件的美观性。

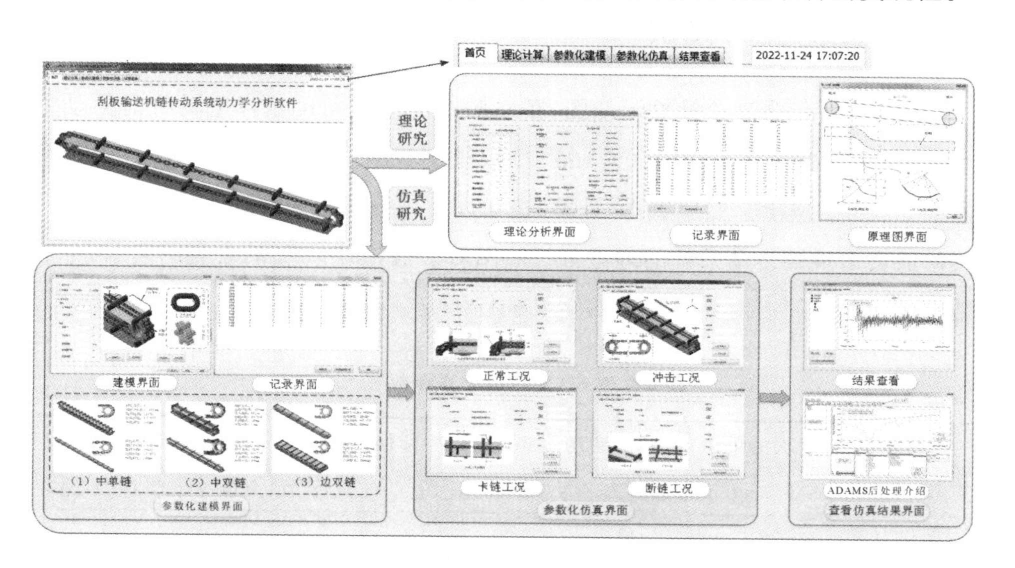

图6-1 链传动系统动力学分析软件的整体设计图

从图6-1左上角的首页可以看出，软件顶部采用TabCtrl标签页控件分了5个标签页，分别为首页、理论计算、参数化建模、参数化仿真和结果查看，并在右上角添加了年月日和时间的显示。该软件共分为两大部分——理论研究和仿真研究,理论研究是基于第 2 章的研究内容,仿真研究是基于第 3 章的研究内容。

在理论研究部分,输入相关的参数即可对电动机功率、刮板链安全系数、关键点张力等进行计算和校核,并利用 SQL Server 数据库将输入的参数进行保存,方便再次调用和查阅。

在仿真研究部分,以第 3 章中开发的程序为基础,添加了参数化建模界面、参数化仿真界面和查看仿真结果界面。参数化建模界面中可生成不同种类的中单链、中双链和边双链链传动系统模型,并可将建立的三维模型的参数保存到数据库中,便于再次调用和查阅。参数化仿真界面中包含链传动系统的四种常见工况(正常工况、冲击工况、卡链工况、断链工况)的页面,便于仿真研究。查看仿真结果界面中包含结果查看页面,并对 ADAMS 软件自带的后处理界面进行了介绍,以便对结果查看页面中无法查看的仿真结果进行补充。

6.1 理论计算模块

图 6-2 所示为理论计算示意图,在左侧图的左上角可选择电动机的驱动方式,在左侧的框中输入 SGZ800/1050 中双链刮板输送机的相关参数,理论计算参数如表 6-1 所示。然后点击"计算"按钮即可进行相应的计算。点击"原理图"按钮后会出现链传动系统的理论分析简图对话框,如图 6-2 的右侧图所示,可以结合理论分析简图对计算得出的结果进行研究分析。

表 6-1 理论计算参数

物料单位质量/(kg/m)	刮板链单位质量/(kg/m)	圆环链破断拉力/kN	链轮中心距/m	工作倾角/(°)	采煤机截深/m	链速/(m/s)	机头-机尾电机功率之比
344.4	22.7	1450	280	−1	0.8	1.21	1

在图 6-2 中显示了计算结果,计算得出的实际总功率为 1083 kW,与 1050 kW 仅相差 3.14%,计算的刮板链(中双链)的安全系数为 4.24,大于 3.5,符合刮板链的安全系数要求。因此,此计算结果验证了第 2 章中链传动系统理论分

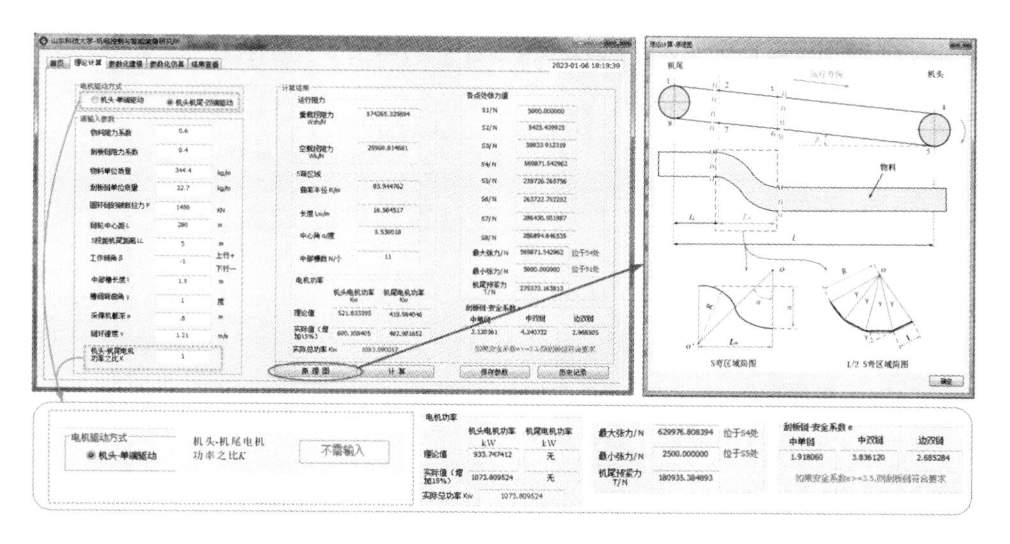

图 6-2　理论计算示意图

析的正确性。

除此之外，理论计算模块还可以：计算重载段、空载段的运行阻力；计算 S 弯区域的曲率半径、长度、中心角和中部槽个数；计算机头电动机功率、机尾电动机功率的理论值和实际值(实际值为在理论值的基础上增加 15%计算得出)；计算 8 个关键点处的张力值，并将最大、最小张力的位置进行显示，由图 6-2 中左侧图可知，最大张力约为 569871.54 N，位于 S4 处，最小张力为 5000 N，位于 S1 处；求解机尾的预紧力、不同链条布置方式的安全系数。

从计算结果中可以发现，当采用中单链链传动系统时，刮板链的安全系数为 2.12，当采用边双链链传动系统时，刮板链的安全系数为 2.97，均小于 3.5，安全系数无法达到要求。这说明了中双链链传动系统具有较好的稳定性和适用性。

将电动机的驱动方式改为“机头-单端驱动”，其他条件不变，重新进行计算，计算结果如图 6-2 的下侧所示。“机头-机尾电机功率之比 K”由原先需要输入参数的白框变为了无法输入参数的灰框，且框内显示了“不需输入”，因为此时机尾处没有电动机。将重新计算后的结果与双端驱动时的结果进行对比，如表 6-2所示。

表 6-2　单端驱动和双端驱动链传动系统计算结果对比

对比参数		双端驱动	单端驱动	对比结果[(双驱－单驱)/双驱×100%]
功率	机头实际功率/kW	600.11	1073.81	－78.94%
	机尾实际功率/kW	482.98	—	—
	总功率/kW	1083.09	1073.81	0.86%
张力	最大张力/N	569871.54(S4)	629976.81(S4)	－10.55%
	最小张力/N	5000(S1)	2500(S5)	50.00%
安全系数	中单链安全系数	2.12	1.92	9.43%
	中双链安全系数	4.24	3.84	9.43%
	边双链安全系数	2.97	2.69	9.43%

由表 6-2 可知，两种驱动方式的总功率相差不大，仅差 0.86%，但双端驱动将电动机功率分散开，增加了设备的灵活性，利于移动。单端驱动时最大张力相较于双端驱动增加了 10.55%，均出现在主动链轮与链环啮合开始的 S4 处，说明了此处链环易发生受力变形，主动链轮更易受到破坏，且采用双端驱动时会好一些。

在刮板链的安全系数上，不论采用哪种类型的链条布置方式，采用双端驱动时的安全系数均大于单端驱动时的安全系数，提高了 9.43%左右。但其中只有中双链布置方式的安全系数符合使用要求，且采用单端驱动时的安全系数为 3.84，尽管大于 3.5 但差距较小。因此，采用双端驱动的中双链布置方式较为合理，与 SGZ800/1050 中双链刮板输送机的设计一致，再次验证了第 2 章中理论研究的正确性。

此外，理论研究部分添加了记录存储的功能，该功能基于 SQL Server 数据库技术进行开发，便于存储大量数据，图 6-3 所示为保存参数示意图。在图 6-3(a)中，点击页面右下的“保存参数”按钮，会弹出一个提示框显示“添加成功”，此时用户输入的用于理论计算的 12 个参数便会保存成功。点击图 6-3(a)中的“历史记录”按钮即可弹出记录界面，如图 6-3(b)所示，第二个表中的数据即为理论计算的 12 个输入参数数据。

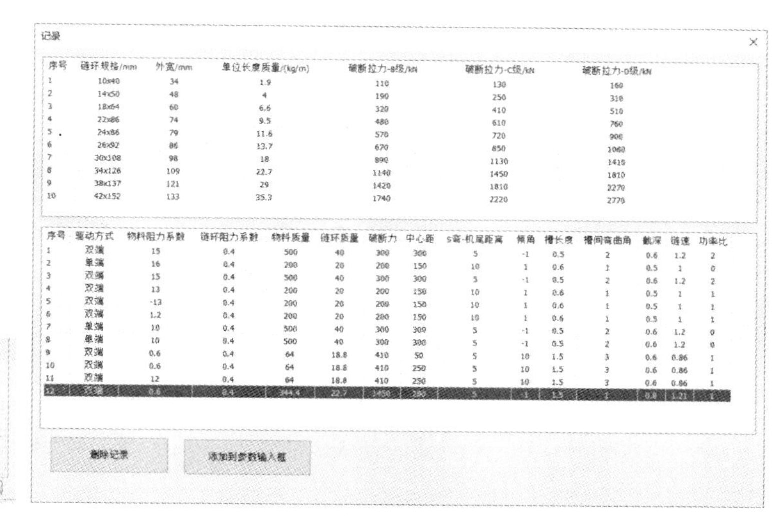

序号	链环规格/mm	外宽/mm	单位长度质量/(kg/m)	破断拉力-B级/kN	破断拉力-C级/kN	破断拉力-D级/kN
1	10x40	34	1.9	110	130	160
2	14x50	48	4	190	250	310
3	18x64	60	6.6	320	410	510
4	22x86	74	9.5	480	610	760
5	24x86	79	11.6	570	720	900
6	26x92	86	13.7	670	850	1060
7	30x108	98	18	890	1130	1410
8	34x126	109	22.7	1140	1450	1810
9	38x137	121	29	1420	1810	2270
10	42x152	133	35.3	1740	2220	2770

序号	驱动方式	物料阻力系数	链环阻力系数	物料质量	链环质量	破断力	中心距	s寄-机尾距离	倾角	槽长度	槽间弯曲角	触深	链速	功率比
1	双端	15	0.4	500	40	300	300	5	-1	0.5	2	0.6	1.2	2
2	单端	16	0.4	200	20	200	150	10	1	0.6	1	0.5	1	0
3	双端	15	0.4	500	40	300	300	5	-1	0.5	2	0.6	1.2	2
4	双端	13	0.4	200	20	200	150	10	1	0.6	1	0.5	1	1
5	双端	-13	0.4	200	20	200	150	10	1	0.6	1	0.5	1	1
6	双端	1.2	0.4	200	20	200	150	10	1	0.6	1	0.5	1	1
7	单端	10	0.4	500	40	300	300	5	-1	0.5	2	0.6	1.2	0
8	单端	10	0.4	500	40	300	300	5	-1	0.5	2	0.6	1.2	0
9	双端	0.6	0.4	64	18.8	410	50	5	10	1.5	3	0.6	0.86	1
10	双端	0.6	0.4	64	18.8	410	250	5	10	1.5	3	0.6	0.86	1
11	双端	12	0.4	64	18.8	410	250	5	10	1.5	3	0.6	0.86	1
12	双端	0.6	0.4	344.4	22.7	1450	280	5	-1	1.5	1	0.8	1.21	1

(a) 保存参数　　(b) 记录页面展示

图 6-3　保存参数示意图

如图 6-3 (b)所示,在记录界面上共有两个表格,第一个表格列举了国际标准中的 10 种链环的相关参数,包括链环的外宽、单位长度质量和各个级别的破断拉力,方便在输入参数进行理论计算时查阅;第二个表格则记录了所有的输入参数,点击下方的“删除记录”按钮可以删除选中的记录。点击“添加到参数输入框”按钮,可将选中的记录再次添加到理论计算的输入框中,用户无须自己再次输入 12 个参数,减小了用户在进行理论计算时的工作量,也便于查阅计算记录。

6.2　参数化建模模块

图 6-4 所示为参数化建模界面的主页面,左侧的图片显示了建模完成后链传动系统的样式,包括两个链轮、一个中部槽和若干刮板、链环;右侧显示了链轮-链环啮合过程,该过程用一个动画显示,在此无法显示。该主页面共有两个按钮:建立模型、模型展示。

点击“建立模型”按钮后,会弹出图 6-5 所示的建立模型对话框,建模的两个步骤采用向导页的形式呈现。在图 6-5(a)中输入相关的参数后,依次点击“参数写入”和“生成模型”按钮后,ADAMS 软件就会自动生成链传动系统模型。

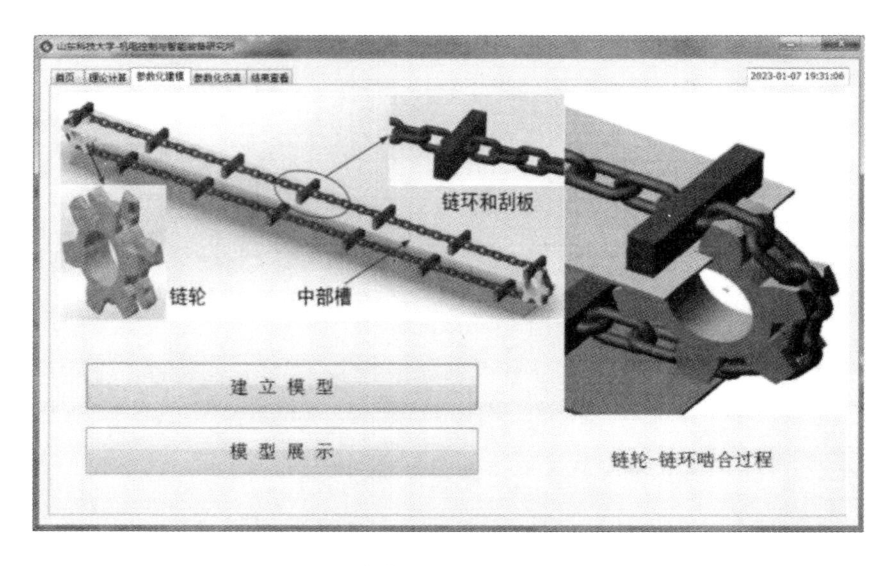

图 6-4　参数化建模界面的主页面

点击图 6-5(a)中的“下一步”按钮，会出现导出模型的页面，按照提示步骤将模型导出，以备后用（如制造链轮实体、进行下一步的仿真研究）。在图 6-5(a)中，右侧的图片显示了各个参数所代表的含义，便于用户生成所需要的链传动系统模型。

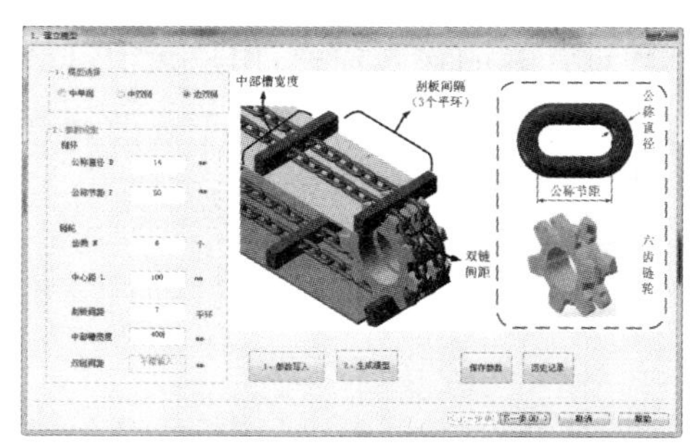

(a) 建立模型

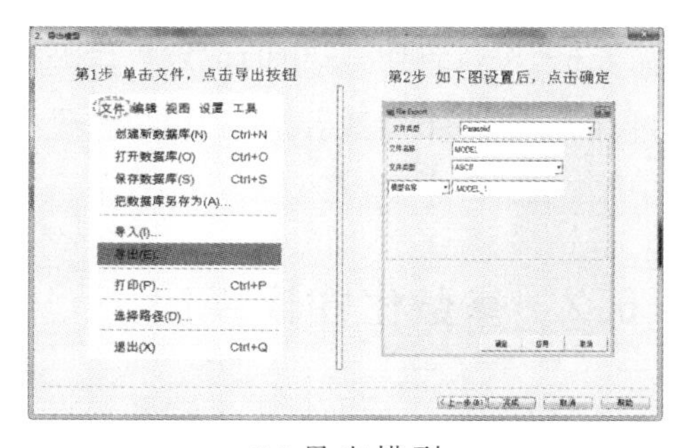

(b) 导出模型

图 6-5　建立模型步骤

当选择中单链或者边双链布置方式建立模型时，双链间距的输入框会变成无法输入的灰色，图 6-5(a)所示为生成边双链链传动系统模型时的参数设置。此时双链间距显示为“不需输入”，因为此时两股链条的间距为刮板的临界值，该值在后台通过刮板长度以及链环外宽即可计算出来，无须用户手动输入。

图 6-5(a)中添加了“保存参数”和“历史记录”两个按钮，便于将用户建模时的输入参数保存起来。图 6-6 所示为点击“历史记录”按钮后弹出的记录界面，里面保存了建立三维模型的历史记录，并且可以点击按钮删除不需要的记录和将记录重新添加到建立模型输入框中。

记录

序号	模型	链环公称直径/mm	链环公称节距/mm	齿数	中心距/mm	刮板间距/(平环)	中部槽宽度/mm	双链间距/mm
2	中双链	14	50	6	200	7	320	60
3	边双链	14	50	6	150	7	320	无
4	中单链	34	126	8	200	3	1000	无
5	边双链	22	86	7	100	4	500	无
6	中单链	18	64	6	60	5	400	无
7	中双链	30	108	8	200	3	1000	110
8	中双链	30	108	8	200	3	1000	130
9	中双链	34	126	8	200	3	1000	130
10	中双链	34	126	8	200	3	1200	130
11	中单链	24	86	7	150	6	600	无
12	边双链	34	126	8	200	3	1000	无
13	中单链	18	64	8	200	3	800	无
14	边双链	30	108	7	100	4	500	无
15	中单链	26	92	6	60	5	800	无

删除记录　添加到参数输入框　确定

图 6-6　记录界面

图 6-7 展示了生成的不同类型的链传动系统模型。在图 6-4 中点击“模型展示”按钮，弹出图 6-7(a)所示的中单链模型，点击页面左上侧的 Tab 切换按钮，可切换到中双链模型或者边双链模型，每一页上分别展示了两种该类型的链传动系统模型。

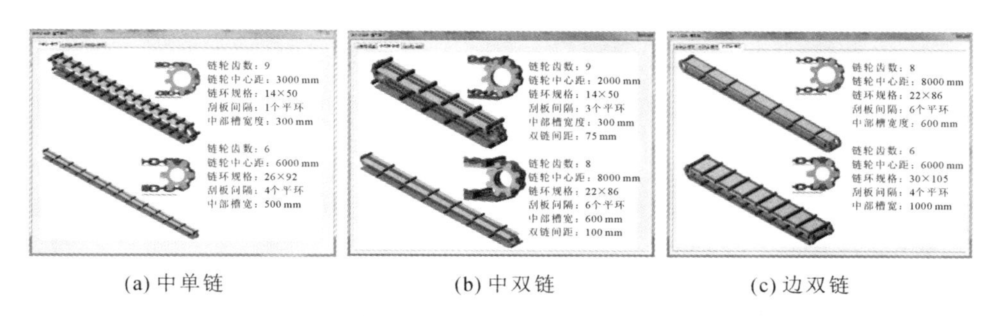

(a) 中单链　(b) 中双链　(c) 边双链

图 6-7　不同类型的链传动系统模型展示

6.3 参数化仿真模块

6.3.1 总体介绍

链传动系统动力学分析软件在链传动系统参数化仿真模块上，共添加了四种常见的仿真工况，如图 6-8 所示，分别为正常工况、冲击工况、卡链工况和断链工况。

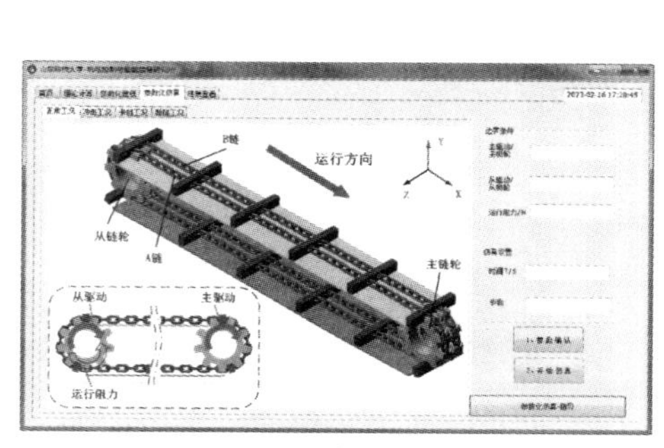

(a)正常工况

(b)冲击工况

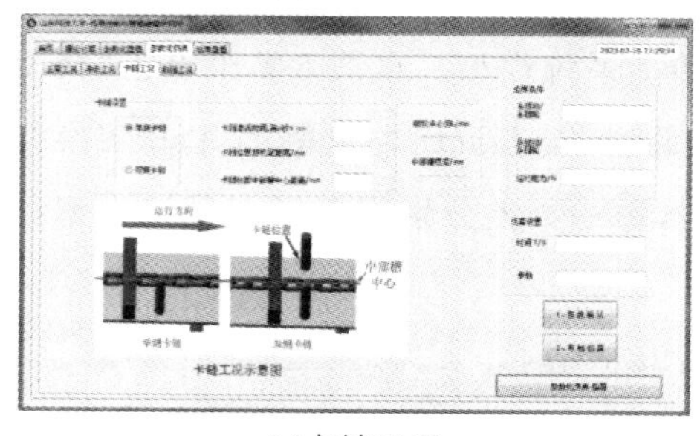

(c)卡链工况

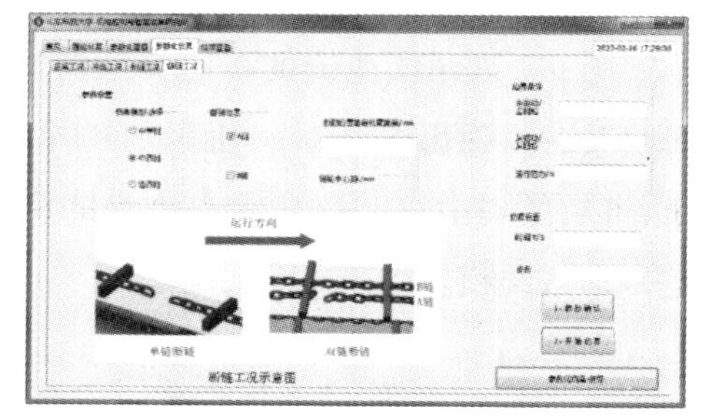

(d)断链工况

图 6-8　不同仿真工况页面展示

6.3.2 正常工况仿真

如图 6-8(a)所示，在进行正常工况仿真时，只需要输入主驱动/主链轮、从驱动/从链轮、运行阻力、仿真时间、仿真步数并确认参数即可，然后点击“开始仿真”按钮，ADAMS 软件即可自动读取参数并进行动力学仿真。

6.3.3 冲击工况仿真

在进行冲击工况仿真时，需要对冲击的相关参数进行设置，如图 6-8(b)所示，可以选择根据参数化建模生成的中单链、中双链或者边双链链传动系统模型。该软件可以模拟对三个部件进行冲击，分别是刮板、平环和立环。其中，对于刮板，可以对其质心或者端部进行冲击，对于平环和立环，则是对其质心进行冲击。当为双链模型时，该软件又可以选择对 A 链或者 B 链进行冲击。

当选择中单链模型时，平环和立环的冲击设置会发生相应的改变，不存在 A 链或者 B 链的选项，冲击位置直接变为质心，如图 6-8(b)下部的输入框所示。当不选择冲击位置时，编辑框是灰色的，无法输入。在选择冲击位置后，相应的编辑框才会被激活，进而可以输入相关的参数，即对冲击力、开始时间以及持续时间这三个参数进行仿真。ADAMS 软件模拟冲击载荷时冲击力持续的时间一般很短，可以设置为 0.1 s 左右。冲击位置可以任意组合，应对多处位置进行冲击仿真研究。设置好冲击载荷的参数后，再设置和正常工况仿真时一样的参数即可进行仿真。

在该软件中，笔者将冲击力作用的刮板、平环和立环进行了固定。如图 6-8(b)所示，刮板为从动链轮正上方的刮板，立环为该刮板右侧离其最近的立环，平环为该刮板右侧离其最近的平环。

6.3.4 卡链工况仿真

在进行卡链工况仿真时，如图 6-8(c)所示，卡链是通过添加刮板与卡链柱之间的接触约束，使刮板与卡链柱碰撞后不能向前移动来实现的，这已在 3.4 节中进行过介绍。对卡链工况仿真进行设置时，首先选择单侧卡链或者双侧卡链，再设置卡链激活时间、卡链位置距机尾距离、卡链柱距中部槽中心距离，然后设置图 6-8(c)右侧所示的边界条件和仿真设置后即可进行仿真。

观察图 6-8(c)可以发现，该页面上还可以显示链轮中心距和中部槽宽度，这两个参数是链传动系统仿真模型的参数，在建立完三维模型后，数值会自动显示，起到对照的作用，避免在设置卡链位置时出错。

6.3.5 断链工况仿真

在进行断链工况仿真时，如图 6-8(d)所示，首先根据生成的模型选择链传动系统的种类，再选择哪根链条发生断链。A 链和 B 链可以同时选择，当选择中单链模型时，断链位置会变成灰色，无须选择。然后填写断链位置距离机尾距离，最后添加边界条件和仿真设置，即可进行仿真。

在图 6-8(d)的页面上可以显示链传动系统的链轮中心距，避免在添加断链位置距离机尾距离时的输入值超出链传动系统的长度。断链工况仿真中，同样将链环与断链的位置进行固定，设置在从动链轮正上方刮板右侧离其最近的平环与立环之间。

如图 6-8 所示，在四种仿真工况页面的右下角有一个“参数化仿真-指导”按钮，点击该按钮会弹出图 6-9 所示界面，对参数化仿真进行说明，便于用户快速了解该参数化仿真模块。

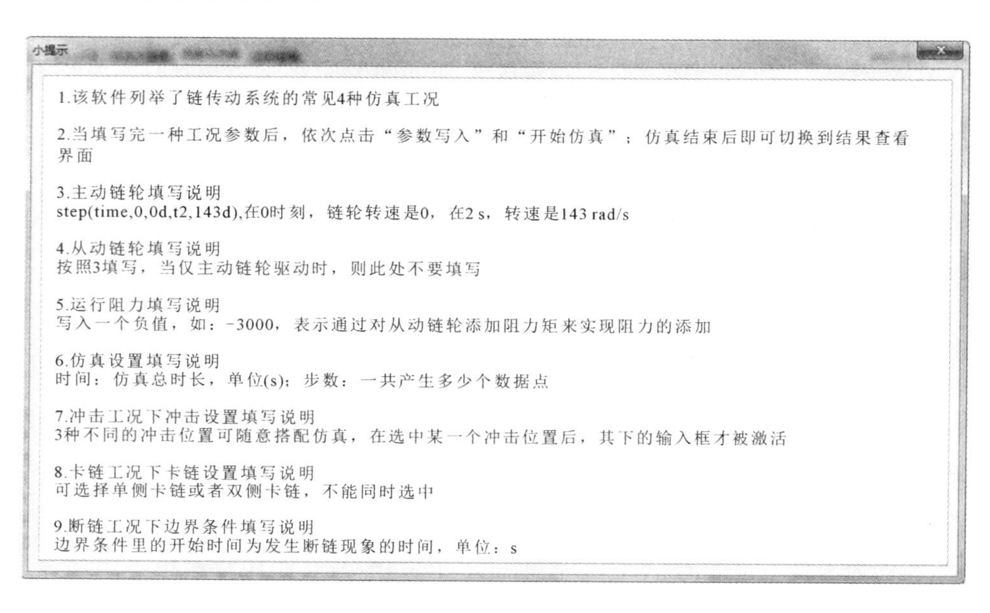

图 6-9 参数化仿真指导界面

6.4　仿真结果后处理模块

图 6-10(a)所示为结果查看页面,该页面中可以查看两个链轮的转速,以及刮板和链环在三个方向的速度和合速度,通过页面左侧的树状控件进行相应的选择即可。并且名称的前面添加了一个书本的图标,当点击选择某一个名称时,名称前的书本便会打开,提醒用户当前看的是哪一个结果,图 6-10(a)右侧显示的即为结果。

点击图 6-10(a)左下角的"展开-刮板"或者"展开-链环"按钮可以将指定的位置完全展开,显示其 x、y、z 三向的名称。图 6-10(a)树状控件中所示的为点击"展开-链环"按钮后的样式,是链环 z 向的速度。刮板为从动链轮正上方的刮板,链环为该刮板右侧离其最近的平环。

因链传动系统包含的零部件过多,所设计的结果查看页面没有显示全部的结果,仅显示了一些具有代表性的结果。因此,在图 6-10(a)的左下角添加了一个按钮(按钮名为"Adams 自带后处理界面使用指导"),点击该按钮后弹出如图 6-10(b)所示界面,ADAMS 软件自带的后处理界面功能非常强大,用户能够快速查找到自己想知道的仿真结果。

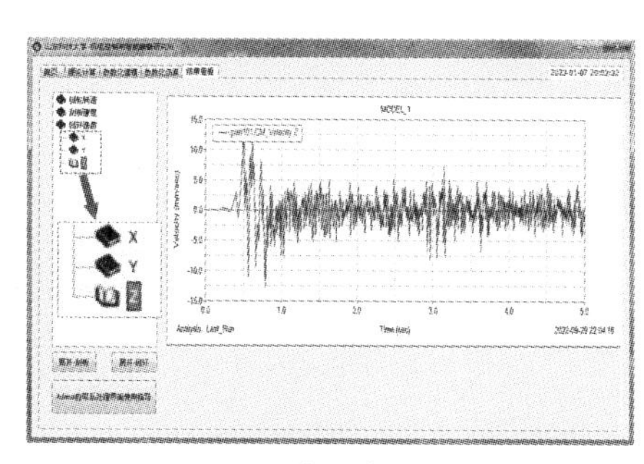

(a) 结果查看

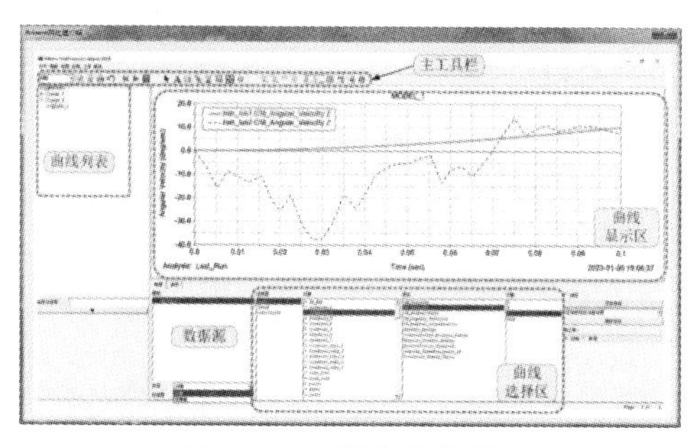

(b) ADAMS后处理介绍

图 6-10　仿真结果后处理

参考文献

[1] 江守波. 刮板输送机多工况动力学特性仿真与试验研究[D]. 青岛:山东科技大学，2018.

[2] ROUPA I, GONCALVES S B, DA SILVA M T. Kinematics and dynamics of planar multibody systems with fully cartesian coordinates and a generic rigid body[J]. Mechanism and Machine Theory, 2023, 180: 105134.

[3] LEE J, LEE M, LEE D. Large-dimensional multibody dynamics simulation using contact nodalization and diagonalization[J]. IEEE Transactions Onrobotics, 2022:1-19.

[4] FROLOV Y A, VITUSHCHENKO M F. Reconstruction of the Arcelormittal Temirtau metallurgical combine sinter line of sintering machine AKM-312/336. Part 1[J]. Metallurgist, 2017, 60(11): 1139-1148.

[5] KOZYREV N A, KRYUKOV R E, MIKHNO A R, et al. Powder wire based on the dust from gas cleaning plant of silicomanganese production to improve the durability of the scraper conveyor troughs[C] // IOP Conference Series: Earth and Environmental Science. Bristol: IOP Publishing , 2019, 377(1): 012026.

[6] VTORYI V, VTORYI S, GORDEEV V, et al. Carbon dioxide emission from cattle manure removed by scrapers[J]. Engineering for Rural Development, 2017(5):24-26.

[7] WIECZOREK A N, WOJCICKI M. Synergism of the binary wear process of machinery elements used for gaining energy raw materials[J]. Energies, 2021, 14(7): 1981.

[8] FEDORKO G, NECAS J, ZEGZULKA J, et al. Measurement of amount for steel abrasive material transported by special scraper conveyor[J]. Applied Sciences, 2021, 11(4):1852.

[9] JONCZY I, WIECZIREK A N, PODWORNY J, et al. Characteristics of hard coal and its mixtures with water subjected to friction[J]. Gospodarka Surowcami Mineralnymi-Mineral Resources Management, 2020(36): 185-202.

[10] 毛君. 刮板输送机动力学行为分析与控制理论研究[D]. 阜新：辽宁工程技术大学，2006.

[11] 刘进文，任芳，谢嘉成，等. 基于 WebGL 的刮板输送机链轮参数化设计方法[J]. 工程设计学报，2019，26(2)：237-244.

[12] ZhANG X, LI W, ZHU Z C , et al. Fault detection for scraper chain using an observer-based tension distribution estimation algorithm[J]. Current Science: A Fortnightly Journal of Research, 2020, 118(11): 1792-1802.

[13] 程相文，张罗平. 刮板输送机三维参数化设计系统研究与实现[J]. 机械设计与制造，2016(9)：262-265.

[14] 岳武涛，王学文，丁华，等. 刮板输送机参数化 CAE 系统设计[J]. 机械设计与制造，2016(3)：179-181.

[15] 毛君，董先瑞，卢进南，等. 基于 Matlab 与 VB 的刮板输送机链传动系统分析[J]. 机械传动，2016，40(1)：140-144.

[16] 张炜. 基于 ADAMS 的刮板输送机的参数化设计和仿真[D]. 西安：西安科技大学，2011.

[17] 郭宇哲，王义亮. 刮板输送机中部槽的疲劳寿命分析及参数化设计[J]. 煤矿机械，2022，43(9)：1-4.

[18] 马继磐. 刮板输送机联动效应参数化及虚拟实现[J]. 矿山机械，2022，50(8)：4-8.

[19] 陈冬冬. 刮板输送机整体结构及局部关键部件应力分析与优化设计[D]. 太原：中北大学，2022.

[20] 孙雁波. 推溜过程具体参数化研究[J]. 煤矿机械，2022，43(6)：8-10.

[21] 吕洪波. 刮板输送机永磁直驱传动系统动态性能及结构优化研究[D]. 徐州：中国矿业大学，2022.

[22] DAI K，ZHU Z，SHEN G，et al. Modeling and adaptive tension control of chain transmission system with variable stiffness and random load[J]. IEEE Transactions on Industrial Electronics，2021，69(8)：8335-8345.

[23] ZHANG Q，GU J Y，LIU J M，et al. Temperature effect on the impact characteristics of mine ring chain under different working conditions[J]. Strength of Materials，2021,53(1):189-197.

[24] YAO Y，LIU W，GAO Z. Impact damage to the middle trough of a scraper conveyor based on the engineering discrete element method and orthogonal matrix analysis[J]. Plos One，2022，17(4)：0266831.

[25] WANG D G，ZHANG J，ZHU Z C，et al. Crack initiation characteristics of ring chain of heavy-duty scraper conveyor under time-varying loads[J]. Advances in Mechanical Engineering，2019,11(9):1-11.

[26] 刘治翔，谢春雪，毛君，等. 物料装载工况刮板输送机纵扭耦合振动分析[J]. 振动、测试与诊断，2019，39(1)：147-152.

[27] REN W J，WANG L，MAO Q H，et al. Coupling properties of chain drive system under various and eccentric loads[J]. International Journal of Simulation Modelling，2020，19(4):643-654.

[28] ZHANG P L，LI B，WANG X W，et al. The loading characteristics of bulk coal in the middle trough and its influence on rigid body parts[J]. Strojniski Vestnik-Journal of Mechanical Engineering，2020，66(2):114-126.

[29] 李树仁，刘洋. 基于 ANSYS 的重载刮板输送机有限元分析[J]. 煤炭技术,2021，40 (9)：148-151.

[30] YUAN P，HE B，ZHANG L. Planar dynamic modelling of round link chain drives considering the irregular polygonal action and guide rail[J]. Proceedings of the Institution of Mechanical Engineers，Part K：Journal

of Multi-body Dynamics, 2021, 235(3): 338-352.

[31] WANG Z, LI B, LIANG C, et al. Response analysis of a scraper conveyor under chain faults based on MBD-DEM-FEM[J]. Strojniski Vestnik -Journal of Mechanical Engineering, 2021,67(10):501-515.

[32] 毛君，张云升，谢春雪，等. 刮板输送机扭转振动力学模型构建与过弯曲段工况分析[J]. 机械强度，2022，44(2)：279-286.

[33] 谢苗，杨润坤，卢进南，等. 刮板输送机卡链断链工况力学特性研究[J]. 机械强度，2022，44(2)：394-401.

[34] JIANG S B, REN W J, MAO Q H, et al. Dynamic analysis of the scraper conveyor under abnormal operating conditions based on the vibration and speed characteristics[J]. Shock and Vibration, 2021(8):1-17.

[35] ZHANG Q, ZHANG R X, TIAN Y. Scraper conveyor structure improvement and performance comparative analysis[J]. Strength of Materials, 2020, 52(4): 683-690.

[36] 王存飞. 链轮齿厚对矿用刮板输送机链传动系统的固有频率影响分析[J]. 机械传动，2022，46(11)：115-121.

[37] 井万里，贾立新，李梦毅，等. 刮板输送机双机驱动系统研究[J]. 工矿自动化，2022，48(4)：72-77.

[38] 王刚. 刮板输送机链传动系统参数化设计与分析技术研究[D]. 青岛：山东科技大学，2018.

[39] SAIDER J, HERBUS K, SZEWERDA K. Dynamic analysis of scraper conveyor operation with external loads[C] //MATEC Web of Conferences. Paris:EDP Sciences, 2017, 94: 01009.

[40] SZEWERDA K, SWIDER J, HERBUS K. Analysis of impact of longitudinal inclination of a chain conveyor on dynamical phenomena during operation[C] //MATEC Web of Conferences. Paris: EDP Sciences, 2017, 94: 01010.

[41] SHPREKHER D M, BABOKIN G I, KOLERNIKOV E B, et al. Research of load unbalance of a two-motor variable frequency dtive for

scraper conveyor [J]. Izvestiya Vysshikh Uchebnykh Zavedenii. Elektromekhanika, 2021,64(4-5):37-45.

[42] SHPREKHER D M, BABOKIN G I, ZELENKOV A. V, et al. Universal computer model for studying the dynamics of a two-motor scraper conveyor [J]. Izvestiya Vysshikh Uchebnykh Zavedenii. Elektromekhanika, 2021,64(2):56-64.

[43] 王洋洋，鲍久圣，葛世荣，等. 刮板输送机永磁直驱系统机-电耦合模型仿真与试验[J]. 煤炭学报，2020，45(6)：2127-2139.

[44] ZHAO S F, WANG P F, LI S J. Study on the fault diagnosis method of scraper conveyor gear under time-varying load condition[J]. Applied Sciences, 2020, 10(15): 5053.

[45] JIANG S B, LV R B, WAN L R, et al. Dynamic characteristics of the chain drive system of scraper conveyor based on the speed difference[J]. IEEE Access, 2020, 8:168650-168658.

[46] ZHANG X, LI W, ZHU Z C, et al. Fault detection for the scraper chain based on vibration analysis using the adaptive optimal kernel time-frequency representation[J]. Shock and Vibration, 2019:1-14.

[47] LI L, CUI H W, LIAN Z S, et al. Modeling and optimization of soft start-up for hydroviscous drive applied to scraper conveyor [J]. Mathematical Problems in Engineering, 2019(82):1-13.

[48] HE H, ZHAO S, GUO W, et al. Multi-fault recognition of gear based on wavelet image fusion and deep neural network[J]. AIP Advances, 2021, 11(12): 125025.

[49] 乔红兵，焦峰，李玉鑫，等. 刮板输送机软启动监控系统设计[J]. 煤炭技术，2021，40(9)：156-158.

[50] ZHUANG M, LI G, DING K X, et al. Optimized design of mechanical chain drive based on a wireless sensor network data algorithm [J]. Journal of Sensors, 2021(6):1-13.

[51] JIANG S B, HUANG S, MAO Q, et al. Dynamic properties of chain

drive in a scraper conveyor under various working conditions [J]. Machines, 2022, 10(7): 579.

[52] JIANG S B, HUANG S, ZENG Q L, et al. Dynamic properties of chain drive system considering multiple impact factors[J]. International Journal of Simulation Modelling, 2022, 21(2): 284-295.

[53] ZHANG X, MA Y, LI Y, et al. Tension prediction for the scraper chain through multi-sensor information fusion based on improved Dempster-Shafer evidence theory[J]. Alexandria Engineering Journal, 2023, 64: 41-54.

[54] WOJINAR G, BIRDZIK R, WIECZOREK A N, et al. Multidimensional data interpretation of vibration signals registered in different locations for system condition monitoring of a three-stage gear transmission operating under difficult conditions[J]. Sensors, 2021,21(23):7808.

[55] KUCZAJ M, WIECZOREK A N, KONIECZNY Ł, et al. Research on vibroactivity of toothed gears with highly flexible metal clutch under variable load conditions[J]. Sensors, 2022, 23(1): 287.

[56] 何柏岩，孙阳辉，聂锐，等. 矿用刮板输送机圆环链传动系统动力学行为研究[J]. 机械工程学报，2012，48(17)：50-56.

[57] 李炳文，万丽荣，柴光远. 矿山机械[M]. 北京：中国矿业大学出版社，2010.

[58] 陈允清. ZTK (A) 型防爆变频调速控制装置在煤矿斜井提升机上的应用[J]. 科技视界，2012(12)：159-160.

[59] 张东升，于海洋，赵西贝，等. 刮板输送机链条多边形效应振动特性研究[J]. 机械强度，2018,40(1):20-26.

[60] 张璞. 刮板输送机链传动系统的动力学特性分析[J]. 机械管理开发，2018，33(12)：57-58,98.

[61] 高魁东. 薄煤层滚筒采煤机装煤性能研究[D]. 徐州：中国矿业大学,2014.

[62] 李祥松. 煤矿综采装备技术发展趋势分析[J]. 煤炭工程，2015，47(10)：

135-137,141.

[63] 翟建华，张菀麟，王乾宝，等. 刮板输送机扁平链磨损失效形式分析[J]. 机械强度，2018，40(1)：205-210.

[64] 张可，杨世文，高慧峰，等. 矿用刮板输送机圆环链损伤分析及寿命预测[J]. 工矿自动化，2017，43(7)：53-57.

[65] 张磊，秦文光，代卫卫. 刮板输送机链条疲劳可靠性寿命预测[J]. 煤矿机械，2013，34(9)：44-46.

[66] 付云飞. 多种工况下的刮板输送机链传动系统可靠性研究[D]. 阜新：辽宁工程技术大学，2014.

[67] 王彦伟，罗继伟，叶军，等. 基于有限元的疲劳分析方法及实践[J]. 机械设计与制造，2008(1)：22-24.

[68] 魏领军，刘海鸥，陈慧岩，等. 某履带车辆传动系统动态扭矩载荷谱分析及应用研究[J]. 合肥工业大学学报(自然科学版)，2018，41(7)：884-890.

[69] 刘岩，张喜逢，王振雨，等. 载荷谱外推方法的对比[J]. 现代制造工程，2011(11)：8-11.

[70] 康晓敏，李贵轩. 随机动载荷作用下刨煤机刨链疲劳寿命预测[J]. 煤炭学报，2010，35(3)：503-508.